EDA 工程技术丛书

Altium Designer 20 PCB Design in Action

白军杰◎编著
Bai Junjie

清華大学出版社
北京

内容简介

本书以Altium Designer 20为平台，系统讲解了PCB设计的基础方法及技巧，并配有一套完整的实战项目。本书共分为三篇：基础篇详细讲解了Altium Designer 20软件的特点和新增功能，以及原理图设计、PCB设计规则等基础知识点；高级篇基于DDR4和USB 3.0，详细介绍了高速电路的设计；实战篇详细讲述了一套入门级别的实战项目，让读者可以更深入地理解PCB设计的基本流程。本书注重基础知识精讲与实战相结合，让读者快速掌握用Altium Designer 20设计PCB的技能，提升自身PCB设计的实战水平。

本书可作为初学者的入门书籍，也可作为电子系统设计的工程技术人员的参考用书。

图书在版编目(CIP)数据

Altium Designer 20 PCB设计实战：视频微课版/白军杰编著. —北京：清华大学出版社，2020.5 (2025.1重印)

(EDA工程技术丛书)

ISBN 978-7-302-55284-0

Ⅰ. ①A… Ⅱ. ①白… Ⅲ. ①印刷电路－计算机辅助设计－应用软件 Ⅳ. ①TN410.2

中国版本图书馆CIP数据核字(2020)第056545号

责任编辑：赵佳霓
封面设计：李召霞
责任校对：徐俊伟
责任印制：丛怀宇

出版发行：清华大学出版社
网　　址：https://www.tup.com.cn，https://www.wqxuetang.com
地　　址：北京清华大学学研大厦A座　　**邮　　编**：100084
社 总 机：010-83470000　　**邮　　购**：010-62786544
投稿与读者服务：010-62776969，c-service@tup.tsinghua.edu.cn
质量反馈：010-62772015，zhiliang@tup.tsinghua.edu.cn
课件下载：https://www.tup.com.cn，010-83470236
印 装 者：小森印刷霸州有限公司
经　　销：全国新华书店
开　　本：185mm×260mm　　**印　　张**：13.5　　**字　　数**：332千字
版　　次：2020年7月第1版　　**印　　次**：2025年1月第5次印刷
印　　数：3801～4300
定　　价：69.00元

产品编号：086116-01

前言

EDA是电子设计自动化(Electronics Design Automation)的缩写,在20世纪60年代中期,EDA是从计算机辅助设计(CAD)、计算机辅助制造(CAM)、计算机辅助测试(CAT)和计算机辅助工程(CAE)的概念发展而来的。随着计算机科学与技术不断地飞速发展,目前主流的EDA软件有Cadence、PADS和Altium Designer等,它们都是EDA界的闪耀明星,在应用领域大显身手。

Altium Designer作为一款老牌EDA软件,是最早一批进入我国的EDA工具。经过几十年的发展,国内大多数大中院校开设了Altium Designer的相关课程,其具有操作简单、使用方便、功能强大和集成度高等特点,备受广大设计者喜爱。与之相辅相成的是,国内多数PCB生产厂家优先对Altium Designer设计文件进行支持,减少了生产加工环节中可能产生的不必要的问题。相比其他EDA软件,Altium Designer拥有优美的UI交互界面、清晰的设计思路,让初学者可以快速掌握PCB设计技能。同时,因PCB设计技术拥有众多相似之处,初学者几乎不需要花费太多力气就可以掌握其他EDA软件的使用技巧。

本书致力于为初学者详细介绍Altium Designer 20主要核心功能,可使读者快速上手掌握PCB设计技能。无论是初学者,还是身经百战的EDA工作者,都可以从本书中学习Altium Designer 20相关使用技能。

Altium Designer经过多年的发展,已经跻身于优秀的EDA软件行列,而Altium Designer 20这个版本给我们带来的惊喜更多,例如更加优秀的图形化界面、更加便捷的布线布局操作和更加人性化的管理。

关于本书的教学思路,为更加适应项目实战,本书按照设计思路进行功能介绍,而不是从头到尾逐一介绍,在功能展示过程中,若因功能重复、功能类似,需要动态展示效果的,则结合印制工艺做相应的处理。

本书主要内容:

- 概述
- Altium Designer 20整体介绍
- 工程管理
- 原理图设计
- PCB设计环境
- PCB规则
- 布局
- 布线
- 原理图封装库
- PCB封装库
- PCB高速电路

前言

- 层叠与阻抗
- USB 3.0 设计
- DDR4 高速 PCB 设计
- OV7670 摄像头
- 原理图仿真技术

扫描书中提供的二维码可观看相应章节的视频讲解。

因本书作者能力有限,书中难免存在疏漏,敬请读者批评指正。

白军杰

2020 年 1 月

视频讲解

目录

基 础 篇

目录

目录

目录

目录

目录

目录

基础篇

第1章 概述

1.1 Altium Designer 发展史与 EDA 简述

Altium 的前身是 Protel 国际有限公司，虽然现在已经是 21 世纪了，但是 Protel 99 这款 EDA 软件依然有很多人在使用，也同样被很多高校作为 PCB 设计教学的经典软件进行教学。Protel 成立于 1985 年，是一家老牌 EDA 软件开发支持服务商，由尼克·马丁(Nick Matin)创始于塔斯马尼亚州。Altium 至今已经为 PCB 电子电路设计行业做出了巨大的贡献，作为一款知名的印制电路辅助软件，其在电子电路行业有较高的知名度。

视频讲解

随着新时代的到来，EDA 行业进行重大洗牌，Altium Designer 凭借其自身的优势，成功跻身全球 EDA 市场前列。同时也全面将 Protel 系列产品升级至 Altium Designer 系列，简称 AD。

Altium 版本更新历史：

1985 年，DOS 版 Protel 诞生；

1991 年，Protel for Windows 诞生；

1997 年，Protel 98 发布，第一个包含 5 核心的 EDA 工具；

1999 年，Protel 99 诞生，一代经典 EDA 软件从此铸就；

2000 年，Protel 99SE 诞生，增强 Protel 99；

2002 年，Protel DXP 诞生，逐渐向下一代产品升级；

2003 年，Protel 2004 诞生，对 Protel DXP 进行了更进一步升级；

2006 年，Altium Designer 6.0 诞生，正式和国际其他软件版本名称更新迭代方法同步，以年份进行版本命名，同时，也标志着 Altium Designer 新纪元的开始诞生；

2008 年，Altium Designer 08 诞生；

2009—2018 年，Altium 每年都发布新的版本，每一个版本都带来新的特性和新的功能；

2020 年，Altium Designer 20 是在 Altium Designer 6.0 之后又一次划时代产品，该版本全面升级了 UI 界面交互，变得更加灵活、方便和时尚,并且运行速度提高一个档次。

1.2 Altium Designer 20 新功能与特性概述

Altium Designer 20 带来的新特性非常多,这里只列举了让人眼前一亮的全新特性,如果还想了解更多关于该软件的特性,可以进入 www. pcbcast. com(米嗨教育)或者 Altium 官网进行详细查询。Altium Designer 20 作为一款 EDA 软件,除了具有原理图、PCB 和封装库管理等基本功能以外,还拥有仿真、物料管理等实用功能。

Altium Designer 20 显著提高用户体验度和生产力,使用更现代的界面来简化设计流程,同时前所未有地优化了性能,支持 64 位体系架构和多线程,使其更加稳定,运行更加流畅。

1.2.1 互连多板组件

在很多情况下,一个项目需要将多个 PCB 主板组装在一起来完成,Altium Designer 20 为我们提供了快捷高效的拼装解决方案。可以利用多个项目进行拼接组合,可以添加一个子项目的高层级示意图,允许在整个装配系统中定义板对板,以及基于导线或者线缆的连接网络,效果如图 1-1 所示。

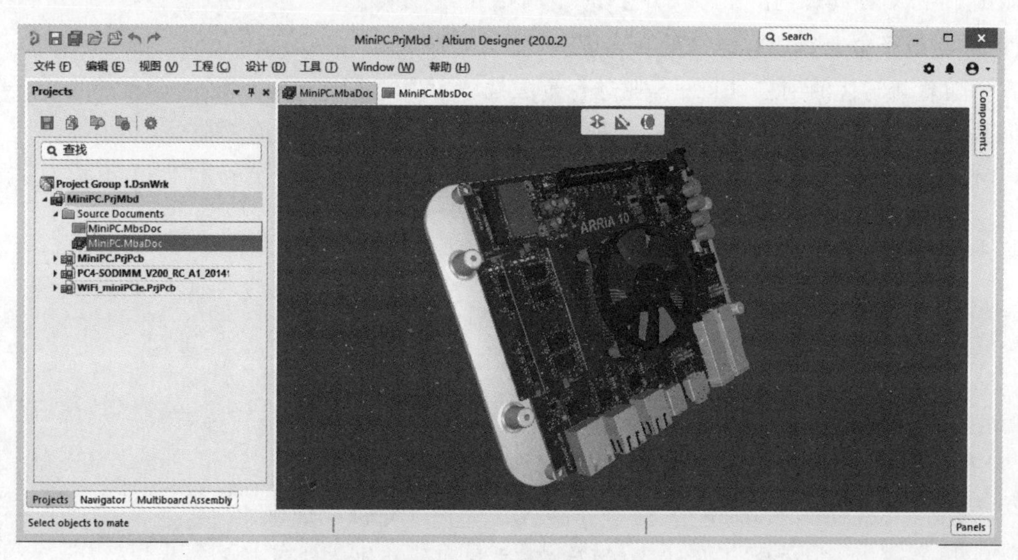

图 1-1 互连多板组件

1.2.2 现代的界面体验

在 Altium 官网上,凭借这一新特性,对比了一下其他两大 EDA 巨头(Cadence 和 PADS):现在已经是新时代了,你还在继续使用旧的 EDA 进行工作吗?你还在使用混乱的视图、陈旧的图形界面吗?Altium Designer 20 带来了全新的界面体验,时尚的外观、炫酷的黑色、整洁的工作面板，让人眼前一亮。

如图 1-2 所示，它们是 Cadence 和 PADS 的相关截图。用 Altium 官方的话说，就是“丑爆了”，还有什么理由不使用 Altium Designer 20 呢？图 1-3 所示的是全新的 Altium Designer 20 的界面。

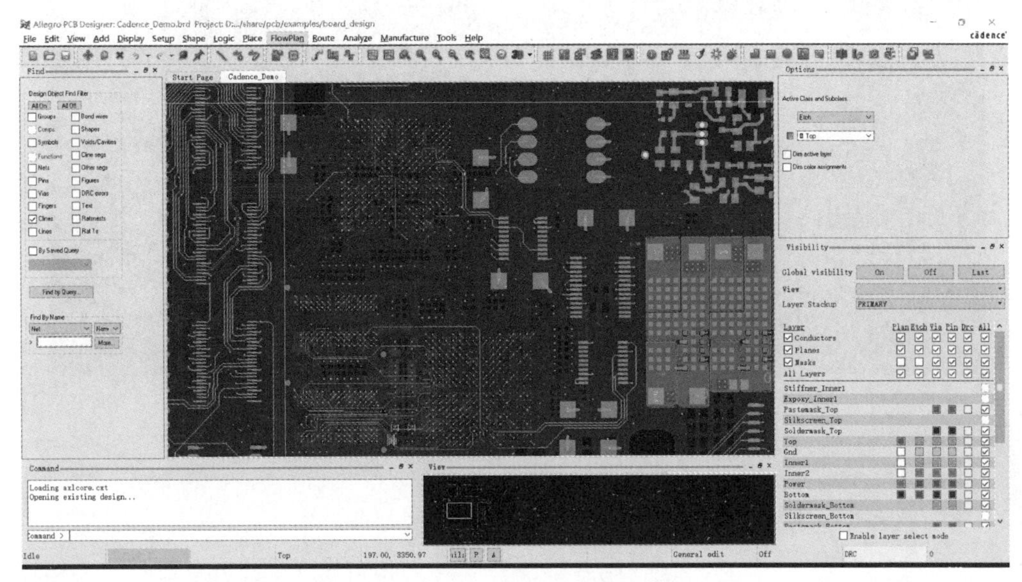

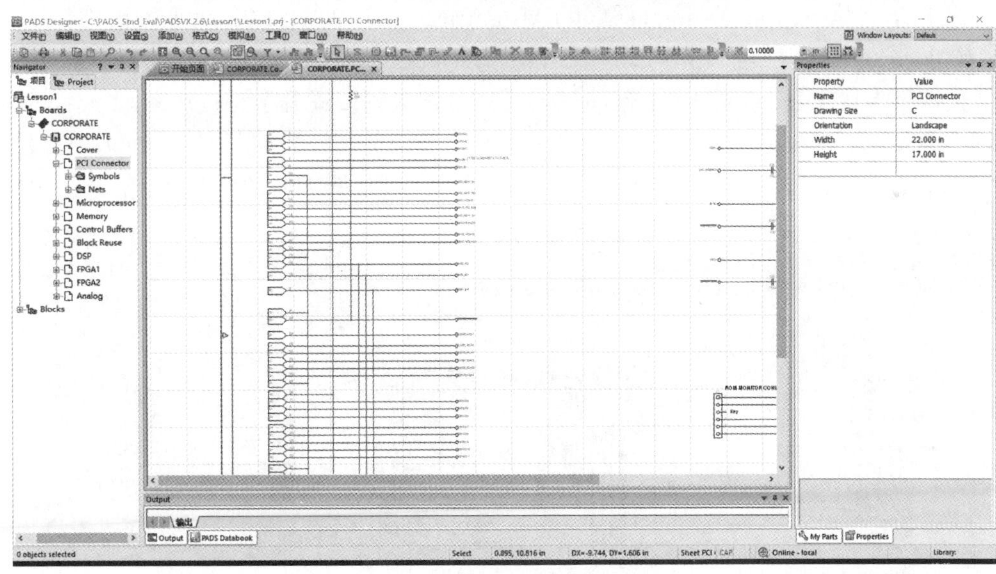

图 1-2　另两款 EDA 软件界面

在 UI 界面上，Altium Designer 走得更远，特别是在 3D 显示效果上，它和 SolidWorks 强强合作，让 EDA 的 3D 设计无人能敌，其他 EDA 软件与之相差甚远。更多时尚而优雅的操作界面，只能由你亲自去体验了。

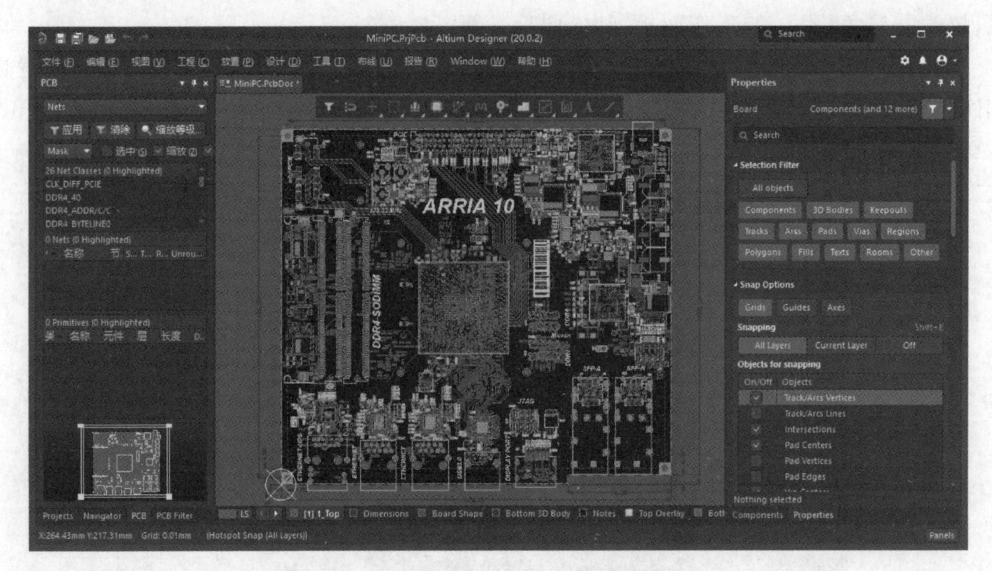

图 1-3　全新的 Altium Designer 20 的界面

1.2.3　强大的 PCB 设计

相比于其他 Altium Designer 版本，Altium Designer 20 在 PCB 设计方面进行了增强，炫酷的 3D 界面已经领先同行。Altium Designer 20 全面抛弃 Windows x86 平台(32 位)，只支持 Windows x64 平台(64 位)。一方面大幅度提升了运行效率，多线程的优化让软件更加流畅；另一方面，3D 和 2D 界面相互之间的切换更加顺畅，同样拉线速度也更加流畅，多层界面的处理也提升了一个档次，还支持 3D 图纸的输出等，如图 1-4 所示。

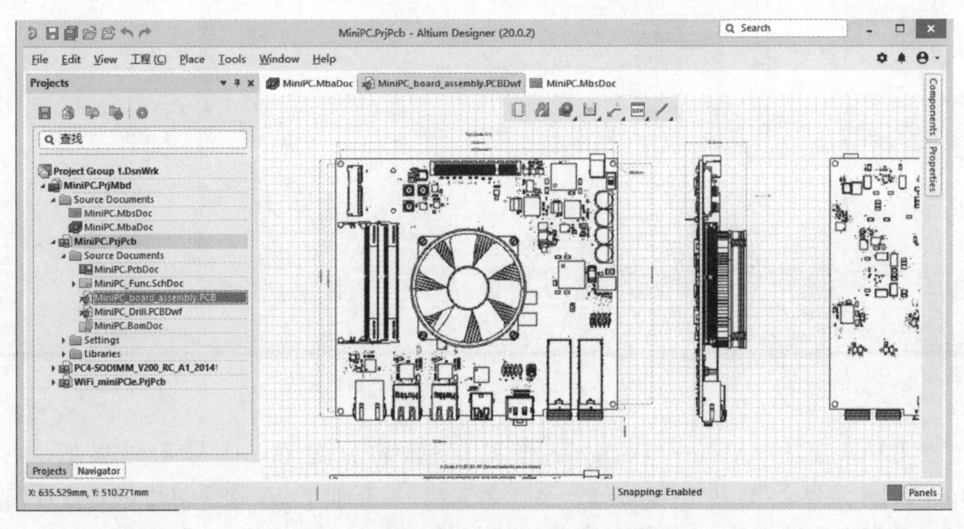

图 1-4　Altium Designer 20 输出图纸

前面只展示了 Altium Designer 20 功能的冰山一角，还有更多的优化，我们将逐渐深入地讲解。

1.2.4 快速高质量布线

快速高效布线是新版本中的一大特点，Altium Designer 在新版本中增加了 ActiveRouter 功能，这一功能不同于自动布线却和自动布线类似，不同于手动布线却需要手动布线。在 GBA 和 DDR 之间大量的走线，可利用规则快速走线，如图 1-5 所示。

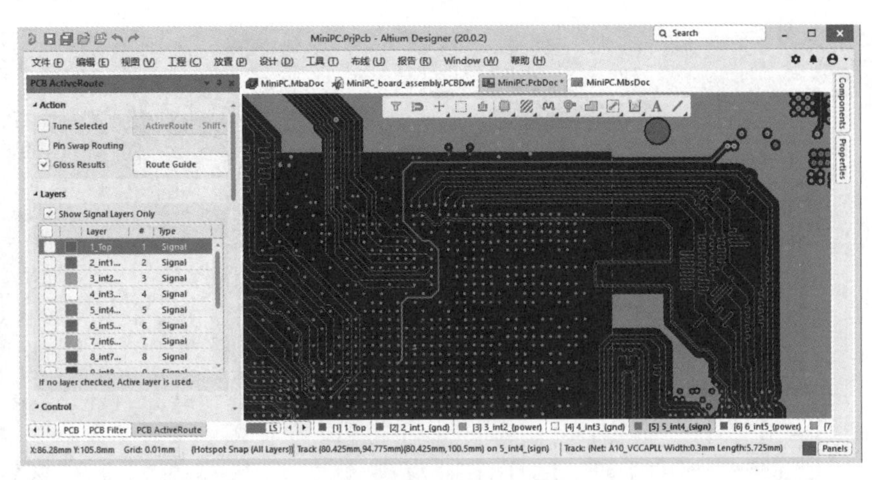

图 1-5　ActiveRouter 布线

1.2.5 实时 BOM 管理

在实际的开发工作中，对每一个元器件的封装，以及供货商等信息都要明确，对于一款复杂的 PCB 而言，它的元器件可谓是多如牛毛，多得让人头疼，如果能有一个高效的 BOM 管理系统，将会大幅提升开发效率和加工生产效率，以此节约成本。Altium Designer 20 在这方面做得更好，全新的实时 BOM 管理系统利用 ActiveBOM 功能，可以快速维护你的工程，如图 1-6 所示。

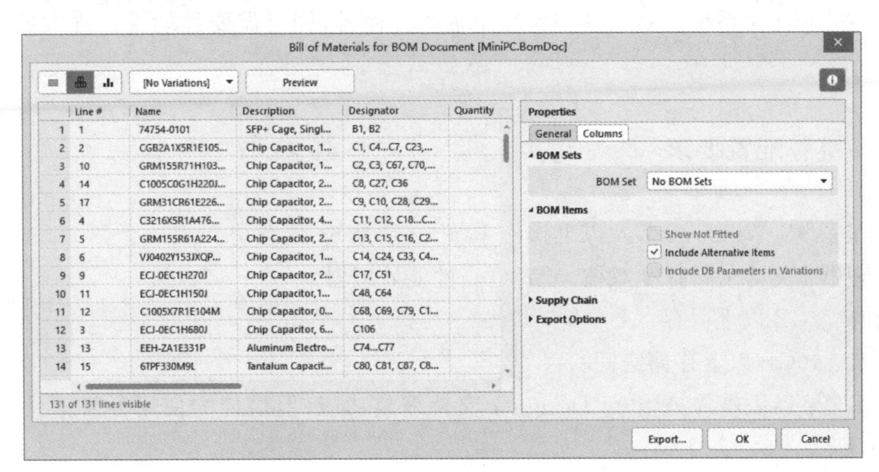

图 1-6　ActiveBOM

1.2.6 无缝 PCB 文件处理

Draftsman 功能是新版本的一个增强功能，对于很多的工业加工而言，都需要拥有一套标准的加工说明图纸，Altium Designer 20 优化了 PCB 图纸导出功能，在 3D 和三视图上做了大量优化，如图 1-7 所示，这点可能得益于和 SolidWorks 之间的合作。

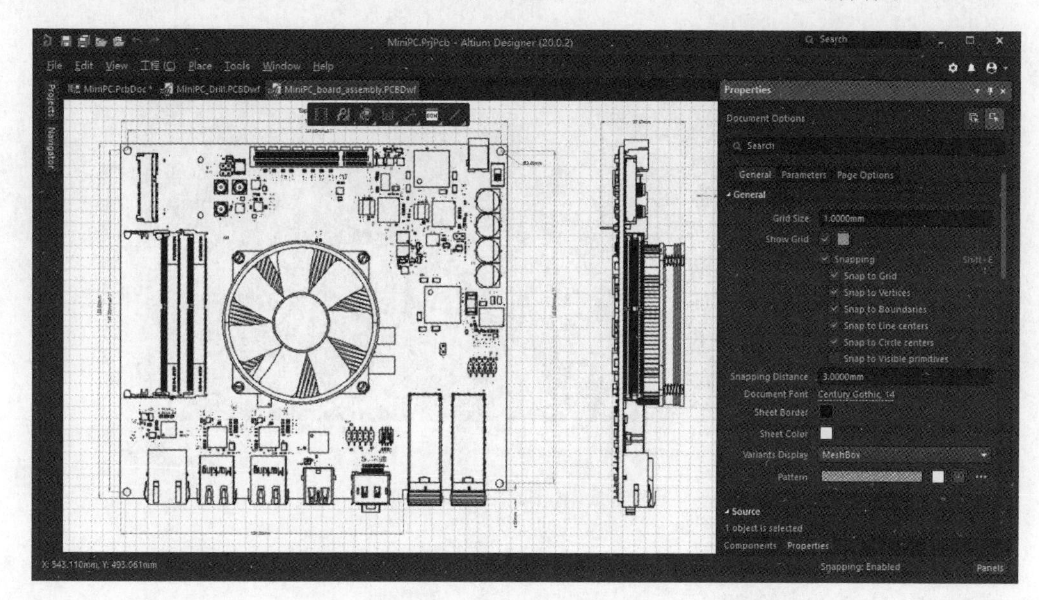

图 1-7 无缝 PCB 处理

1.3 Altium Designer 20 体验版安装

Altium Designer 20，只支持 Windows x64 系统，已经明确不再支持 Windows x86 系统，因此在安装该版本之前，需要先确保自己的系统是 Windows x64 系统，重点推荐 Windows 10 64 位系统。对于这种大型工程软件而言，同时需要性能更加强大的计算机硬件。

1.3.1 推荐配置要求

操作系统：Windows 7 及以上操作系统，必须是 64 位系统。

处理器：英特尔酷睿 2 双核，或者更高性能处理器。

内存：2GB 以上内存。

硬盘：10GB 以上存储空间。

显示器：新版本的 Altium Designer 支持缩放功能，但最佳的使用分辨率是 1920×1080 以上。

显卡：1GB 以上显存即可。

1.3.2 安装 Altium Designer 20

注意：为了提高印刷质量，向导图像均被处理过，和实际颜色有区别。

① 先登录 Altium Designer 官网，获得免费的测试版本(或试用版本)，你可以在试用之后考虑是否购买 Altium Designer 20 正版。

② 启动安装程序，界面如图 1-8 所示，对于 Altium 系列软件，汉化程度并不是很高，只有部分内容被汉化了，多数内容并未汉化。单击“Next”按钮，开始安装程序。

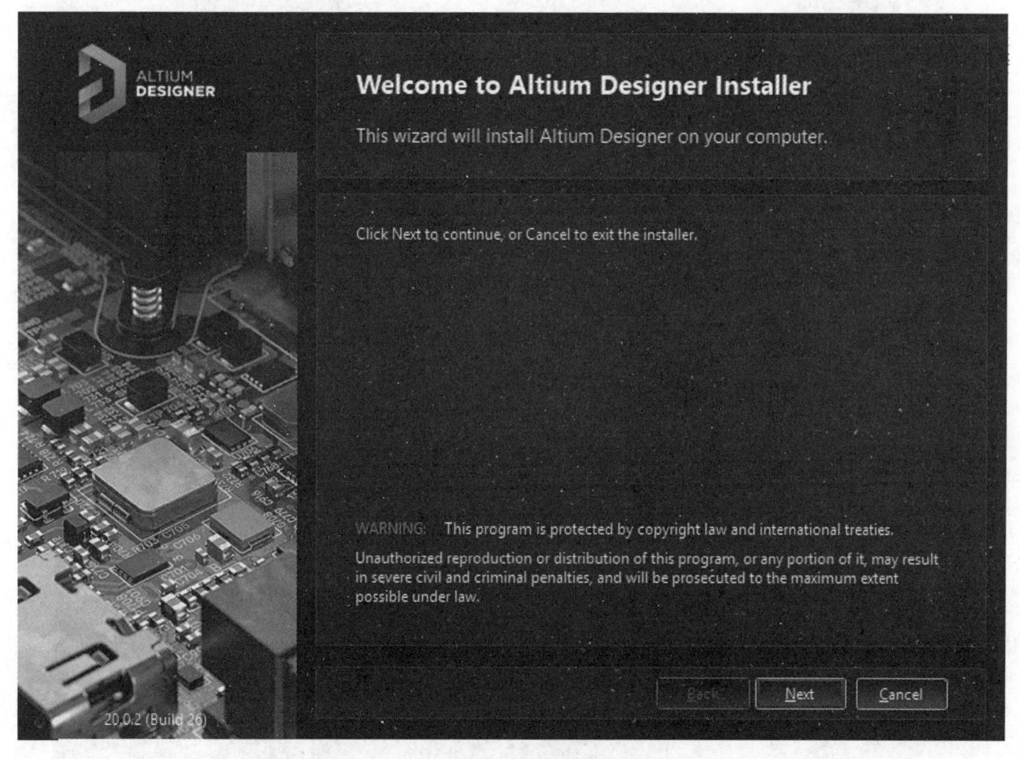

图 1-8 启动软件安装向导

③ 接着会弹出一个认证信息确认窗口，只需要勾选 I accept the agreement 选项就可以继续，单击“Next”按钮继续下一步，如图 1-9 所示。

④ Altium 支持的开发内容很多，包括基本的 PCB 设计内容，还包括 FPGA 电路设计等内容，根据个人需求选择，一般选择默认即可，单击“Next”按钮继续下一步，如图 1-10 所示。

⑤ 接下来会提示软件的安装路径，可以选择默认路径，方便对软件的查找。单击“Next”按钮继续下一步，如图 1-11 所示。

⑥ 软件正式开始安装，大约会持续 1 分钟，如图 1-12 所示，如果安装完成，则提示是否打开该软件，表示完全安装完成。

⑦ 软件安装完之后，可以加载 License，建议购买 Altium 正版软件。

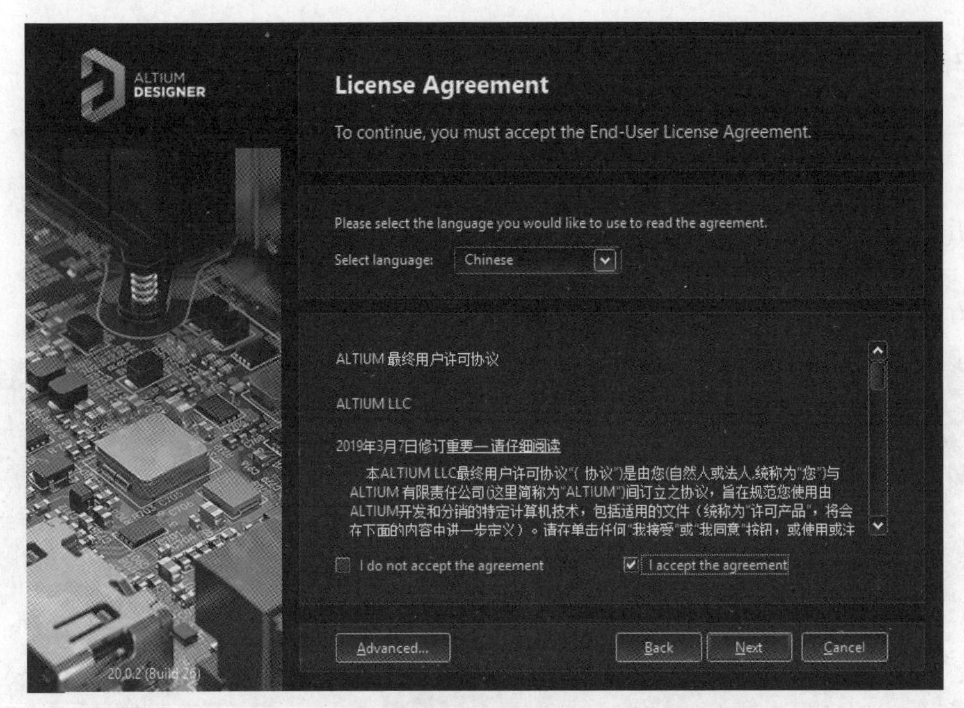

图 1-9　安装许可声明

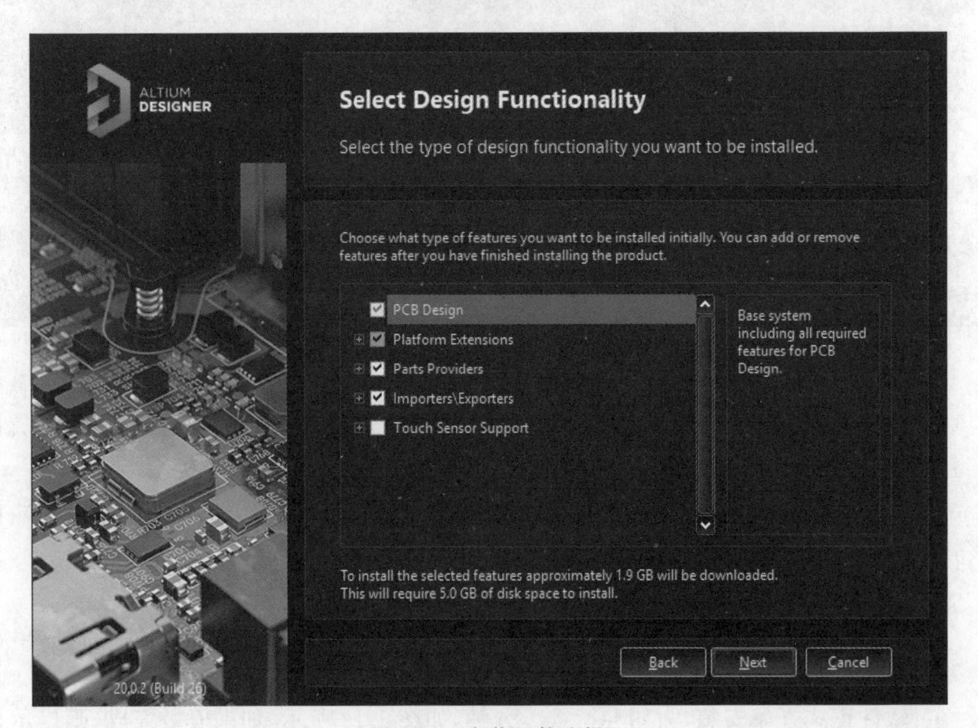

图 1-10　安装组件选择

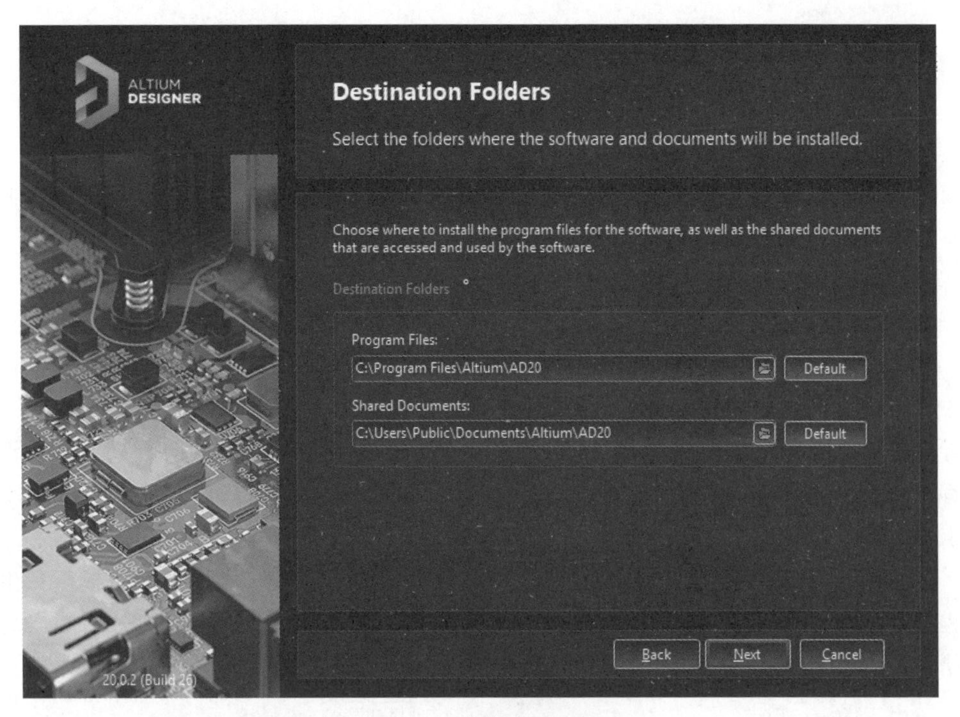

图 1-11　安装路径选择

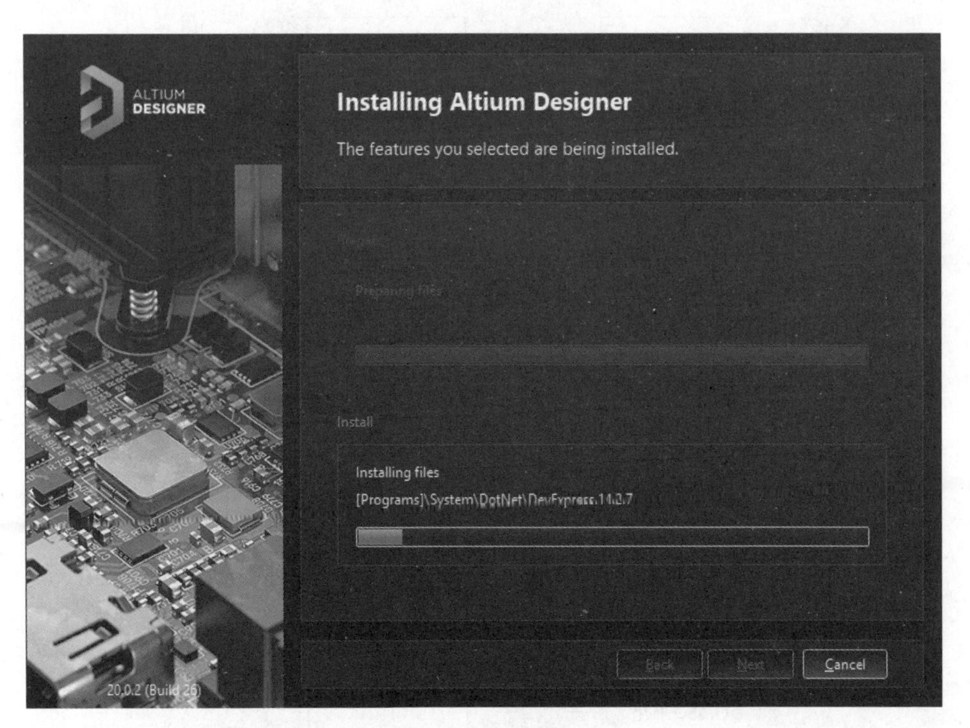

图 1-12　安装进度

1.4 PCB 电路设计流程

根据 PCB 电路的复杂程度,可以将项目分为小、中、大三种范畴,中小项目在市场上占有绝大多数的份额,而大项目一般被大公司独揽。无论是大项目还是小项目,它们的基本设计和生产流程是一样的,如图 1-13 所示,其都包含如下几个步骤:

① 项目启动,在正式开始设计 PCB 之前,需要先分析整个项目需求。定制项目方案,确定好方案之后才开始设计 PCB。

② PCB 制图是整个设计过程的核心,它主要依据项目需求的具体方案实施,设计过程中严格遵循国内外相关设计标准,大致步骤有:封装库的创建→PCB 原理图设计→网表导入→PCB Layout→PCB 布线和 DRC 检查等。拥有更高技术的设计公司在整个设计过程中还会利用软件进行模拟仿真,以此得到最优的设计方案,提高产品质量,并缩小产品上市时间。

③ 加工生产是将设计好的 PCB 图纸交付给 PCB 生产厂家(俗称板厂),板厂在生产过程中不负责对 PCB 文件的调整工作,因此需要严格把控自己的设计过程,不能出现任何错误,一旦出错,批量生产下来的产品全是废品,既浪费时间,又浪费钱财。

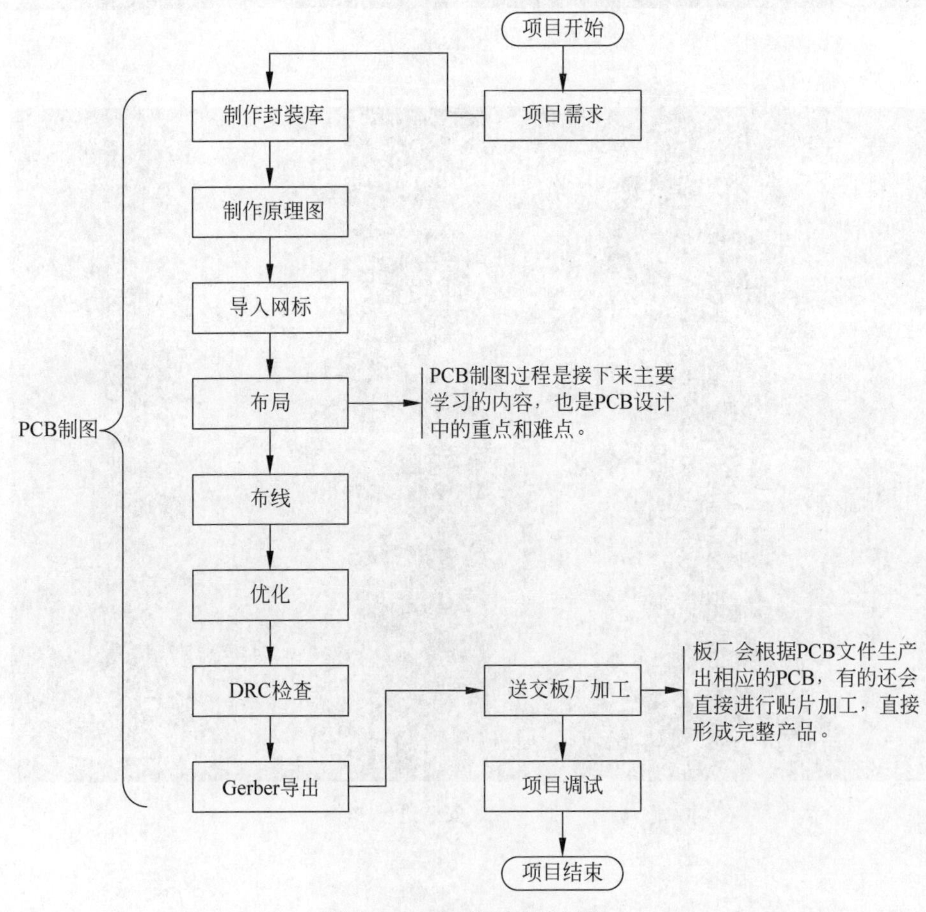

图 1-13 PCB 设计开发流程

④ 调试测试，在 PCB 产品最终成形之前，需对产品功能进行调试，发现不合格的产品应当给予修正，如果发现是设计方面的问题，需重新调整设计方案，以此达到最优生产标准。

1.5 本章小结

通过本章的学习，读者可简单了解 Altium Designer 20 给我们带来的巨大变革，对 Altium Designer 20 有一个非常良好的印象，同时还掌握了 Altium Designer 20 软件安装方法等，了解了 PCB 设计的整体步骤，为自己将来从事 PCB 设计和生产奠定不错的基础。

在此，为了更好地了解和学习 Altium Designer 20，以及相关的电子电路设计知识，我们精心准备了专业学习网站 www. pcbcast. com，欢迎加入我们 EDA 学习的社区。

第2章 Altium Designer 20整体介绍

2.1 软件界面介绍

视频讲解

Altium Designer 是一款来自澳大利亚的 EDA 软件，软件汉化不完整。在使用时，即使选择中文界面，依然不会是 100% 的中文内容。Altium Designer 和其他的 Windows 软件非常类似，包括菜单工具栏、工作面板和工程目录栏等，如图 2-1 所示。

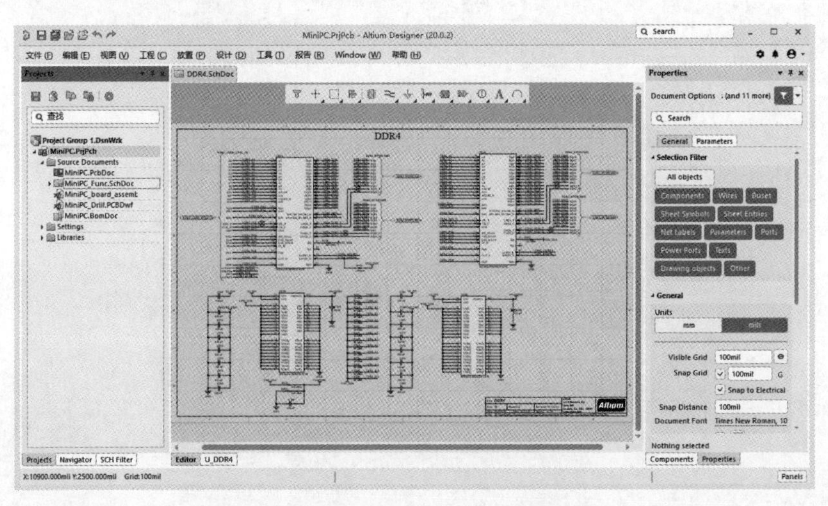

图 2-1　Altium Designer 20 整体外观

注意：Altium Designer 20 默认采用黑色主题，但也可以切换成白色主题。设置步骤：❶打开优选项；❷展开 System 选项，选中 View；❸在 UI 主题处的电流选项中，选择 Altium Light Gray 模式，重启软件，如图 2-2 所示。

注意：为了更加适合印刷，本书均采用 Altium Light Gray 主题模式。

Altium Designer 是一款集成度很高的 EDA 软件，它同时支持原理图设计、封装库设计、PCB 设计和仿真等。相比于其他 EDA 软件，

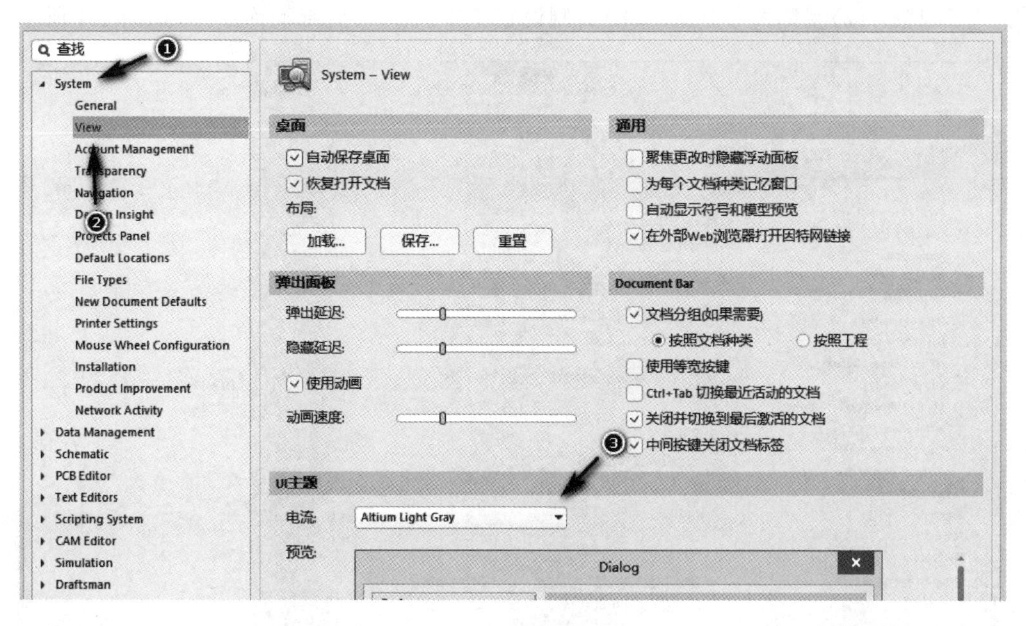

图 2-2　设置主题

每一个模块都是为具体的软件进行设计的。

按照功能区域对软件进行划分，大致可以分为如下几个部分：

Ⅰ　菜单工具栏

软件所有的功能和命令都在菜单工具栏中，每一个功能都可以在这里面找到，但在平时设计的时候会使用到一些快捷工具。

Ⅱ　左侧工程面板

这是一类停靠面板，针对“工程面板”而言，它是用于显示工程目录的，而除了它以外，还有很多的停靠面板，例如“库(元器件)面板”等。

Ⅲ　底部状态栏

用于对当前软件的一些使用状态信息进行显示，作为 Windows 软件中的经典部分，几乎所有的工程软件拥有底部状态栏。然而对于不同的工作环境而言，Altium Designer 上述部分是会发生变化的，例如在 PCB 设计界面，肯定和原理图设计界面大不相同，这就是 Altium Designer 集成环境的不同之处。

2.2　System Preference(优选项)配置

System Preference(优选项)用于对整个 Altium Designer 功能的配置，并且管理所有的工作环境。

① 进入 System Preference 面板的方法：单击软件右上角设计命令按钮，软件会自动弹出设计对话框，如图 2-3 所示。

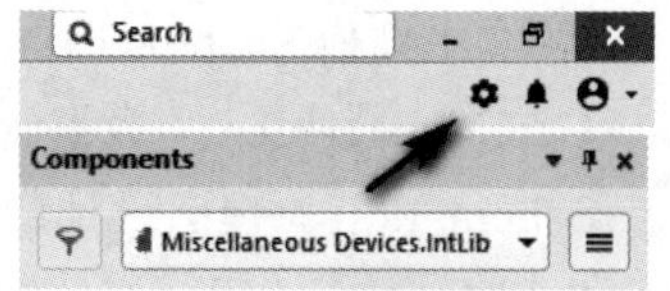

图 2-3　启动优选项

② 在 System Preference 设置窗口中，按不同的环

境进行划分:(a)左侧选项列表;(b)右侧设置工作区;(c)底部操作命令,如图 2-4 所示。

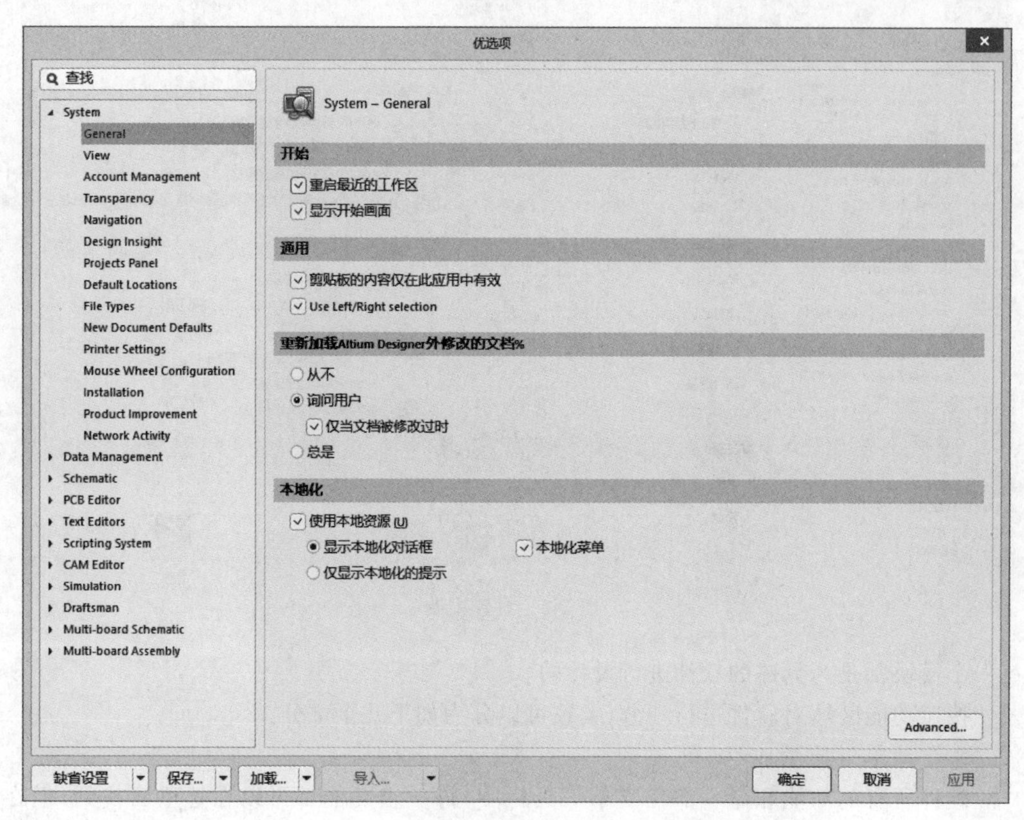

图 2-4　优选项

③ 在 System Preference 中,对相关配置进行设置,例如 System→General 中的"重启最近的工作区",将选项勾选取消,然后单击底部"确定"按钮,便可以保存配置。

④ 上面大家已经看到,如果在这里将 System Preference 中的所有功能一一介绍完,既不现实,也没必要,里面的配置选项非常多,但并不是每一个选项都需要我们进行一一配置,默认情况下就做好了相关的配置。对 System Preference 中的相关设置,本书按照模块的方式进行一一讲解,并非在此全部介绍完,例如关于 PCB 相关的选项,会放在后面的章节进行讲解。

⑤ 在 System Preference 中,推荐将几个方面配置如下:(a)System→General 的"重启最近的工作区"勾选取消,软件在下一次启动的时候,不会帮助我们自动打开上一次的工程,以此提高启动速度;(b)System→View 的"恢复打开文档"勾选取消,不再让系统帮我们保存打开的文档,同样是为了提高效率;(c)System 下的其他配置,请默认选择。

⑥ 关于其他 System Preference 选项,请按照下列对应关系判断需要设置的部分。

DataManagement:数据管理方面的配置。

Schematic:原理图设计的配置。

PCB Editor:PCB 设计的配置。

Text Editor:文本编辑的配置。

Scripting System：脚本系统的配置。

CAM Editor：CAM 编辑的配置。

Simulation：仿真的配置。

Draftsman：装配的配置。

Multi-board Schematic：多板原理图设计的配置。

Multi-board Assembly：多板装配设计的配置。

⑦ 最后，在 System Preference 底部的功能按钮中，可以用于保存当前配置、恢复默认配置和加载之前保存的配置，请读者自行测试相关效果。

2.3 自定义快捷方式

快捷键的使用可以大幅提高我们的工作效率，例如在 Windows 系统下，Ctrl+s 表示保存文档。在 Altium Designer 20 中，快捷键的使用无处不在，但和其他的 Windows 软件有所不同的是 Altium Designer 一方面支持系统默认快捷键，另一方面支持用户"自定义快捷键"，快捷键的操作是对菜单命令的快速执行。Altium Designer 为我们提供了众多的快捷方式，在后面的学习过程中会逐渐地了解，这里先介绍一下如何自行设置自己的"快捷键"。

① 右键单击工具栏会弹出一个选项列表，单击"Customize"按钮，进入自定义快捷键设置状态，如图 2-5 所示。

② 此时整个软件都进入了快捷键设置状态，虽然会弹出一个设置对话框，但在设置对话框中直接设置快捷键效率太低，Altium Designer 可以在此状态下直接通过选择命令的方式设置快捷方式。依次执行"文件"→"新的"→"项目"命令，这个时候，菜单栏的选项和之前的已经不一样了，例如在选择 PCB 工程时，会出现一个白色边框，表示被选中了，如图 2-6 所示。

图 2-5　启动自定义快捷键

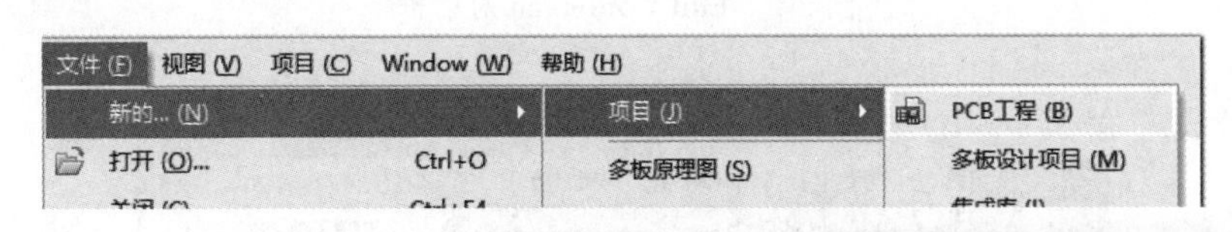

图 2-6　编辑需要自定义的命令选项

③ 右键单击需要修改的命令，例如 PCB 工程，弹出选项列表。单击"Edit…"按钮，进入可以对当前命令编辑的页面，如图 2-7 所示。

④ Edit Command 对话框将 PCB 工程命令的所有信息显示了出来，你可以根据自己的个人使用情况进行修改，但是一般不用修改。快捷键部分用来指定具体的快捷键，例如利用 F1 键作为创建 PCB 工程的快捷键。

在快捷键设置中，可以有两种选择，一种是主要的键独立成为快捷键，另一种是主要的键+可选的键共同组合成快捷键，如图 2-8 所示。

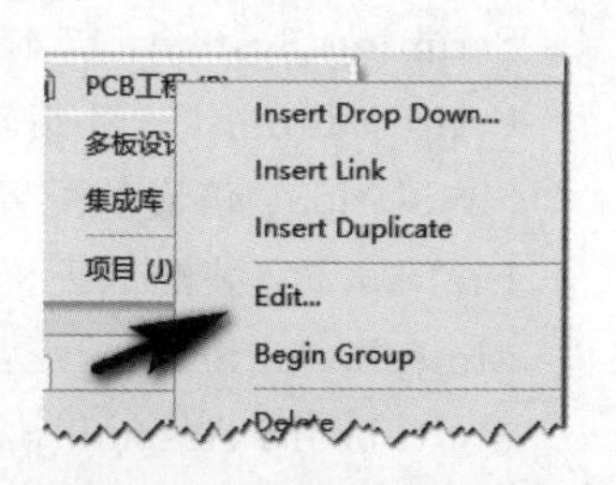

图 2-7　启动编辑自定义

例如将主要的键设置为 F1,只需要利用下拉选项找到 F1 并选中,再单击“确定”按钮保存。

⑤ 当退出自定义快捷键编辑时,在此执行“文件”→“新的”→“项目”命令,可以看到 PCB 工程后面多了一个 F1,表示 F1 就是该命令的快捷键,如图 2-9 所示。

⑥ 此时,直接按下 F1 键,就可以执行 PCB 工程创建命令。需要注意的是,如果你需要自定义快捷键,请不要和 Windows 系统内的其他软件命令冲突,特别提醒的是“输入法”的命令。

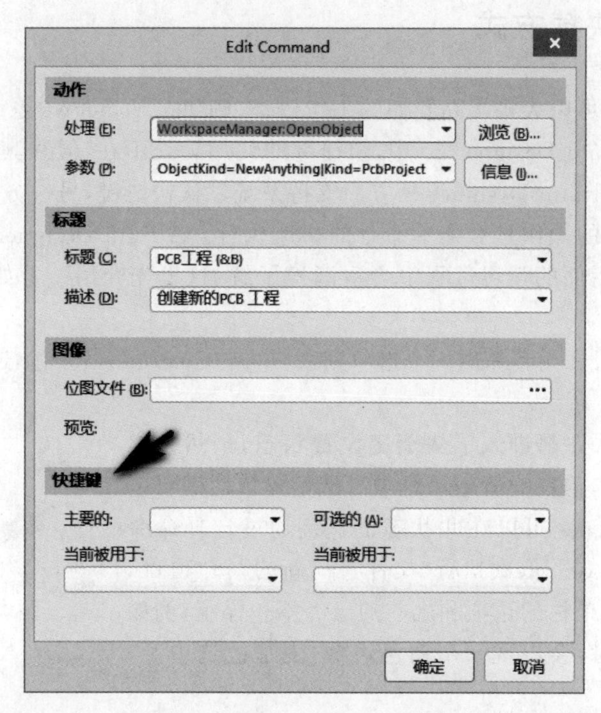

图 2-8　Edit Command 对话框

图 2-9　快捷键设置成功状态

2.4　关于 Altium Designer 20 的其他内容

2.4.1　Panels 选项

Altium Designer 20 最大的变化就是很多的属性对话框被更改为面板操作方式,在软件的右下角,可以单击“Panels”命令,打开相关面板,如图 2-10 所示。

图 2-10　启动 Panels

当对应的面板被选中之后，就会在窗口中停靠。当打开的相关面板被锁定停靠之后，将会在 Panels 选项中被勾选。如果用户发现某一面板被关闭了，可以在此打开相关面板。

2.4.2　用户选项

Altium Designer 20 和旧版本相比，取消了 DXP 选项按钮，将具体的功能进行了分离，用户选项被移动到了软件的右上角，如图 2-11 所示。

图 2-11　启动用户选项

在该选项下，用户可以注册一个 Altium 账号，管理 License 和安装更新扩展插件等。

这里简单地介绍 Extensions & Updates 功能，如图 2-12 所示。Altium Designer 20 支持插件，可以安装很多实用的插件到 Altium Designer 20 中。常见的已安装好的插件有 IPC Footprint Generator、PDF 3D Exporter 等，让 Altium Designer 的功能瞬间变得强大很多。

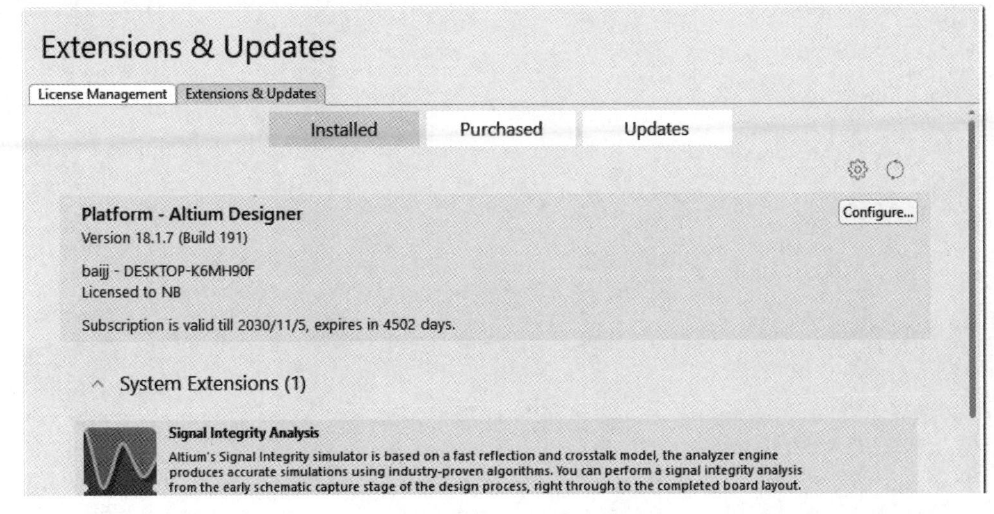

图 2-12　Extensions & Updates

2.4.3 其他功能

Altium Designer 20 不仅仅是一款 PCB 设计软件,它还是一个 C 语言开发工具,但很少有人会在 Altium Designer 中使用这个功能。

另外,Altium Designer 20 还支持相关脚本,利用脚本,我们可以很方便地进行导入或导出相关文件,后面在学习导入 Logo 的时候,会使用到脚本工具。

2.5 本章小结

本章讲解了 Altium Designer 20 的基本软件结构。工欲善其事必先利其器,在学习一款软件之前,了解它的相关功能,让你在学习和使用过程中事半功倍。

本章对相关的配置及设置做了介绍,利用这些简单的配置,就可以快速配置出得心应手的 Altium Designer 20 开发工具。

第3章 工程管理

3.1 工程文件管理

绝大多数的工程项目是从创建一个工程开始的。在具体的工作生产中，一个项目可以由一个工程或多个工程组成。Altium Designer 在设计一款 PCB 时，需要由若干个小模块组成，这些模块包括封装库、原理图和 PCB 文件等，将这些文件利用一个工程文件对其进行管理，可以大大提高开发效率，节约开发成本。这种理念和在 Windows 系统中将不同的文件利用文件夹进行分类是一个道理。

视频讲解

3.1.1 创建工程文件

Altium Designer 20 的创建方案和旧版本有所不同，直接执行“文件”→“新的”→“项目”→“PCB 工程”命令进行创建，如图 3-1 所示。

图 3-1 新建一个项目

紧接着在 Projects 面板中，Altium Designer 会帮助我们创建一个空工程，此时这个工程在计算机本地磁盘中并不存在，右键单击项目工程，选择“保存工程”或“保存工程为…”将当前工程进行保存，保存的路径可以根据自己的计算机情况而定，如图 3-2 所示。

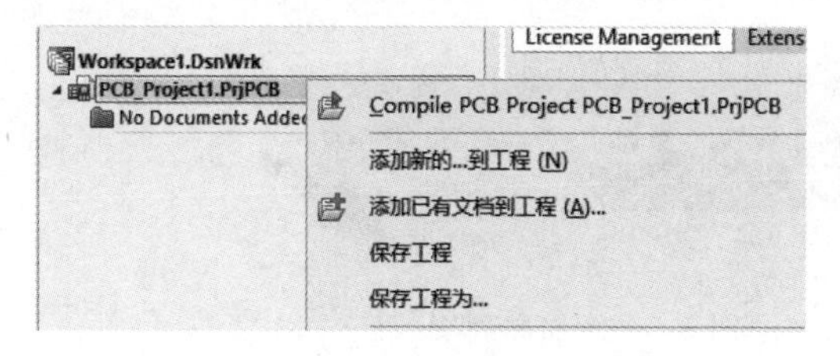

图 3-2 保存工程

需要注意,保存文件的后缀名是.PrjPCB,例如将工程保存在桌面的PCB文件夹下,工程名称为MyPCB.PrjPCB。当单击"保存"按钮之后,我们新创建的工程的名称会随之变为刚刚命名的工程名称。

打开桌面上的PCB文件夹,可以看到多出一个History目录和MyPCB.PrjPCB文件,如图3-3所示。

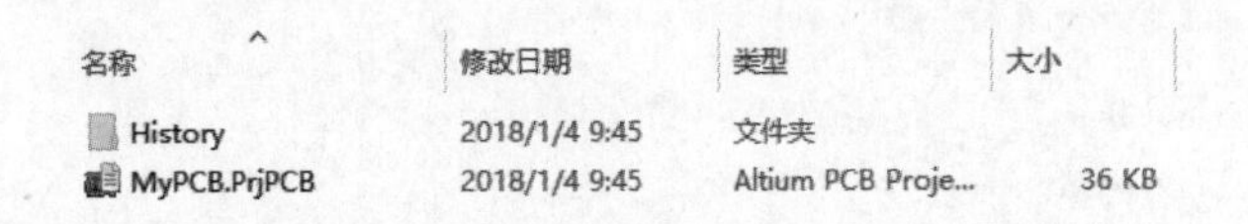

图3-3 保存至磁盘后的显示结果

- History目录用于记录整个工程在编辑工程中的历史步骤,可以很好地保存我们上一步操作的文件,也就是历史文件。
- MyPCB.PrjPCB文件就是工程文件,双击可打开该文件,以此可以快速利用Altium Designer帮我们打开整个工程,起到管理工程的目的。

至此,创建一个"空工程"的步骤就已经完成。

3.1.2 创建原理图

在上一步创建工程的基础上,继续创建新的文件。下面绝大多数新建的文件属于当前所创建的工程,因此创建新文件的方法有两种:

① 右键单击当前工程,选择"添加新的...到工程",再选择对应的文件,例如这里是创建"Schematic",即原理图,如图3-4所示。

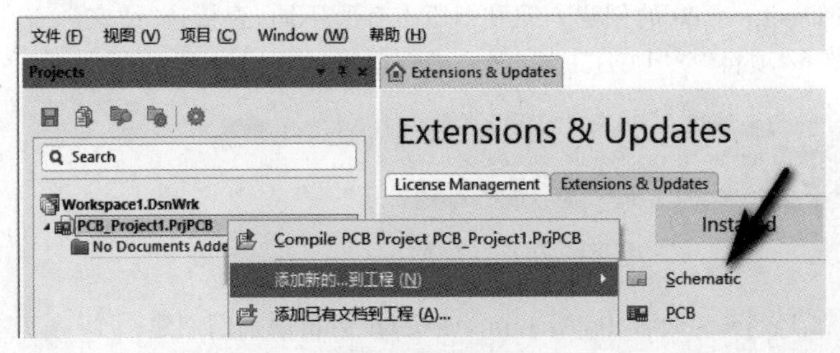

图3-4 添加原理图

② 先选中当前工程,执行"文件"→"新的"→"原理图"命令,即可完成创建,如图3-5所示。

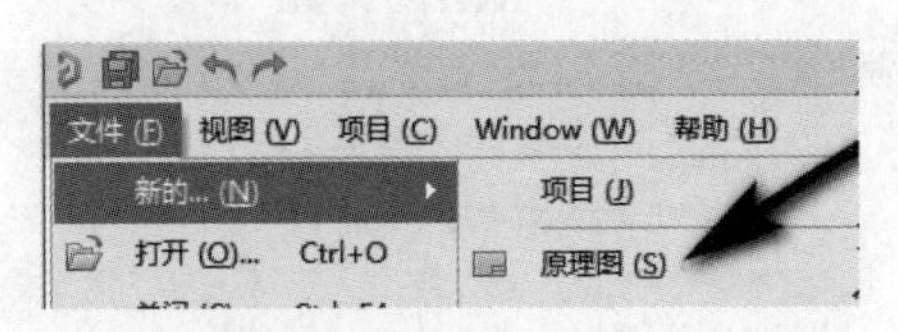

图3-5 添加原理图

注意：Altium Designer 部分内容汉化不全，如果遇到中英文有歧义的地方，以英文为准。

同创建工程一样，在工程下创建一个默认原理图文件，该文件同样未被保存在本地磁盘，通过右键单击此文件，选择“保存”命令，保存当前文件。

例如将当前原理图保存为 MyPCB. SchDoc 文件，同样选择桌面 PCB 文件夹，如图 3-6 所示。

图 3-6 保存原理图

保存完成之后，打开 PCB 文件夹，可以看到又多了一个原理图文件，后缀为. SchDoc。

注意：往往在一个工程下需要数个原理图共同组合在一起才能完成整个项目，在这种情况下，请按照原理图的内容对原理图进行命名，起到“见文知意”的作用。

3.1.3 创建 PCB 文件

创建 PCB 文件步骤同上，右键单击当前工程，执行“添加新的...到工程”→“PCB”命令，创建一个空的 PCB 文件，然后右键单击此文件，选择“保存”当前 PCB 文件，名称可以和工程名称一致，如图 3-7 所示。一般认为 PCB 文件是当前工程的终极产物，也就是说，所有的工作都是服务于这个 PCB 文件的，一个工程一般只需要一个 PCB 文件，但如果有特殊需要，例如拼板等，则可能需要多个 PCB 文件。

图 3-7 添加 PCB 文件

3.1.4 创建原理图库文件

原理图库和 PCB 元器件库的概念是类似的。众所周知，一个完整的原理图由很多元器件组成，中间再利用不同的网络将其连接在一起，表示网络是否相同。将不同的元器件放在一起统一管理，称为“库”。电子元器件的种类和数量非常多，有符合 IPC 标准的，也有不符合 IPC 标准的，但无论哪一种，都是利用“库”对它们进行管理。用于管理原理图元器件的库称为原理图元器件库，用于管理 PCB 元器件的库称为 PCB 元器件库。两者的区别是原理图元器件只是一种器件标识符，它只是描述了元器件的基本属性，并非与真实元器件相对应，其目的是方便设计者快速理解其基本原理，而 PCB 元器件则与真实元器件相对应，并且要求有严格的设计规范，不能有任何差错。

创建原理图库的步骤：右键单击当前工程，执行“添加新的...到工程”→“Schematic Library”命令，以此创建原理图库，如图 3-8 所示。

图 3-8 添加原理图库

3.1.5 创建 PCB 元器件库文件

步骤同上,创建 PCB 元器件库的步骤:右键单击当前工程,执行"添加新的...到工程"→"PCB Library"命令,创建 PCB 元器件库,如图 3-9 所示。

至此,一个完整的 PCB 项目应该有的最基本的 4 个文件就全部创建完成了。它们的对应关系是:

- SchDoc:原理图文件。
- PcbDoc:PCB 文件。
- PcbLib:PCB 元器件库。
- SchLib:原理图元器件库。

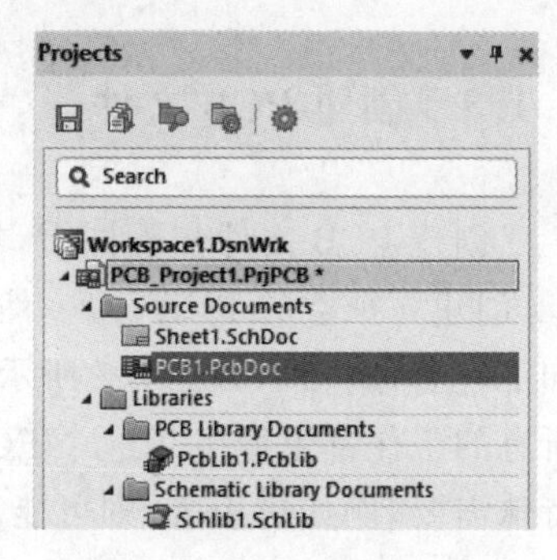

图 3-9 工程文件基本组成

3.1.6 关于创建其他类型文件

Altium Designer 20 除了支持基本的 PCB 文件工程文件的创建外,还支持其他很多类型文件的创建,例如机械装配图、过孔库、CAM 文件等。其中,机械图可以帮助我们快速创建 PCB 文件所对应的机械装配图,CAM 文件(Gerber、光绘)可以用于在加工生产中保护 PCB 文件版权等。在后面的章节中,我们将逐一讲解它们的具体作用。

最后,如果要删除所创建的相关文件,右键单击当前创建的文件,选择"从工程中移除"命令即可,如图 3-10 所示。

图 3-10 移除项目

3.2 导入导出功能

对于一款工程开发软件而言,导入和导出功能是非常常见的,EDA 软件类型很多,例如之前介绍过的 Cadence 和 PADS 等,不同的 EDA 软件在产品设计时都拥有自己的软件标准,与其他 EDA 软件之间相互不兼容,换句话说,用 PADS 制作的原理图是无法直接被 Altium Designer 打开并使用的。同样,用 Altium Designer 设计的 PCB 文件也无法被 PADS 直接打开并使用,因此,如果需要利用 Altium Designer 打开用其他软件所设计出来的文档，只能按照某种"标准"，让不同软件之间相互兼容，从而实现文件的相互转化。

Altium Designer 支持导入和导出的文件类型很多，绝大多数所支持的文件类型是由内部安装好的插件决定的，判断你的 Altium Designer 是否支持相关文件的导入和导出功能，需查看扩展和更新中所安装的相关插件，如图 3-11 所示。

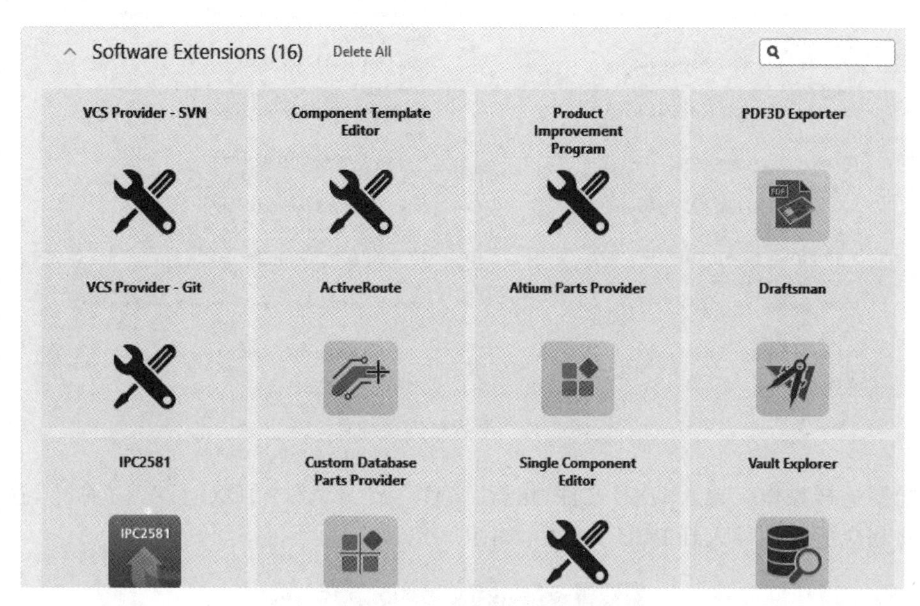

图 3-11 扩展和更新

当安装好一款插件之后，并不是单击插件图标来直接运行相关功能，而是被安装的插件作为某一个功能嵌入到 Altium Designer 软件中，并成为一个命令。

单击扩展和更新中的"Configure…"按钮，可以对相关插件进行管理，这里我们简单地了解一些常见的导入导出工具。

图 3-12 已经列出了众多安装好的插件，包括 Allegro、PADS 等 EDA 软件的导入导出功能，同时还有 STEP 等 3D 文件格式的导入导出功能，DXF-DWG 2D 图纸的导入和导出功能，由此可见，Altium Designer 在文件格式转换方面拥有非常强大的功能。

下面以导入 DXF 文件为案例，介绍导入非 Altium Designer 文件的过程。

① 明确需要导入的文件类型具体可以应用到 Altium Designer 的哪种文件格式下，例如 DXF 文件多数是 PCB 板框或定位尺寸图，如果你将它导入.SchDoc(原理图)文件中，可能是不合适的。

② 明确导入的文件格式是否被 Altium Designer 当前软件或插件所支持。例如，如果将 PADS 的源文件直接导入，同样不会被 Altium Designer 转换器所识别，应当借助中间文件进行转换；再例如，通常可以利用 SolidWorks 等 3D 建模软件设计 PCB 板边框或者尺寸，如果不先将这些设计好的文件转换成 DXF 等格式文件，同样也无法直接被 Altium Designer 导入。

③ 先打开需要导入的其他格式文件的文档，例如将 DXF 边框文件导入到 PCB 文件中，实际上是对 PCB 的相关操作。当然，如果是直接对其他 EDA 软件的项目进行转换

Importers\Exporters　　All On

Allegro
PCB import of Allegro design files.
Altium PCB
PCB import/export CircuitMaker, CircuitStudio and PCBWorks design files.
Ansoft
PCB export to Ansoft Neutral File format.
Autotrax
PCB import of Autotrax design files.
Cadstar
Schematic and PCB import of Cadstar design files.
CircuitMaker
Schematic and PCB import of CircuitMaker design files.
DxDesigner
Schematic import of DxDesigner files.
DXF - DWG
Import and export of DXF and DWG files.
EAGLE
Schematic and PCB import of EAGLE design files.
Expedition
PCB import of Expedition design files.
Hyperlynx
PCB export to Hyperlynx format.
IDF
PCB import and export of IDF format files.
Netlisters
Various schematic netlist output generators.
OrCAD
Schematic and PCB import of OrCAD design files.
P-CAD
PCB import and export of P-CAD design files.
PADS
PCB import of PADS design files.
PDF3D Exporter
PDF3D Exporter.
Protel
Schematic and PCB import and export of Protel design files.
SiSoft
PCB export to SiSoft file format.
Specctra
PCB import and export of Specctra design files.
STEP
Tango

图 3-12　配置已安装插件

则不需要这样操作。导入 DXF 文件,执行“文件”→“导入”→“DXF/DWG”命令,这样就可以将相应的文件导入到 PCB 文件中,如图 3-13 所示。

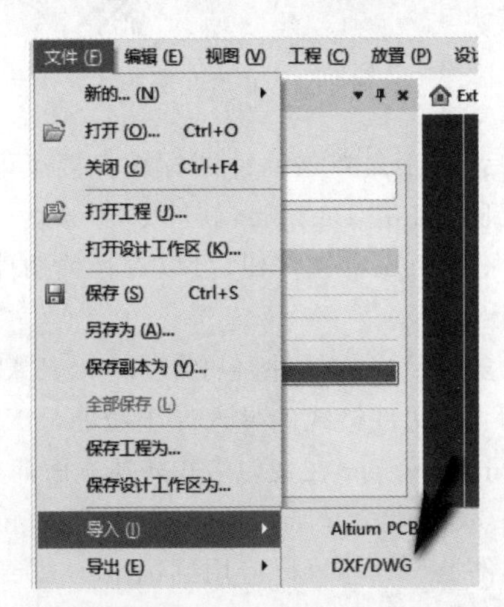

图 3-13　导入 DXF 文件

后面还会对具体的板框导入进行讲解,这里只是介绍一下有关于 Altium Designer 的导入功能。

有导入就有导出,如果用其他的 EDA 软件直接打开用 Altium Designer 所设计的文件,也同样会报错,这里要么是将设计好的文件利用 Altium Designer 先导出为兼容文件,要么导出为 ASCII 类型文件,让其他软件可以识别其相关文档的“标准”。

例如将当前的 PCB 文件导出为 STEP 文件等,此时就需要先将设计好的 PCB 文件以 3D 模型方式进行导出,这样其他可以识别 STEP 文件格式的软件就可以直接打开所导出的文件,如图 3-14 所示。

图 3-14　导出功能

3.3　本章小结

本章我们对 Altium Designer 相关工程文件的管理、创建、删除等基本操作进行了介绍。任何工程的开始都是始于工程的创建,掌握相关执行命令,可以快速让你对整个软件有所了解,为后续的学习打下基础。

Altium Designer 的导入和导出功能非常强大,在今后的学习工作中,你将会切实体会到 Altium Designer 给我们带来的各种强大功能。文件导入和导出的最终目的是提高我们设计、生产中的相关效率,用其他专业软件设计 Altium Designer 不擅长的部分,例如 3D 建模、板框设计等。

第4章 原理图设计

原理图在整个PCB设计过程中的重要性不言而喻，它体现了整体电路的逻辑关系。一张完整的原理图包括元器件、网络、参考文字（图像）等。是先有原理图还是先有元器件符号呢？这个问题有点类似“鸡生蛋”。总而言之，原理图和元器件符号等基本组件是电子电路行业不断发展的最终产物。原理图设计的前提条件，首先应当拥有项目所对应的完整封装库；其次需要准确的电路逻辑。

在实际的工作中，顺序往往是：创建原理图封装库→创建PCB封装库→创建原理图。

为了让本书在整体上更加具有条理性，这里先介绍原理图的绘制。

4.1 原理图工作环境整体介绍

原理图的工作环境可以由主工作区（原理图图纸）、辅助Panels面板、菜单栏等基本内容组成。同时还包括其他默认组件。

视频讲解

下面以打开Examples目录下的Bluetooth Sentinel工程为例，整体阅览Altium Designer原理图设计工作环境，如图4-1所示。

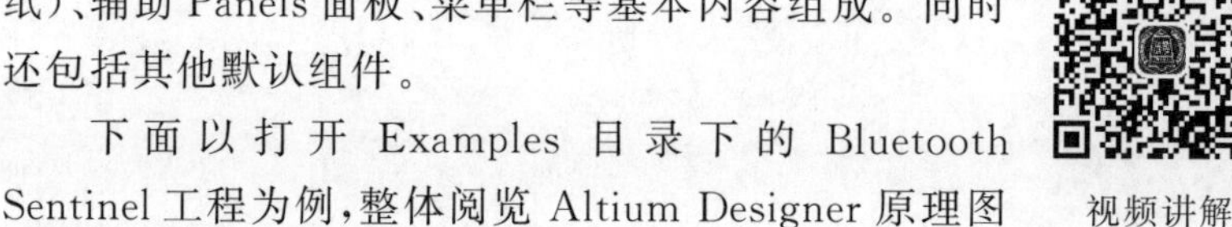

❶ 菜单栏：关于原理图、Altium Designer基本命令均可以在菜单栏中找到。

❷ 工程列表面板：用于对整个工程的文档进行管理。

❸ 快捷命令栏：为了方便地对原理图进行编辑，Altium Designer提供了快捷工作菜单栏，几乎对原理图编辑所需要的命令均可以快速在此调用，下文将详细介绍。新版本的Altium Designer快捷命令和旧版本略有不同，可以通过单击鼠标右键的方式，展开这个快捷命令，发现其他同类命令。

❹ 辅助工作面板：新版本的Altium Designer重新设计了很多Panels，取消了旧版本中弹出相应属性对话框的方式。通过面板可以方便地对整个工程中所编辑的文档进行快速修改，不仅仅在原理图绘

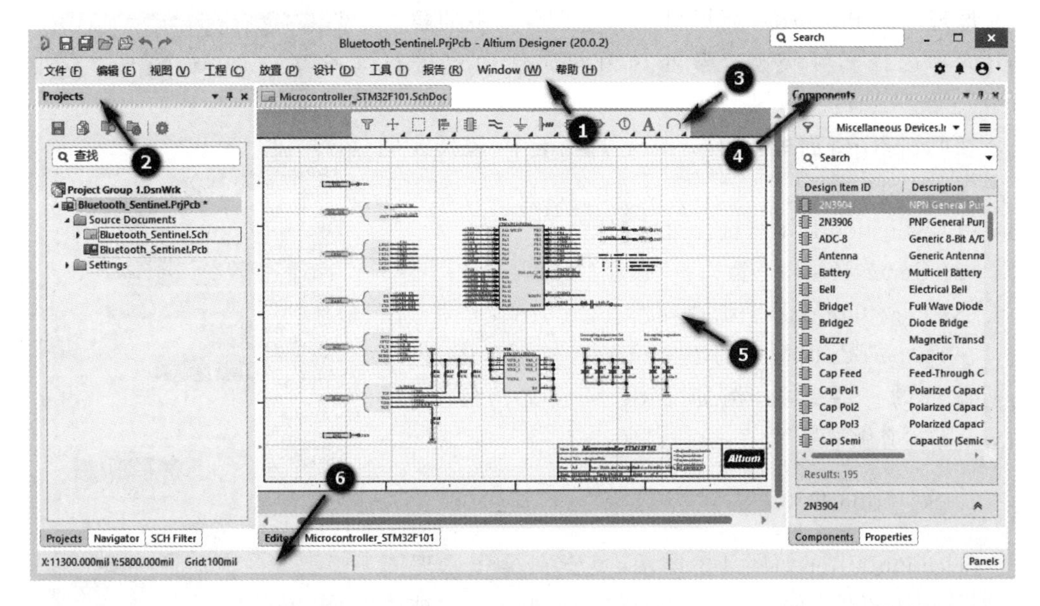

图 4-1 原理图工作环境

制界面上能够用到，在其他编辑状态下也同样可以。

❺ 状态栏：用于展示编辑、鼠标位置、命令等基本信息，可以用于参考当前状态。

❻ 原理图图纸编辑文档：主工作区域，类似于 Windows 系统下的绘图软件的画板，所有的原理图的绘制均在该图纸内完成。

对于第一次接触 Altium Designer 的读者，不妨先打开 Altium Designer 自带的参考案例，整体浏览一下。在 Altium Designer 的 Documents 安装路径下（笔者的安装路径在：D:\Users\Public\Documents\Altium\AD20，请读者根据自己的实际情况找到该路径），此处有 4 个目录，如表 4-1 所示。

表 4-1 自带的 Documents 文档目录功能

文件夹名	功　能
Examples	工程参考案例目录
Library	Altium Designer 封装库目录
OutputJobs	输出工作路径
Templates	各类 Altium Designer 提供的模板文件

4.2 原理图图纸属性面板

打开原理图后，可以从 Panels 处选择 Properties 面板，也称为属性面板。这个面板并不是原理图特有的，在其他地方也会经常见到它，更确切地说，它是针对于任何“对象”的。原理图图纸可以看作一个具体的对象，网络线也是一个对象，只要是对象，这个对象就一定有相应的属性，也就可以在 Properties 面板中进行设置，如图 4-2 所示。

原理图的 Properties 面板可以通过图 4-2 中的❶处 Tab 标签选择属性类型；❷处对相同属性内容进行折叠。

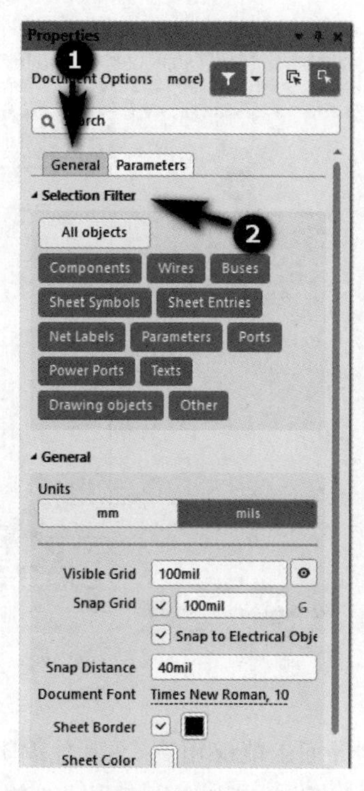

图 4-2　原理图的 Properties 面板

在 Properties 面板中的 General 选项卡中，包括 3 个折叠项：

(1) Selection Filter(选择过滤器)；

(2) General(通用参数)；

(3) Page Options(图纸选项)。

在 Properties 面板中的 Parameters 选项卡中，包括当前图纸的一些参数，例如 Title 对应文档的名称，Revision 对应版本号等。

1. Selection Filter

Selection Filter 如图 4-3 所示，负责在操作原理图时，对原理图图纸中的对象类型进行过滤，当有类型被选中之后，如果原理图中有这一类型的对象(如元器件、网络等)，可以单击鼠标左键进行选中，没有被选中的类型则在原理图中不可被选中。该属性和原理图上方的过滤器功能一致。你将会在后面的内容中陆续了解 Altium Designer 的很多特性，如果发现某一相同的功能出现在很多不同的地方，请不要惊讶，这个是一种很正常的现象。

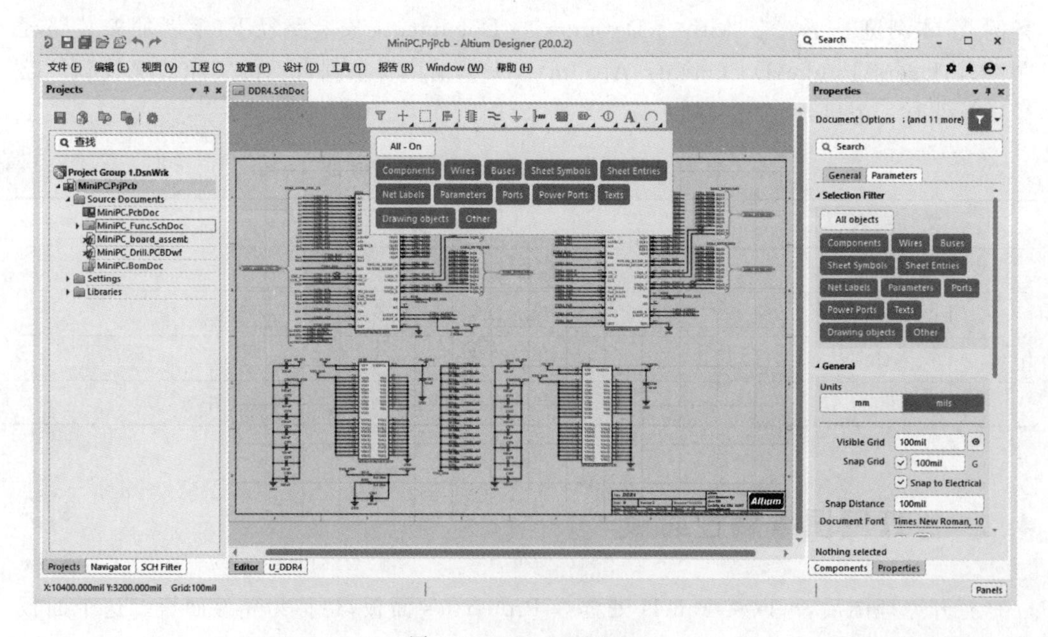

图 4-3　Selection Filter

2. General

对当前操作的原理图图纸的通用属性进行设置,如图 4-4 所示。

- Units：单位切换,支持以 mm 为单位和以 mil 为单位(千分之一英寸),在原理图中,主流使用 mil 为单位。
- Visible Grid：网格显示控制,其值为最小网格单位,后面的隐藏/显示按钮,则表示是否显示网格。
- Snap Grid：捕获网格控制,其值为最小单位,勾选该选项,表示鼠标在操作时自动捕获到网格,勾选 Snap to Electrical Object,表示鼠标自动捕获到带有电气属性的对象。
- Snap Distance：自动捕获识别半径。
- Sheet Border：图纸边框是否启用及显示的边框颜色。
- Sheet Color：原理图颜色。

3. Page Options

图纸选项可用于设置图纸的尺寸或者是否选择使用模板图纸,如图 4-5 所示。

- Sheet Size：选择图纸大小。
- Orientation：图纸区域编号命名方向。
- Title Block：标题栏控制。

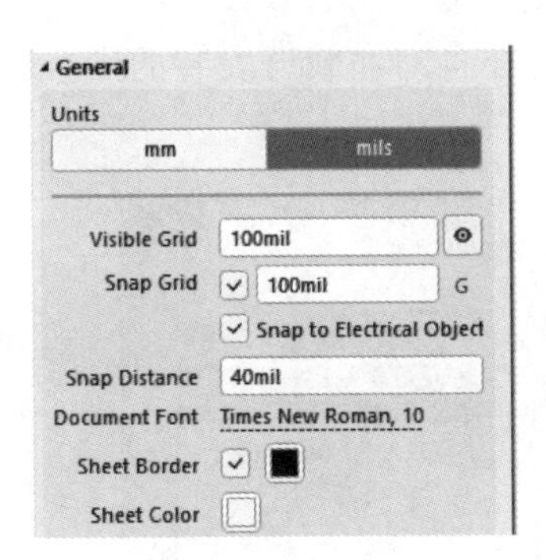

图 4-4　General

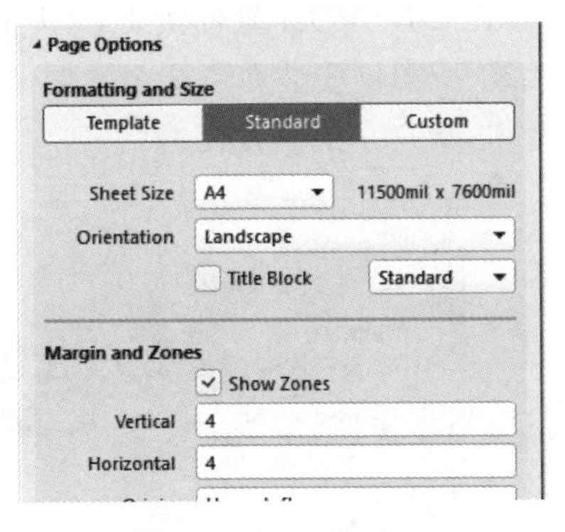

图 4-5　Page Options

4.3　绘制原理图

4.3.1　库面板

如果需要绘制原理图,则需要使用到封装库。对于原理图的绘制,使用到的库叫原理图封装库。Altium Designer 默认提供了几套可以直接使用的封装库,在学习初期,可以先使用 Altium 提供的库,熟悉原理图的绘制环境。

视频讲解

打开 Panels 中的 Components 面板(旧版本称为库面板),如图 4-6 所示,用于对封装库的管理。一般没做过相关配置的 Altium Designer 软件,会默认加载 Altium 为我们提供的官方库,虽然这些库的完整度很高,既包含了原理图封装库、PCB 封装库,还包含了一些仿真模型,但是很多公司并不直接采用 Altium 提供的库,而是或多或少进行相应的修改,甚至是完全弃而不用。

❶ 处为库配置和选择项;

❷ 处为选择库内元器件列表项;

❸ 处为 ANTENNA,包括:所选元器件参考视图;所选元器件携带的模型文件列表;封装库模型图;供货商等基本信息。

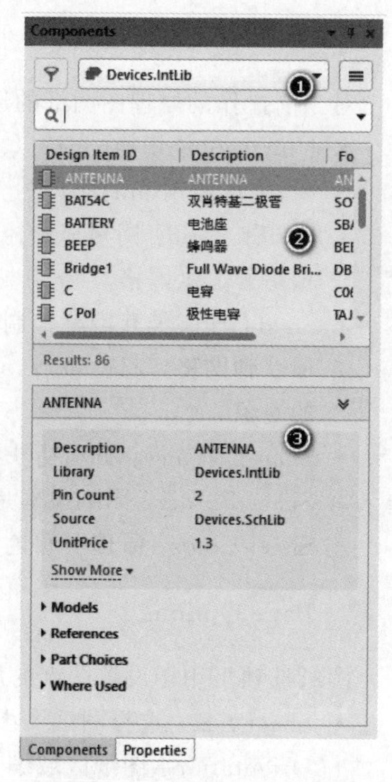

图 4-6 Components 面板

单击库面板中的 3 条横线按钮之后,弹出库管理窗口,如图 4-7 所示,从左向右依次是“工程”“已安装”和“搜索路径”3 个选项卡。虽然这 3 个选项卡都是用于加载库的,但是其作用范围有所不同。“工程”选项卡下的库只对当前工程负责,当其他工程打开之后,这个面板下的库就消失不见了。“已安装”选项卡下的库对整个 Altium Designer 软件负责,和具体的哪一个项目没有关系,只要被安装在了这个选项卡下面,下次就会自动加载已安装的库,该选项使用得非常多,重点介绍该方式。

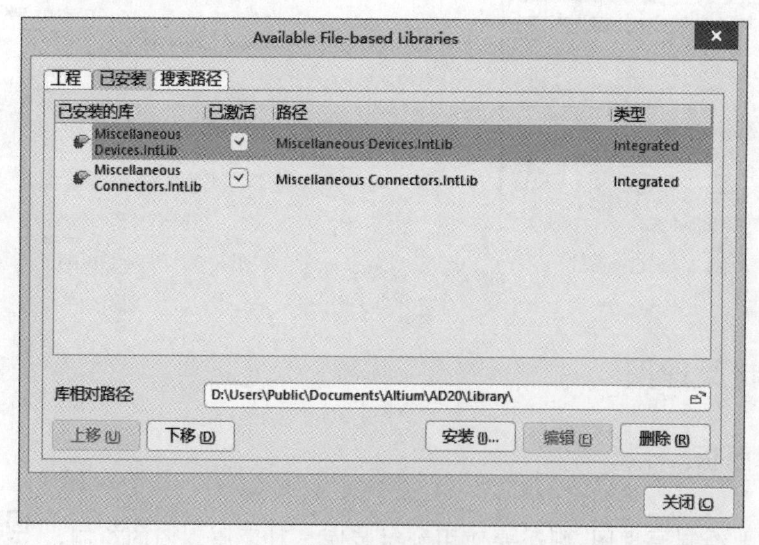

图 4-7 库的安装

该对话框内,支持库的安装、删除、上移和下移等操作。需要注意,此处安装的库的格式是.IntLib。该文件格式,将在 Q.1 Altium Designer 中集成库概念中详细介绍。

在工程选项卡下，只要当前工程中存在库，则默认会被加载到这里，如果想让当前安装的库不生效，可以选择从已激活一栏中勾选取消。

安装好了 个库之后，在 Libraries 面板的库列表中就会出现相应的内容，为了快速学习 Altium Designer，这里先采用 Altium 给我们提供的封装库进行演示。

4.3.2 放置元器件

放置的元器件需要从加载的库中选择，例如放置一个电阻，在库面板中，选择 Devices 库，在搜索栏中输入 R(＊表示通配符)，然后按下回车键，即可筛选出所有 R 开头的元器件，如图 4-8 所示，选中需要放置到原理图中的元器件，单击鼠标右键后，再单击"Place"按钮，此时鼠标上即可悬挂需要放置的元器件。

将电阻拖放到原理图的合理位置处，单击鼠标左键，完成放置(结束放置还可以按键盘上的 Esc 键)，Altium Designer 足够智能，当放置完成一个电阻之后，并没有立即结束当前放置，而是还可以继续放置第二个、第三个……，单击鼠标右键结束放置，如图 4-9 所示。

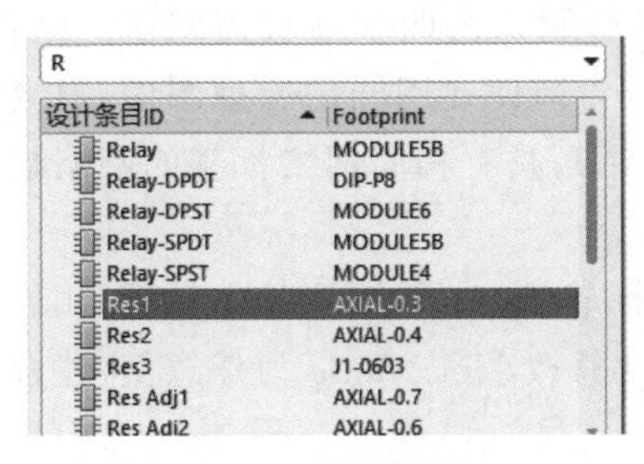

图 4-8 放置元器件

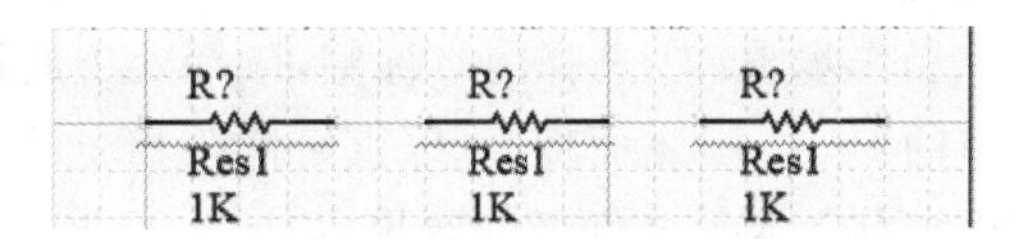

图 4-9 放置 3 个电阻效果

注意：Altium Designer 可以通过单击鼠标右键的方式结束某种操作命令，例如这里介绍的放置元器件，以及下文将要介绍的放置网络、网络名称等，均可通过该方式结束操作。

4.3.3 放置网络线

在放置网络线之前，有必要简单地介绍一下快捷命令的操作。将鼠标放到快捷键上之后，单击鼠标右键，即可展开这个快捷命令，事实上是一个快捷菜单列表，如图 4-10 所示，但必须是带有三角标识的快捷键才能展开。

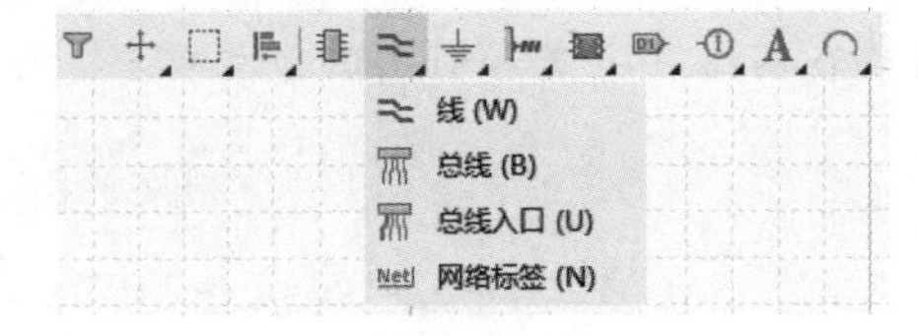

图 4-10 快捷命令

单击线快捷命令,鼠标处于绘制网络线状态,可以连接上文中放置的几个电阻,如图 4-11 所示。连接到相同网络线的元器件引脚,表示网络连通。

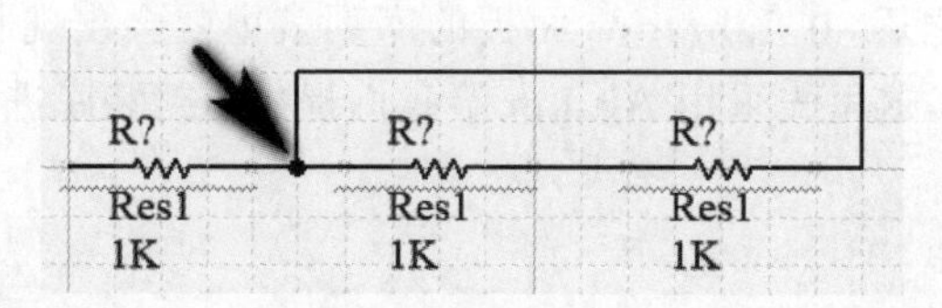

图 4-11　绘制网络线

当网络线与网络线出现交叉,并且出现实心圆点,则说明这是一根交叉网络线,如果没有出现实心圆点,即使交叉,它们也不属于相同网络。

注意:有很多同学在初学 Altium Designer 时,经常将网络线和实线搞混,网络线表示有电气属性,而实线则表示无电气属性。

4.3.4　放置网络标签

在原理图中,只要不同引脚(Pin)的网络名称相同,则认为两个引脚为同一网络,如图 4-12 所示。在 Altium Designer 中,默认情况下,认为即使在不同的原理图中,只要没有采用分层原理图(下文的高级原理图部分会详细介绍),具有相同网络标签的网络也是相通的。

操作步骤:①选择网络标签,鼠标处于放置网络标签状态;②按下 Tab 键,弹出网络标签的 Properties 面板,可以直接修改相应的参数;③修改 Net Name 为任意值,建议命名的名称起到见文知意的效果,如图 4-13 所示。

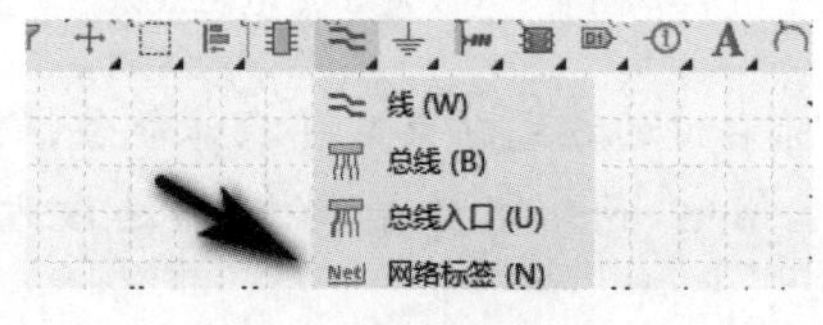

图 4-12　网络标签

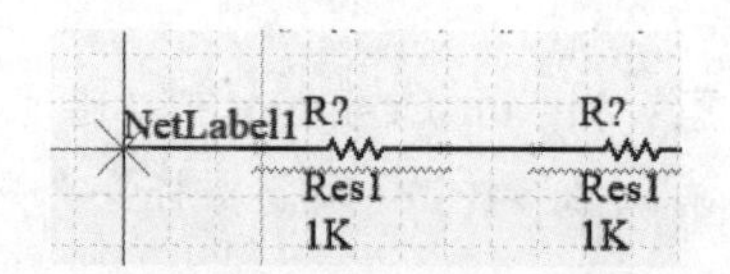

图 4-13　放置网络标签

当网络放置好之后,表示相同网络标签的网络为同一网络,如图 4-14 所示。

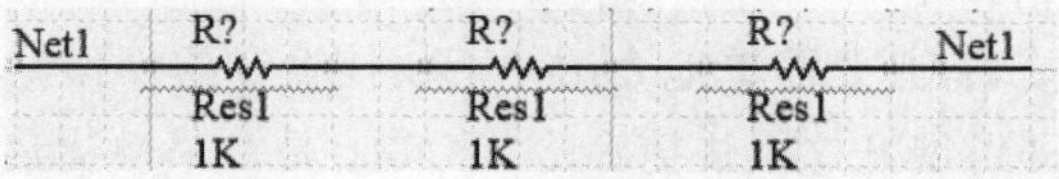

图 4-14　放置好的网络标签

注意:网络标签必须放在网络线上或和引脚的※相重合。

4.3.5　放置电源网络

电源网络如图 4-15 所示,也是一种特殊的网络标签,可以认为是专门为电源网络设计的特殊网络标签。电源网络可以分为两类,一类是 VCC(电源网络);另一类是 GND

（地网络）。

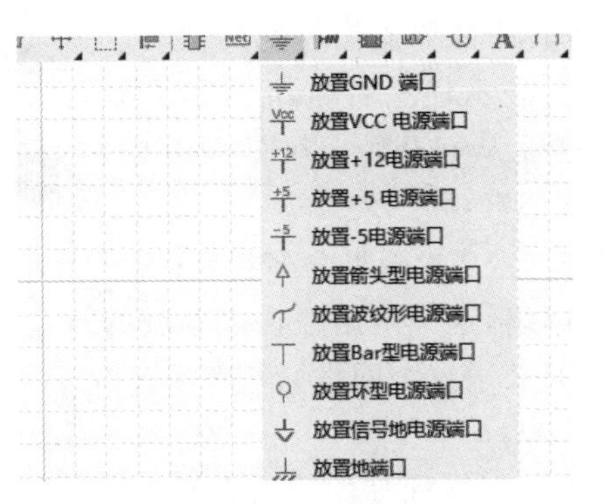

图 4-15　电源网络

决定电源网络是否为相同网络，同样是由电源网络的网络标签决定的。放置一个电源网络，例如+5（一般指+5V 电源），如图 4-16 所示。

电源网络既然是一种特殊的网络标签，同样可以对其属性进行修改。可以修改 Name，同时也可以修改 Style 样式，如图 4-17 所示。

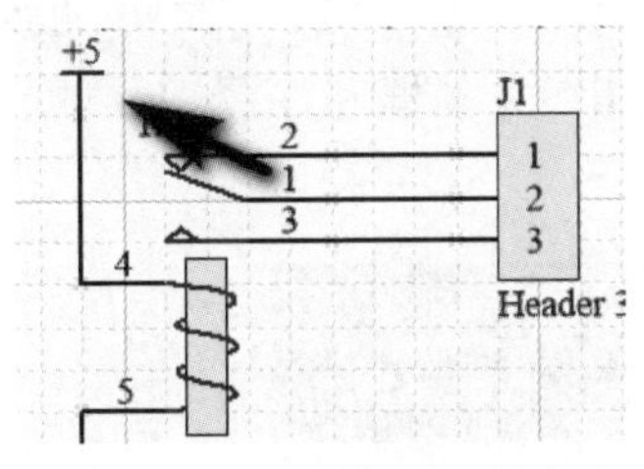

图 4-16　放置电源网络

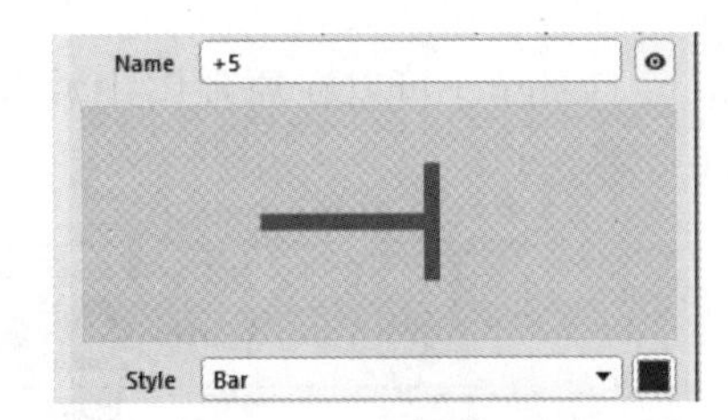

图 4-17　电源网络属性

注意：电源网络是一种特殊的网络标签，它的作用域范围比普通的网络标签更广，在下文的分层原理图中，将会更加详细地介绍电源网络的作用范围。

4.3.6　绘制总线

总线的概念在原理图中应用得非常广泛，它描述了一类相同功能的网络，例如数据线、地址线等，这些网络由相同的前缀+数字索引来描述属于该相同网络中的第几根线。

一条完整的总线，必须包括：(1)总线网络线；(2)总线入口；(3)总线网络线标签；(4)总线中具体网络线的网络标签等。

绘制总线命令，如图 4-18 所示。

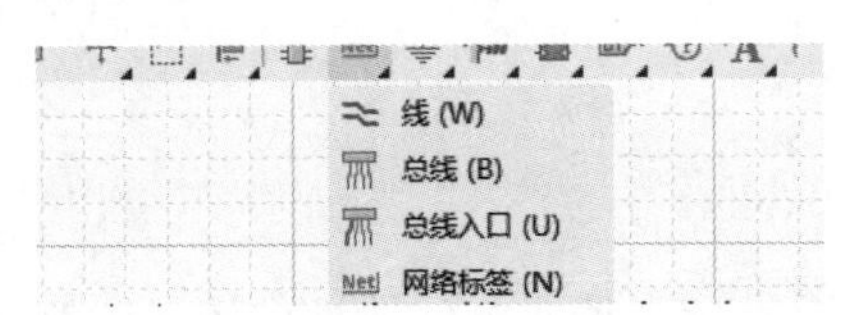

图 4-18　总线和总线入口

放置总线网络,先绘制一条总线,总线的走向可以随意调整。为总线网络放置一个总线网络标签,该网络标签的命名要遵循特殊的命名规范,即 $XX[n..m]$,其中 XX 表示任意名称,n 表示开始索引,m 表示结束索引,往往 n 从 0 开始。在图 4-19 中,描述了总线网络的几个基本要素:

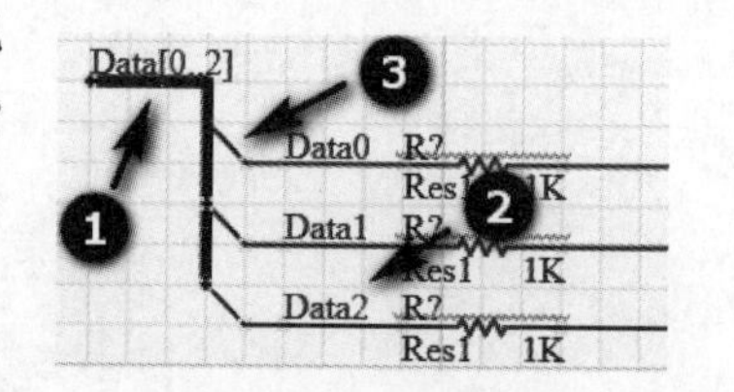

图 4-19　总线网络

❶ 总线网络的网络标签名,要求遵循命名规范;

❷ 总线网络中的具体网络,这个网络往往以总线的前缀+索引的方式编号,并且要求这个网络标签必须有;

❸ 总线入口。

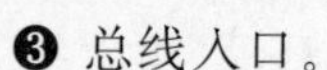

在同一总线上并具有相同网络标签的网络表示为同一网络。这里看似和普通的网络标签没什么区别,但在下文的分层原理图中,这一特性将发挥很好的作用。

4.4　绘制其他图形

视频讲解

4.4.1　放置字符

Altium Designer 可以在原理图中放置文本字符串、文本框和注释,如图 4-20 所示。

图 4-20　绘制字符串命令

3 种放置字符的效果如图 4-21 所示:❶文本字符串、❶文本框和❸注释。

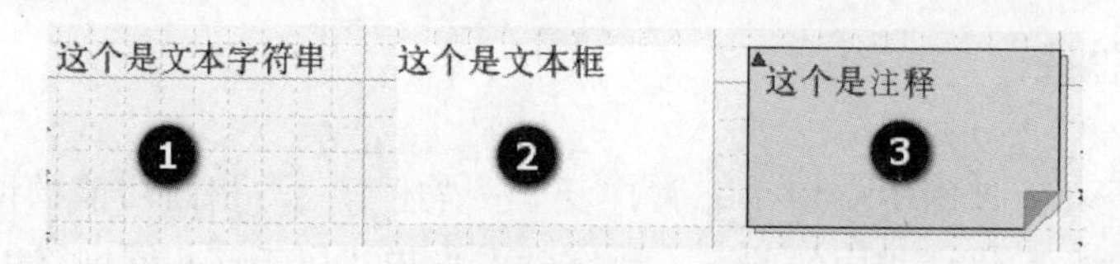

图 4-21　文本元素

每一种绘制字符的方式均可以修改相应的属性。对于注释而言,还可以单击红色三角处,对其进行折叠。

4.4.2　绘制图形

Altium Designer 原理图支持多种非电气属性的图形绘制,这里一定要和上文所述的绘制网络线、总线等区分。这里的绘制均不具有任何电气属性,只是一种普通的图形。

因篇幅有限,具体的绘制过程由读者自行实践,如图 4-22 所示。

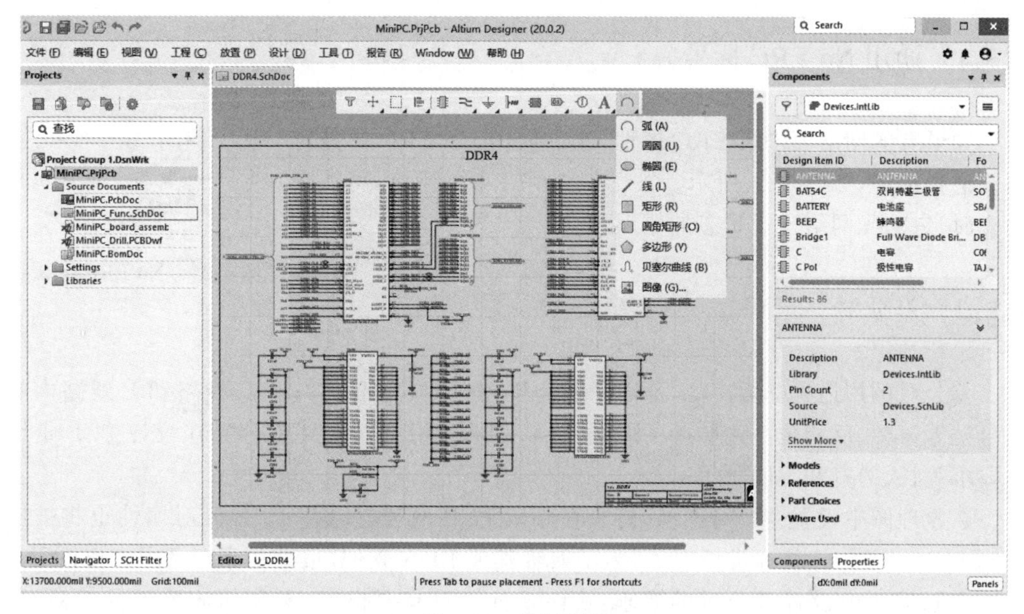

图 4-22 绘制图形

4.5 放置指示

视频讲解

指示标识符可以辅助用于原理图设计，这些标识的添加也将直接影响 PCB 设计图纸中的某些参数的设置，如规则、网络类型等，如图 4-23 所示。

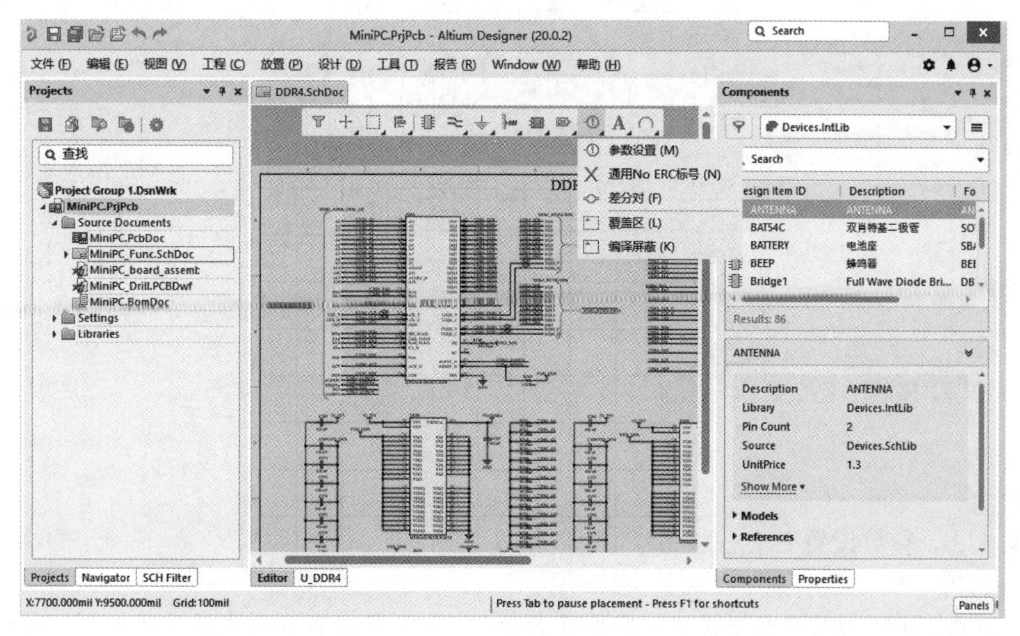

图 4-23 指示快捷命令

4.5.1 通用 No ERC 标号

如果有的网络要求无 ERC 属性，建议使用 No ERC 标号对网络进行标识，如图 4-24 所示。被标识 No ERC 的网络，可以在检查时，忽略无网络连接状态的错误。

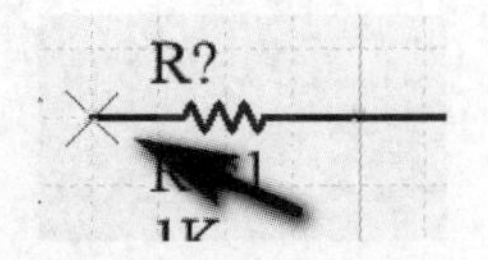

图 4-24 No ERC 标识

4.5.2 差分对

差分对的用途也非常广泛，简单了解一下差分对，有这样一组 A 线路和 B 线路内的信号是等振幅、反相位高速脉冲的两条线路，称为差分对。往往差分对在设计 PCB 走线时要求等长、等宽和等间距等。

在原理图中设置差分对网络，将来在导入 PCB 网表时，这一个差分对属性也将被导入到 PCB 设置中。在通常情况下，为了兼容其他 EDA 软件，很少在原理图中直接设置。

在原理图中设置差分对的要求：(1)差分对只有两根线，必须均放置差分对标识；(2)属于同一组差分对内的两根网络，必须拥有相同前缀的网络标签，例如 DDR4_CLK；(3)必须以_P 和_N 分别作为两根网络的后缀，如图 4-25 所示。

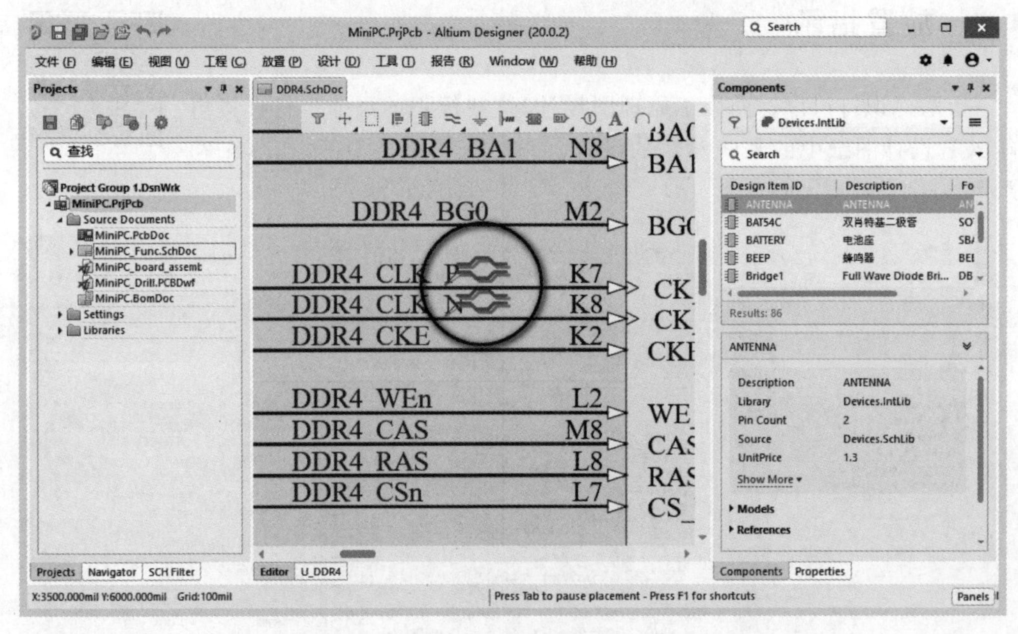

图 4-25 差分对符号

4.5.3 参数设置

我们可以为某一网络设置一些属性参数，为 PCB 设计者提供设计参考，例如要求 VDD 的网络允许通过的电流大小为 1A，则在 PCB 设计时需要将相关网络线宽加宽，以便允许通过相应的电流。简单来说就是在PCB图纸中，设置好PCB中的相关规则、属性和约束等，如图4-26所示。

电流1A
VDD
VDD

图4-26 参数标识符号

注意：虽然在原理图中设置规则合乎情理，但几乎很少使用这一功能，一方面是为了保证各个EDA软件之间的兼容性，另一方面也是为了提高产品分层设计的思想。

4.5.4 覆盖区

将一些对象包含在一个区域内，形成一个更小的组成单元，这些单元将会以组的形式在PCB设计中出现，在下文中将会介绍到的按照ROOM布局等，都和该功能密不可分，如图4-27所示。

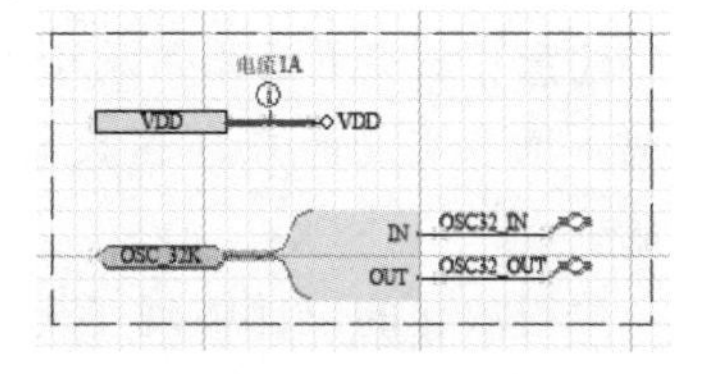

图4-27 覆盖区

4.5.5 编译屏蔽

当有被编译屏蔽区覆盖的对象时，这些被包含的对象将不再参与本原理图的相关设计，例如在导入网表等操作时，也将会将这些对象忽略。操作方式同覆盖区，如图4-28所示。

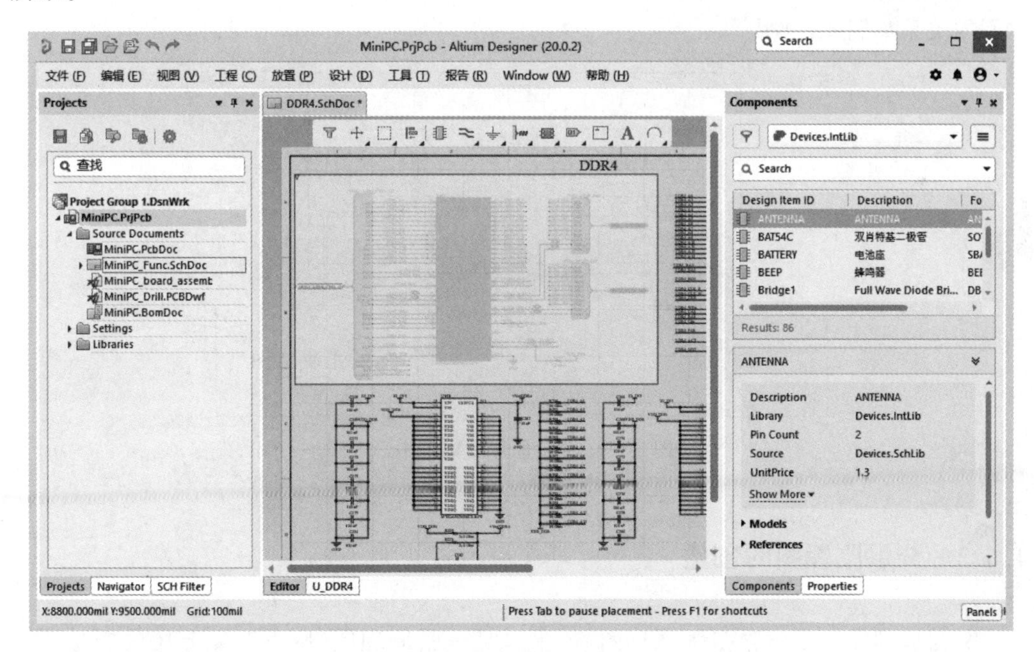

图4-28 屏蔽编译区

从图4-28中可以看出，添加了编译屏蔽区的地方，元器件与网络等对象均变成灰色，表示这些对象将不再起任何作用。

4.6 高级原理图

4.6.1 分层原理图概念

对于复杂的电路主板,如手机、计算机的电路主板,整个项目中所包含的原理图数量非常多,为了能够更加清晰地描述整个电路的逻辑关系,往往会进行分模块设计,并且有的模块还可以被重复使用。

视频讲解

注意:本节中的知识属于 Altium Designer 下特有的部分,建议简单了解。很多主流的原理图设计软件,如 OrCAD 等,均不支持该部分的功能。

分模块化的设计体现了分层的思想,这种思想可以帮助设计师大大地提升设计速度、增强图纸的可阅读性。如何能够将不同模块与模块之间的关系描述清楚,可以利用框图的方法,以此简化网络关系,以一个或少量几个通信协议代表彼此之间的连接方式,提高可读性。

在主图纸中,描述不同子图纸与子图纸之间的连接关系,以清晰的通信协议或者少量的网络线明确这种连接关系,而每一个子图纸则为具体的原理图。在 Altium Designer 中,支持设置图纸与图纸之间的网络连接关系,更加优化了分层原理图,主图纸与子图纸之间的关系如图 4-29 所示。

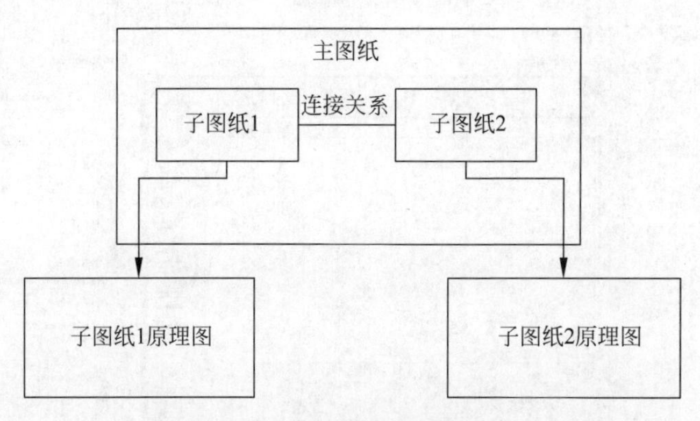

图 4-29　分层原理图框图示意

4.6.2 分层原理图的创建

分层原理图必须包含多张原理图,如果只是一张原理图,则不存在分层的概念。分层原理图除包含上文所述的基本原理图中的基本要素以外,还需要包含页面符、图纸入口和端口等辅助元素。分层原理图的整体管理思路如图 4-30 所示。

在 Altium Designer 的默认模式下,如果设计的图纸为分层原理图,则默认每张图纸的网络标签并非为全局类型。下文中将会介绍如何设置网络标签作用域。

创建分层原理图的步骤:

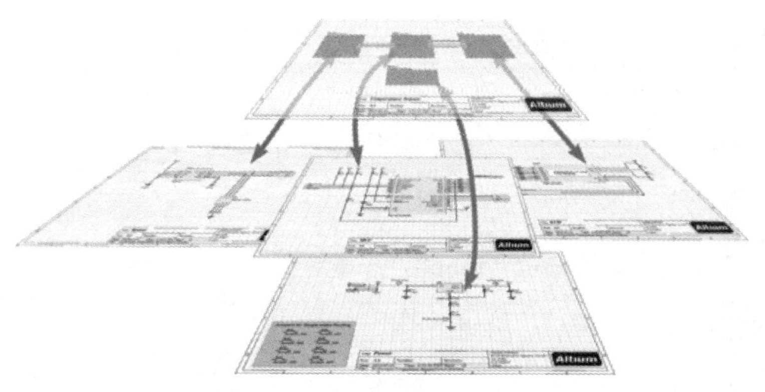

图 4-30　分层原理图的管理思路

① 至少创建一张主图纸和若干张子图纸。主图纸用来放置页面符、描述页面符与页面符之间的关系，如图 4-31 所示。

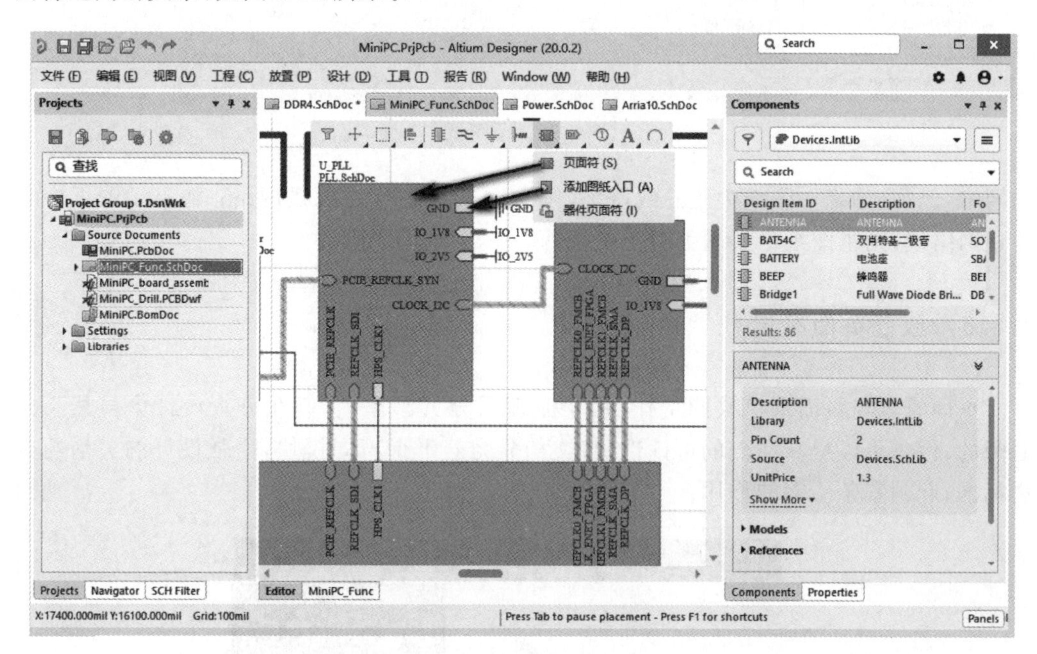

图 4-31　分层原理图主图纸

② 在子图纸中，如果有网络需要和其他子图纸连接，则必须放置一个端口并修改端口命名，如图 4-32 所示。

端口的作用是将当前图纸中的网络和其他图纸中的网络相连接。端口的思想近似于一种封装，将需要连通外部的网络暴露出去，在利用主图纸中的图纸入口连接之后，便可以认为不同图纸中的网络是相同的。

此处有以下几点注意事项：

(1) 图纸中如果有需要连接的网络，则必须放置端口。

(2) 主图纸中的页面符中的图纸入口必须和每一个图纸上的端口同步。

(3) 主图纸中图纸入口与图纸入口之间的连接，必须使用端口中所连接的同种类型

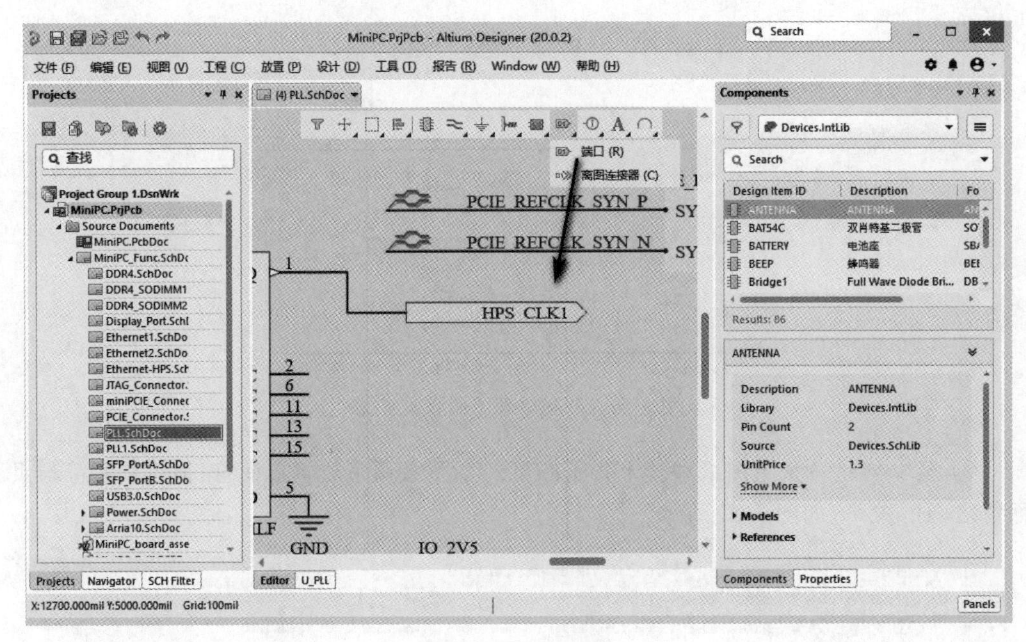

图 4-32　子图纸

的网络,例如,如果子图纸中是总线网络,则主图纸中必须是总线网络;如果子图纸中是普通网络线,则主图纸中必须为普通网络。

4.6.3　放置页面符号

页面符号与页面端口共同工作,用于原理图分页操作,它们在分页设计中虽然不是必须的,但是可以提高文档的可读性,将文档分为若干个不同模块,增强设计的灵活与分类标准,起到有条不紊的作用。

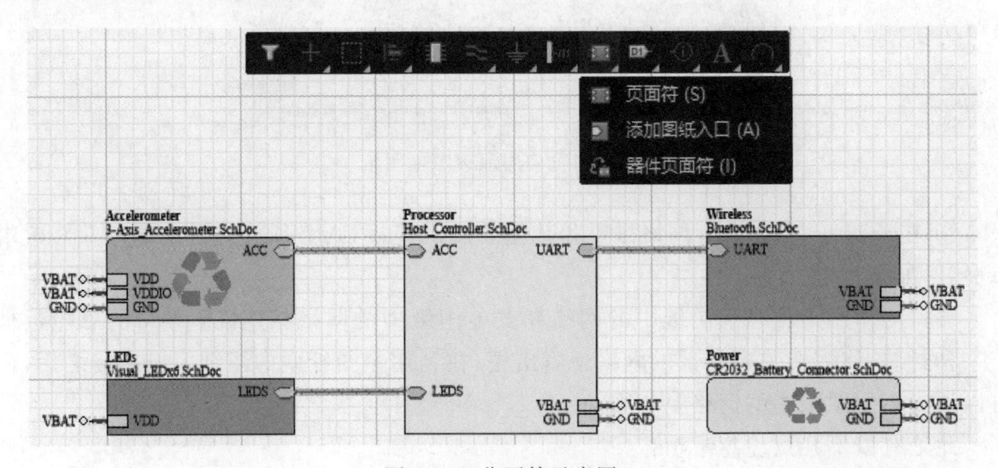

图 4-33　分页符示意图

分页符示意图如图 4-33 所示,每一个页面符号都需要对应一个原理图图纸,并在对应的原理图图纸中有相应的端口,然后利用总线或者信号线束的方式将其连通,表示这两张原理图主要连通的网络类型。

主图纸中的页面符，在被选中之后，可以在 Properties 面板中修改相应的属性。

4.6.4 分层原理图中的电气连接关系

设置电气网络属性的作用域范围，设置方法为：打开工程→工程选项→Options 面板。

从选项中，如图 4-34 所示，可以看出网络识别范围有 4 种，虽然选项个数是 5 个，但实际上起作用的是 4 个。其中第一个是根据原理图的布局关系自动选中哪种方式。其中重点需要介绍的是：(1)Global(Netlabels and ports global)；(2)Automatic(Based on project contents)。

(1) Global(Netlabels and ports global)：全局类型，只要设置为该方式，则无论原理图是否采用分层设计，所有的网络均为全局类型。在不同原理图中只要网络标签名称相同，则认为是同一网络。

(2) Automatic(Based on project contents)：这个是自动选项，这里只介绍其在采用分层原理图的情况下的作用，而如果没有采用分层原理图，这个功能和 Global 功能一致。

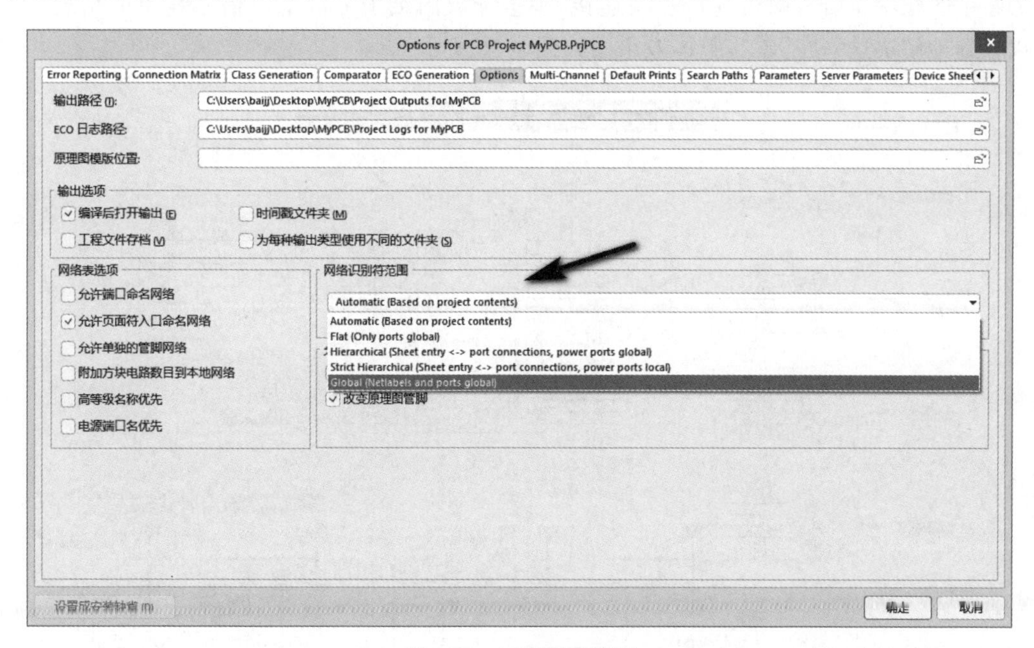

图 4-34　工程操作配置

子图纸内网络连接关系如图 4-35 所示，只有当端口通过页面符连接在一起之后，两张子图纸中的网络才是连通的，否则即使名称相同，也不是同一个网络。

4.6.5 信号线束

该功能非常类似前面所述的总线功能，但与总线又有区别，该功能是 Altium Designer 软件特有的功能，下面是对相关操作的整体认识。在分层原理图设计中，如果

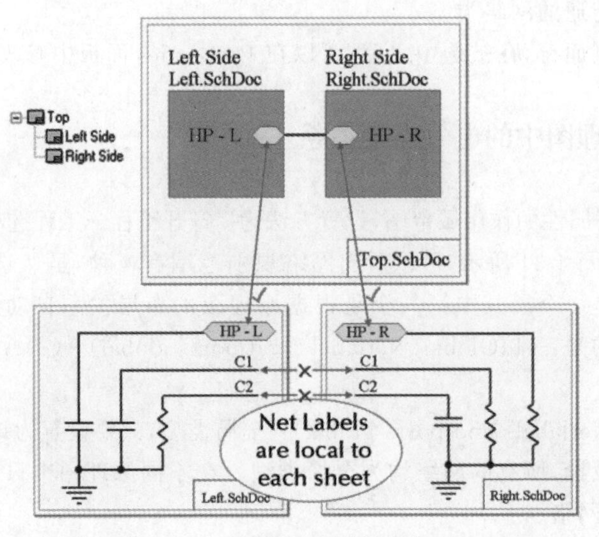

图 4-35 子图纸内网络连接关系

需在主图纸中将所有网络进行一一连接，则会导致图纸十分混乱。信号线束的出现，可以很好地解决这一“乱象”，整体效果图如图 4-36 所示。

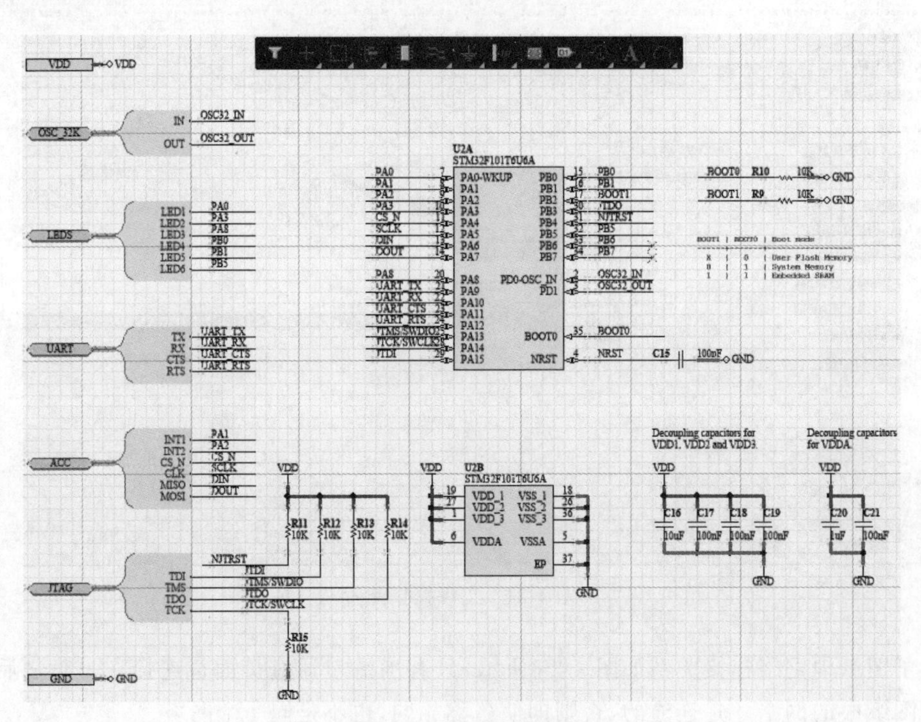

图 4-36 信号线束概况

信号线束网络类型必须包括信号线束、线束连接器和线束入口等，如图 4-37 所示。

信号线束在放置的时候，遵循相同类型网络连通方式，线束入口的名称对应线束入口的名称，信号线束与信号线束相连接。注意，线束入口的名称和网络标签的名称即使一致，也互不连通。

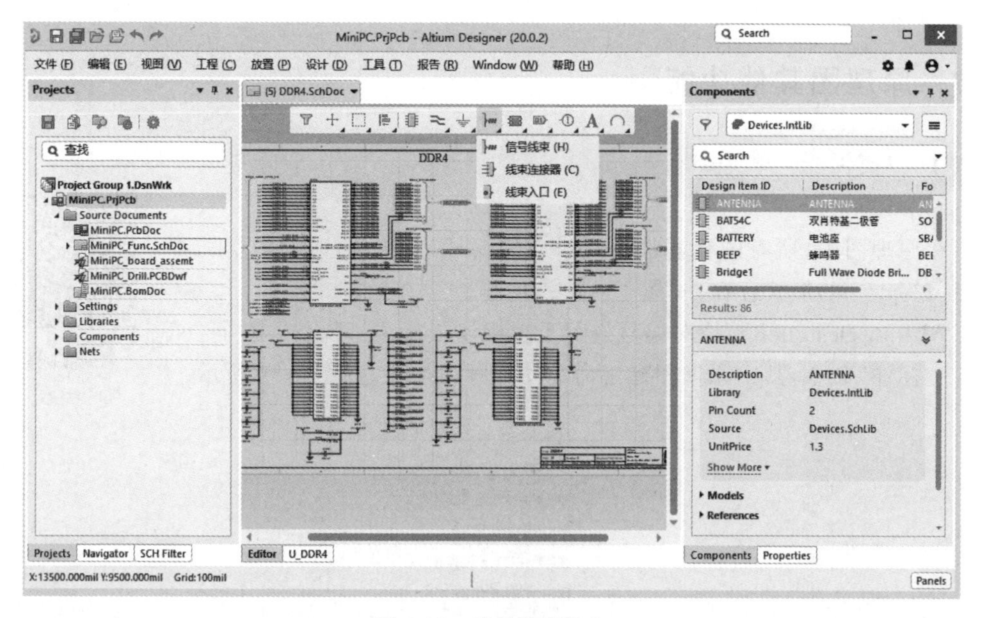

图 4-37 信号线束命令

4.6.6 同步图纸入口和端口

当一张子原理图中被新增了一个端口之后，可以以手动的方式在主图纸对应的页面符中添加相应的端口，另外还可以利用同步端口的方式自动为图纸添加。

操作步骤：❶执行“设计”→“同步图纸入口和端口”命令，弹出同步对话框。❷选择需要同步的端口，单击添加图纸入口，即可自动为图纸添加一个入口，如图 4-38 所示。

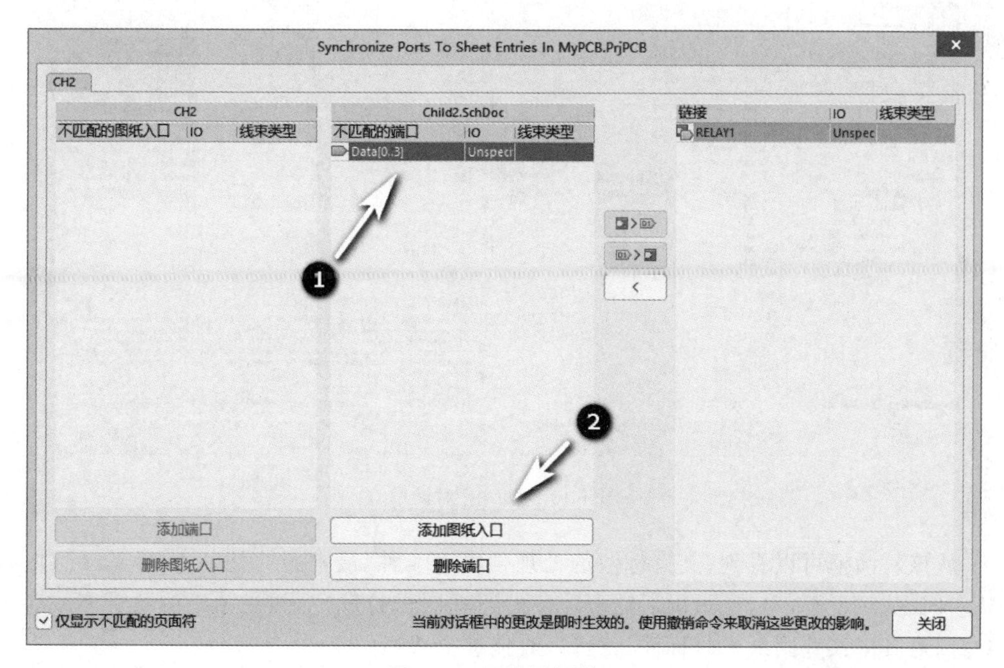

图 4-38 同步图纸端口

4.7 原理图其他功能

4.7.1 标注

视频讲解

在原理图中,所有的元器件均有对应的编号,在未标注的情况下,都是以前缀+?的形式存在,?属于一个占位符。

Altium Designer 支持对编号进行重置标注或标注等操作。执行"工具"→"标注"命令,其中原理图标注命令使用频率最高,如图 4-39 所示。

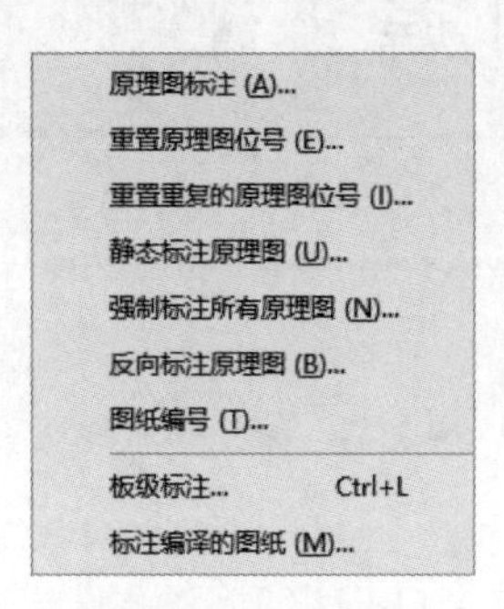

图 4-39 标注命令

单击运行原理图标注命令,进入"标注"对话框,如图 4-40 所示。

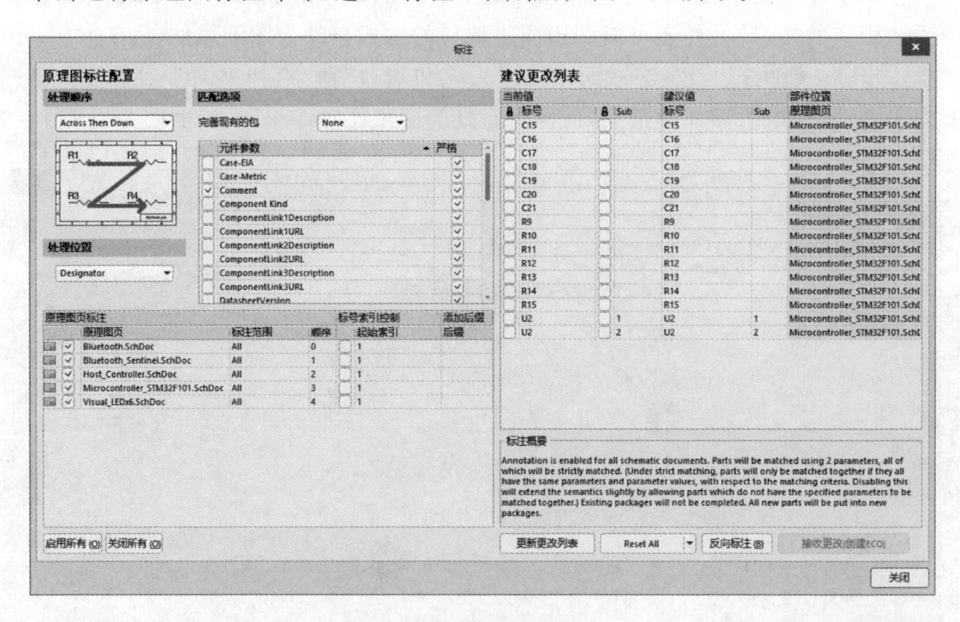

图 4-40 "标注"对话框

从该对话框可以看到,支持标注的处理顺序有 4 种,最常用的是 Across Then Down(从左向右,从上至下),还可以对需要标注的原理图进行选中,如果图纸的数量多或者需要专门对其中某些图纸进行标注,就可以直接进行选择。

在建议更新列表中，列出了所有推荐更新的元器件标注，通常情况下，建议对所有未进行标注的元器件进行标注。

单击“接收更改创建”按钮，启动“执行更新”，如果图纸中无需要更新的，则该按钮无效。最后选择“执行变更”，即可完成对原理图的标注。对已经标注的元器件，还可以进行 Reset All(全部恢复)，执行该命令之后，已经标注的元器件就被重新设置成未标注状态。在下文中将介绍的导入网表一步的前提是必须对原理图中的元器件进行标注。

4.7.2 网络颜色

在 Altium Designer 新版本中，增加了在原理图中对网络颜色进行标注的功能。对网络进行颜色标注与直接修改指定网络线的显示类型截然不同。网络颜色将来在导入 PCB 中时，会作为一个网络颜色一起被导入。在 PCB 设计中，特别是在复杂的网络 PCB 设计中，往往会对不同的网络进行颜色修改，以此做到更加明显的区分。

执行网络颜色命令：视图→“设置网络颜色”。前提条件是“显示覆盖的网络颜色”必须要被选中，如图 4-41 所示。

图 4-41 设置网络颜色

在设置网络颜色中，支持将任意网络设置成任意一种颜色，同时也支持清除指定网络颜色和清除所有网络颜色，如图 4-42 所示。

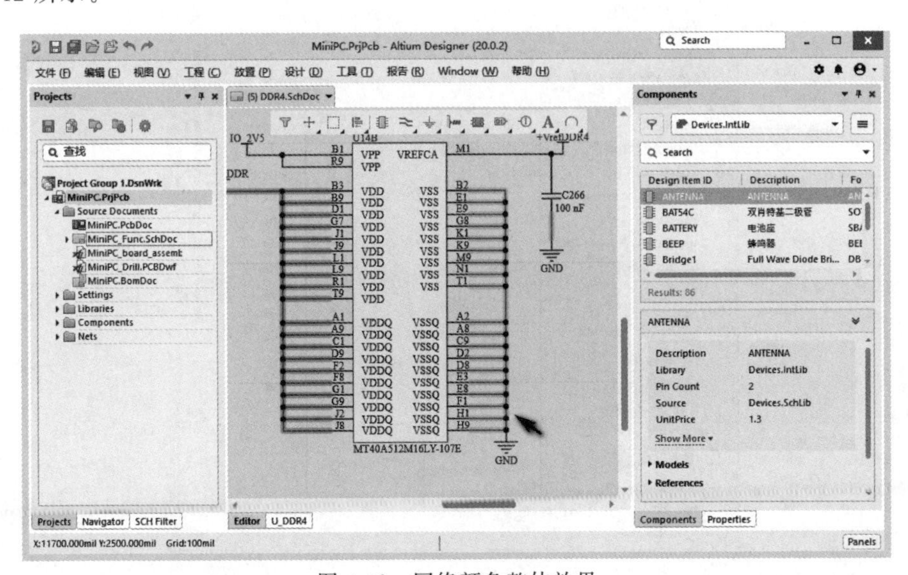

图 4-42 网络颜色整体效果

当为某一网络设置好颜色之后，与之相同的网络则立即变成与之相同的网络颜色，可以利用这种方式，对一些特殊网络线进行标注，如电源网络和地网络。

4.7.3 查找与选择

在编辑菜单命令下，支持常见操作命令，如复制、粘贴、选择、删除等命令，这里不一一详细地介绍这些功能。对于有 Windows 软件操作经验的同学而言,这些命令再常见不过了。

在新的 Altium Designer 中,新增了一种选择命令——以 Lasso 方式选择。当执行该命令时,鼠标可以绘制任意路径以此来进行对象选择。

同时,新版本的 Altium Designer 新增了区域选择方式,当从左上角向右下角框选时,则必须要求选中所有的对象才认为被选中;若从右下角向左上角框选,则只需要碰触到对象,则认为被选中。

查找相似对象:该功能在原理图的编辑环境下使用较少,它可以根据选中的对象的属性是否相同,来查找所有相似的对象。

操作步骤:①执行查找相似对象命令,命令启动,鼠标处于可以选择任意对象状态,点选需要查找的相似对象,例如电阻、电容等;②弹出“查找相似对象”对话框,如图 4-43 所示。

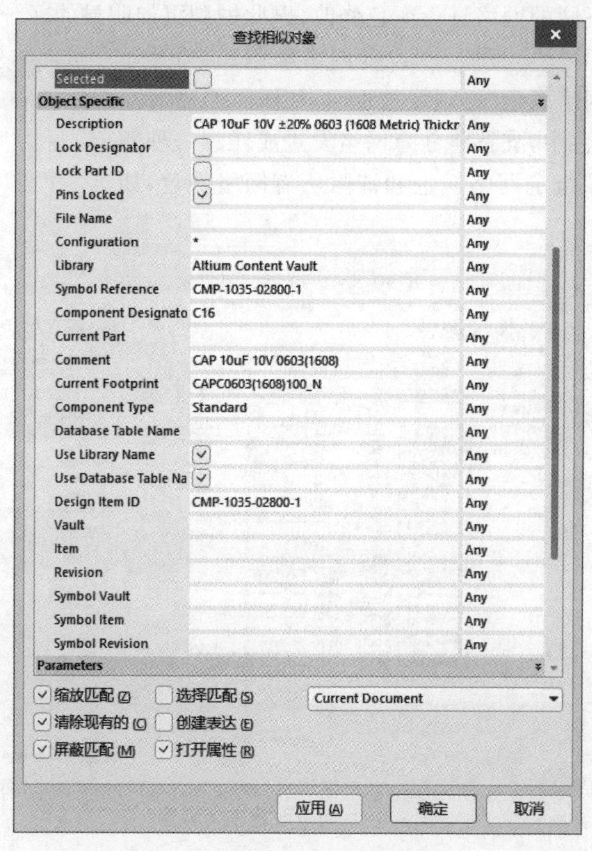

图 4-43 “查找相似对象”对话框

之所以可以查找相似对象,是因为可以根据所选对象的属性来进行查找,可以选择 Same(相同)的,先单击“应用”按钮,再单击“确定”按钮之后,匹配后的相似对象就会被全部选择。如图 4-44 所示,查找所有元器件,此时只有元器件处于高亮状态。

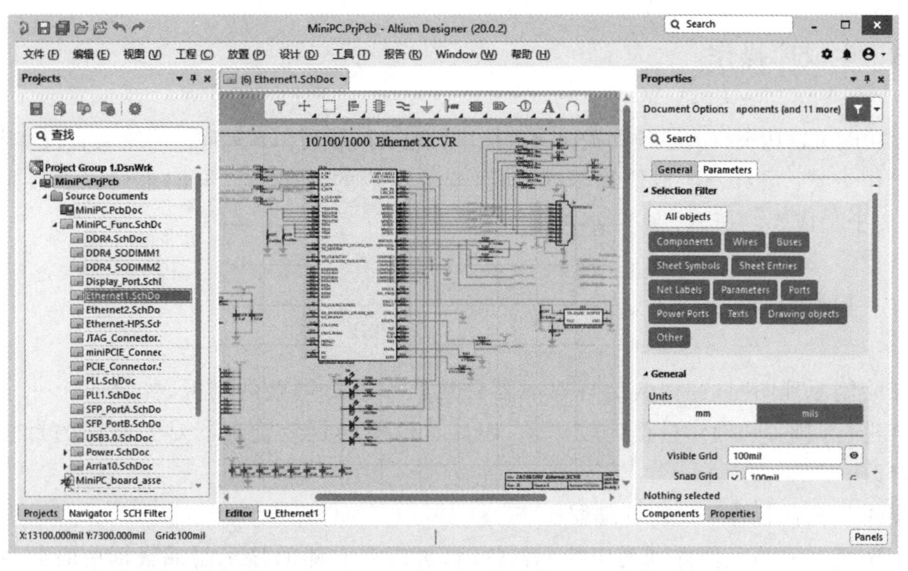

图 4-44 查找相似对象及查找结果显示

4.7.4 其他编辑命令

打破线命令：该命令可以将一根完整的信号线切割成两段，在打破线命令被调用时，可以按下 Tab 键，修改打破线命令的其他参数，例如切割长度等，如图 4-45 所示。

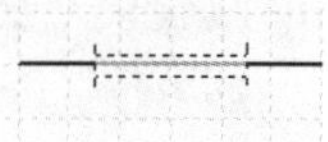

图 4-45 打破线

对齐命令：当被选中的元器件需要对齐时，对齐命令会被激活，Altium Designer 的对齐命令有左对齐、右对齐和居中对齐等。合理使用对齐命令，可以方便我们对原理图进行快速布局调整，以此优化界面，如图 4-46 所示。

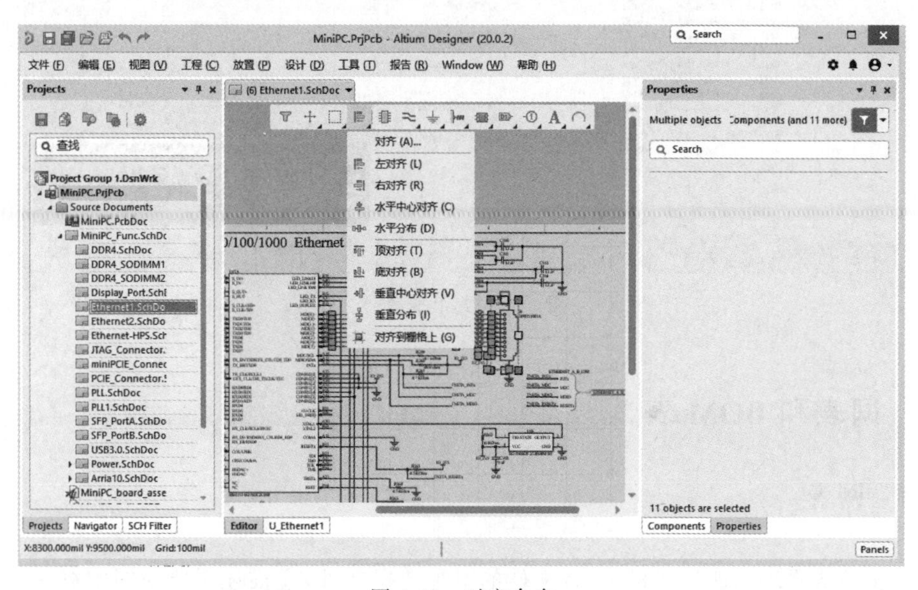

图 4-46 对齐命令

4.7.5 生成库操作

该功能可以从现有的原理图提取原理图中所包含的原理图封装库。可视为直接拿来用。

操作步骤：设计→生成原理图库，即可生成相应的封装库。同时也可以直接生成集成库，关于集成库的概念，在下文中将会详细介绍。

4.7.6 封装管理器

在绘制原理图时，往往会出现对元器件封装库进行调整的情况，如果一个一个地对元器件进行调整，则操作过程比较烦琐，因此可以使用封装管理器对元器件的封装进行批量修改。

操作步骤：工具→封装管理器。

当选择左侧的元器件列表中的元器件时，可以在右侧的显示与编辑框中看到对应的内容。

我们可以通过校验的方式验证封装库是否正确，当封装出现错误时，可以在此处对封装库进行删除或者重新编辑，如图 4-47 所示。此过程类似原理图封装库的相关操作，详情请参考下文。

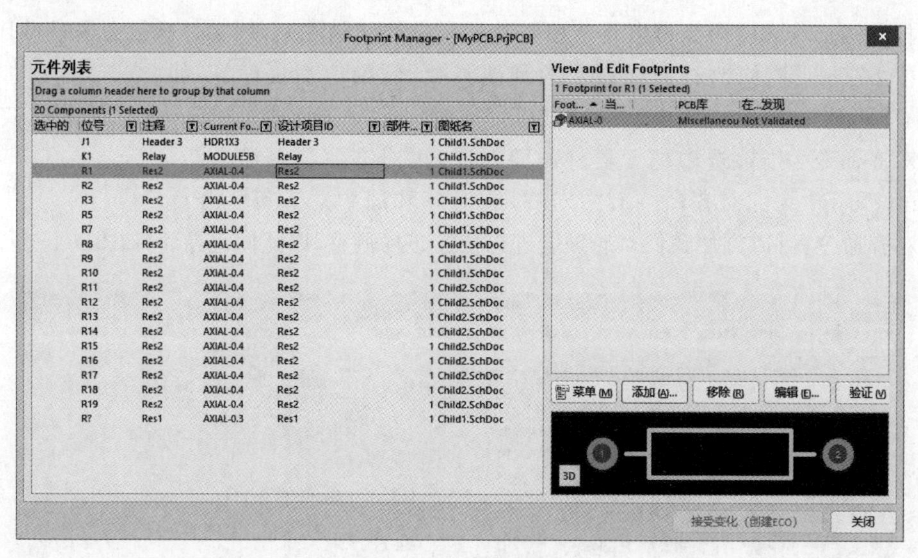

图 4-47 封装管理器

4.8 网表和 BOM 表

4.8.1 网表

网表是从原理图所生成的 PCB 文件的一种数据文件，它描述了原理图中每一个元器件、网络、参数和约束等的关系，PCB 正是依靠这种数据关系才将 PCB 中的不同元器件建立起各种联系。Altium Designer 支持导出很多不同 EDA 软件所支持的网表，例如 OrCAD、PADS 等。

在 Altium Designer 软件中，通常并不需要单独导出网表，而是由软件内部的更新功能自动将网表导出，方便快捷。在下文的 PCB 设计中，将详细介绍该功能。

4.8.2 BOM 表

我们通常将 BOM(Bill of Materials)表发给元器件采购商或者 PCB 加工 SMT(贴片)制造商，在下文的 PCB 设计中同样也会介绍该功能。启动 BOM 表(Bill of Materials)。从对话框中可以看出，BOM 表实际上是对整个原理图中所使用到的元器件的汇总，同时按照一定的规则和方式进行展示。BOM 支持的格式有 Excel、CSV 和 PDF 等格式，如图 4-48 所示。

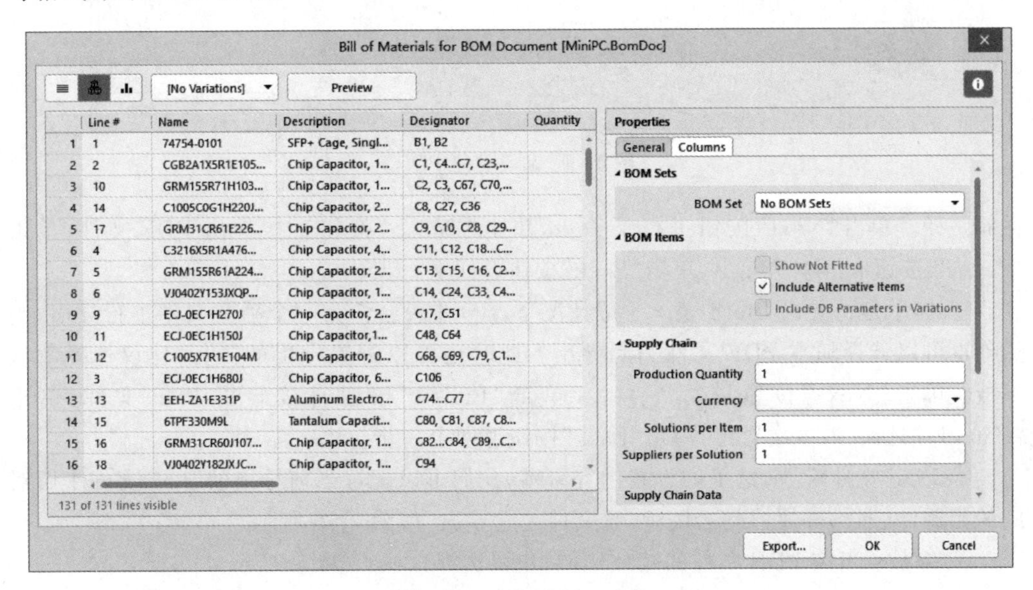

图 4-48 Bill of Materials

4.8.3 智能 PDF

该功能是 Altium Designer 对文件进行以 PDF 格式导出的重要功能。在很多情况下，需要将 Altium Designer 的设计文件导出并生成 PDF 文件，以便保护自己的版权信息。

下面是智能 PDF 导出功能的操作步骤：

① 启动智能 PDF 功能之后，弹出导出向导页面，如图 4-49 所示。单击“Next”按钮进入下一步，单击“Finish”按钮直接导出 PDF 文件，单击“Cancel”按钮取消本次导出。

② 进入导出文件的路径选择对话框，你可以在这里配置自己需要导出的 PDF 文件

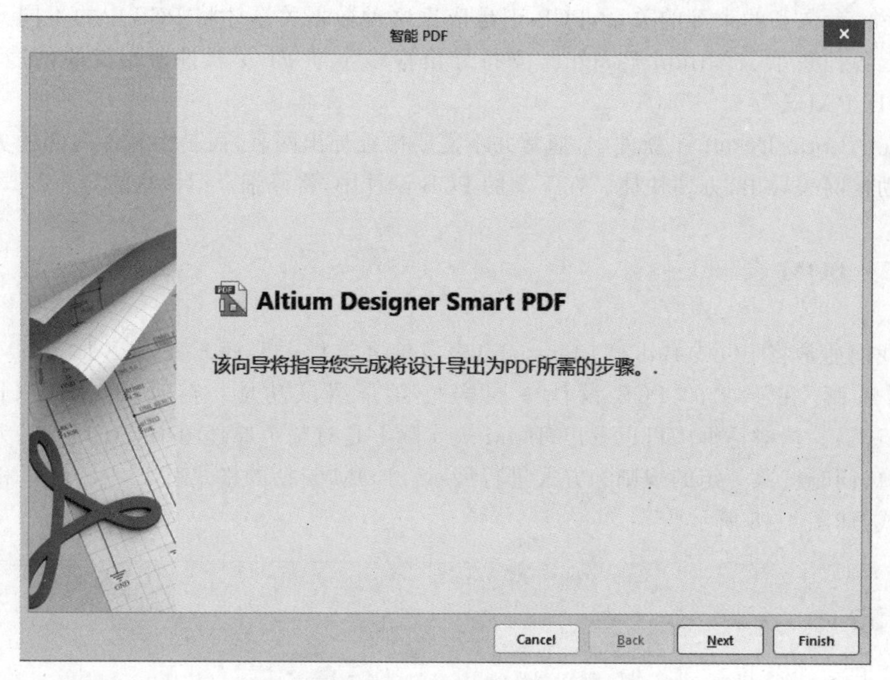

图 4-49　启动智能 PDF

存储路径。单击“Next”按钮进行下一步，单击“Finish”按钮直接导出 PDF 文件，单击“Cancel”按钮取消本次导出，单击“Back”按钮返回上一步。

③ 提示是否导出 BOM 表。一般情况下，BOM 表会作为一个独立文件进行导出，当然你也可以选择随本 PDF 文件一起导出。此时还可以配置导出的模板，建议选择默认模板。单击“Next”按钮进行下一步，单击“Finish”按钮直接导出 PDF 文件，单击“Cancel”按钮取消本次导出，单击“Back”按钮返回上一步。

④ PDF 文件设置，这里的设置内容繁多，我们可以配置当前导出的 PDF 文件中所对应的元器件、网络等属性是否随 PDF 文件一起导出，如图 4-50 所示。

- 缩放：当前 PDF 文件的缩放比例，建议选择默认；
- 附加信息：包括“产生网络信息”“管脚”“包含元件参数”等；
- 包含的原理图：原理图中包含的内容，包括“No-ERC 标号”“参数设置”“覆盖区”等；
- 原理图颜色模式：原理图的颜色，包括“颜色”“灰度”和“单色”。

单击“Next”按钮进行下一步，单击“Finish”按钮直接导出 PDF 文件，单击“Cancel”按钮取消本次导出，单击“Back”按钮返回上一步。

⑤ 最后的设置，这里可以配置在导出 PDF 文件之后，是否打开该 PDF 文件，以及是否保存当前 PDF 导出配置文件等。单击“Finish”按钮直接导出 PDF 文件，单击“Cancel”按钮取消本次导出，单击“Back”按钮返回上一步。当导出完成之后，请打开导出的 PDF 文件查看此文件。

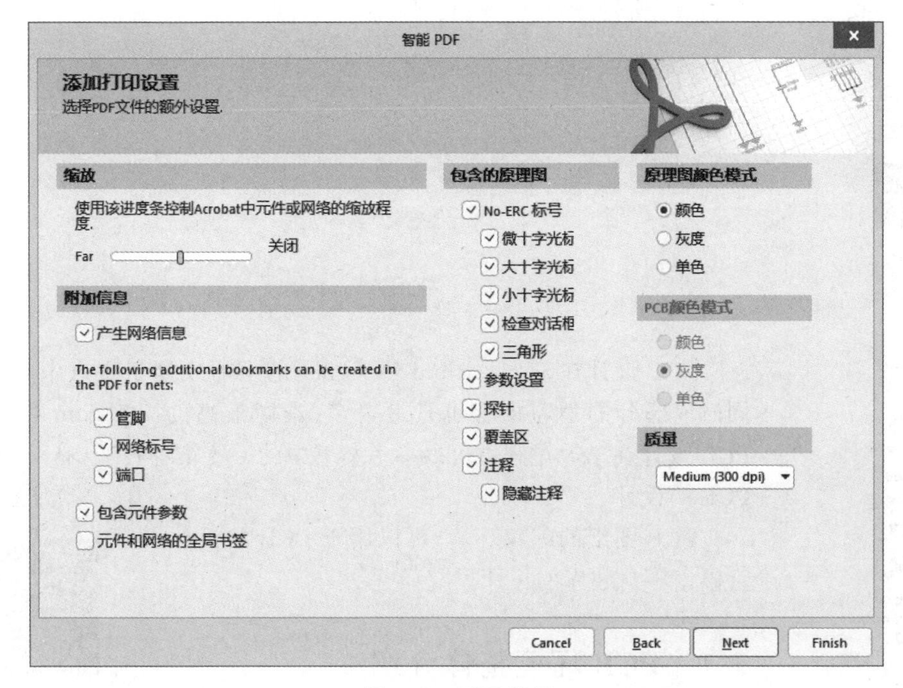

图 4-50　PDF 配置

4.9　本章小结

本章详细介绍了 Altium Designer 20 原理图相关设计操作，一个好的 PCB 设计需要有一个良好的原理图设计规范，一旦原理图设计出错，后续的 PCB 设计也会出现各种问题，希望读者在后续的学习中认真对待原理图的设计。

原理图的绘制在整个设计过程中难度系数偏低，但依然需要每一个设计师对其足够重视。Altium Designer 原理图设计功能虽然很丰富，但建议采用通用绘制方案，避免其他设计师对你的绘制方案有所误解。

第5章 PCB设计环境

PCB设计在整个Altium Designer的学习中属于重点中的重点，同时该部分的学习内容也是最繁多、难度最高的。Altium Designer PCB设计在学习过程中可以参考本书中的一些推荐技巧，有助于掌握PCB的设计。

PCB图纸的编辑环境，可以用于PCB的设计，也可以用于封装库的设计。

视频讲解

5.1 PCB环境整体介绍

打开任意一个PCB文件，可以看到其整体工作环境，在软件格局分布上，和上文中其他设计界面基本类似，主要分为主体工作区、菜单栏、停靠面板和底部的状态栏，如图5-1所示。

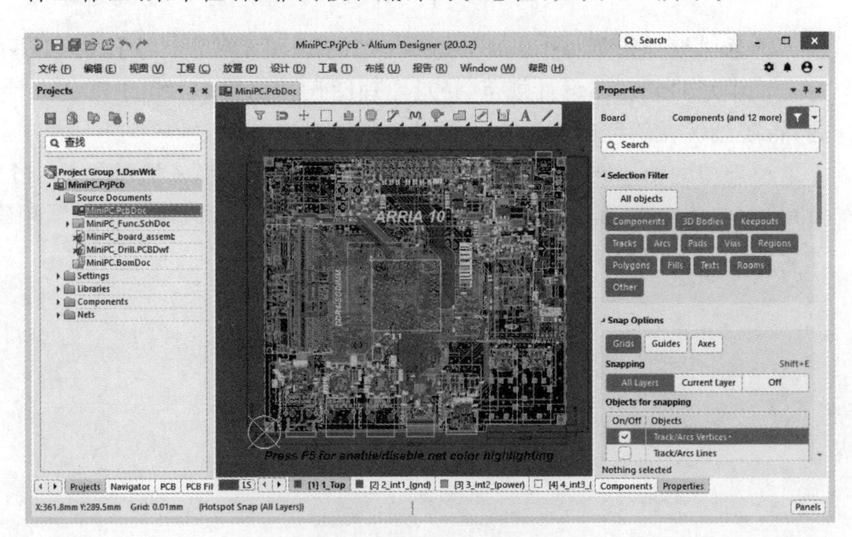

图5-1 PCB工作环境

对于PCB的图纸界面（也可以称为编辑界面）和原理图的图纸界面功能类似，也有一个与之对应的Properties面板。在该面板下，可以对当前PCB图纸的参数进行设置，同时还可以添加针对PCB图纸的一些辅助对象，如Guide Manager等。

在图纸的顶部有一排快捷键命令，这些命令基本上在绘制PCB的时候会被使用到，如图5-2所示。

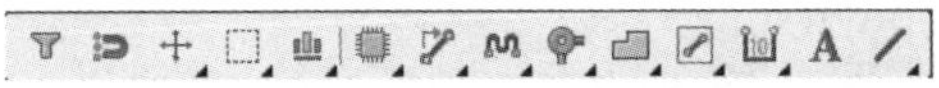

图5-2　PCB快捷命令

在PCB图纸的底部，如图5-3所示，有一排特殊的切换选项，这个是Altium Designer的PCB层管理切换按钮，每一个按钮对应一个层。当选中该层时，对应的相关命令(如画线)则处于当前层。

LS | Top Layer | Internal Plane 1 | Internal Plane 2 | Bottom Layer | Mechanical 1 | Mechanical 13 | Mechan

图5-3　层与层切换

5.2　PCB图纸的Properties面板

与图纸相关的Properties面板，包含很多属性和信息，如Board Information等。

(1) Selection Filter

选中过滤器，同原理图编辑下的选择过滤器功能一致，当选择好需要选中的对象类型时，在PCB图纸中可以选择该类型的对象，否则无法选中，如图5-4所示。

(2) Snap Options

自动捕获选项。该部分用于配置PCB图纸中的光标自动捕获选项，其中包括All Layers(所有层)、Current Layer(当前层)和Off(关闭)，如图5-5所示。

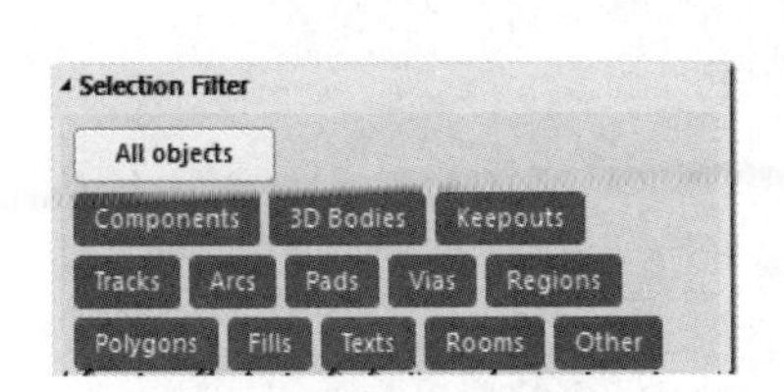

图5-4　Selection Filter

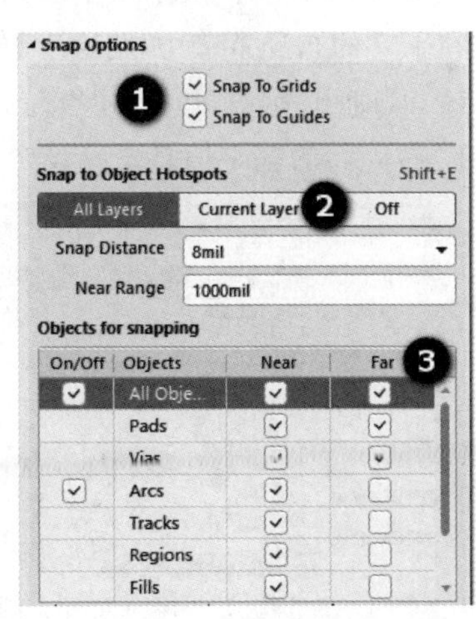

图5-5　Snap Options(捕获选项)

❶ 选择是否捕获到网格和向导，一般情况下，可以选择Snap To Grids(捕获到网格)和Snap To Guides(捕获到向导线)。向导线在下文中将会介绍。

❷ 切换自动捕获域，当选择Off时，自动捕获命令被关闭。因为PCB是由不同的层共同组成的，因此就可能不同层上出现相同类型的对象，例如Top Layer和Bottom Layer上都可以放置走线。当选择All Layers时，即使不在当前层，也可以自动捕获到

❸中配置的对象,而选择 Current Layer 时,则只允许捕获到当前选中的层。

❸ 选择捕获的对象类型,包括 Pads(焊盘)、Vias(过孔)等。

(3) Board Information

当前 PCB 图纸的基本信息,例如尺寸、顶层元器件个数等,如图 5-6 所示。

(4) Grid Manager

网格管理器,可用于配置网格的坐标系类型。Altium Designer 支持添加直角坐标系和极坐标系两种坐标系。其中,极坐标系和直角坐标系的坐标原点重合。当不同的坐标系同时出现时,由坐标系的优先级对当前的坐标系进行约束,如图 5-7 所示。

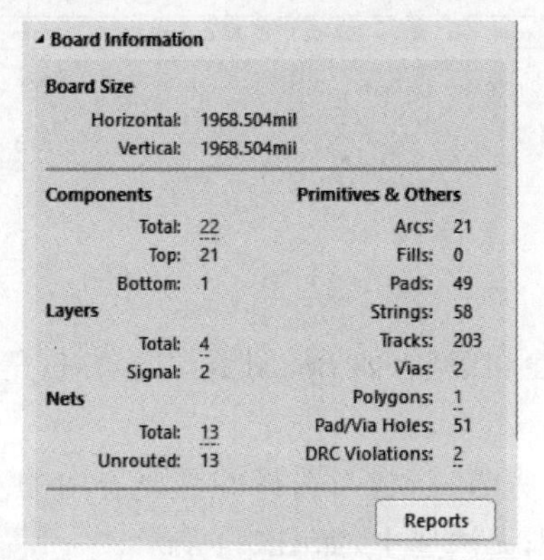

图 5-6 Board Information(板子信息)

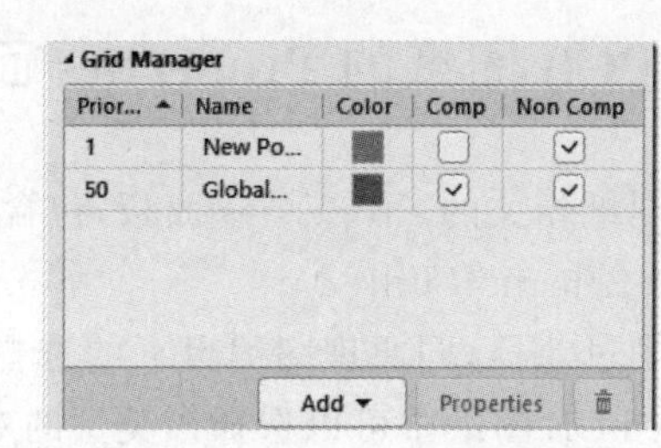

图 5-7 Grid Manager(栅格管理器)

操作说明:

① 当勾选 Comp 时,表示当摆放元器件的时候可以随坐标系网格的方向对元器件重新定位,在下文的布局章节中,将会有详细介绍。

② 双击当前坐标系,可以对当前坐标系的基本信息进行配置,例如对 Polar Grid Editor(极坐标系)的基本信息进行设置,如图 5-8 所示。

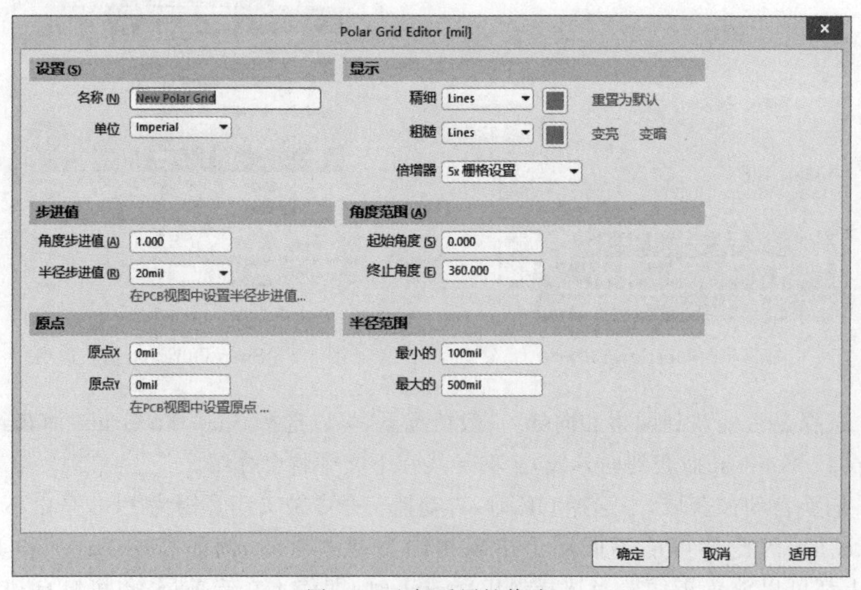

图 5-8 坐标系属性修改

(5) Guide Manager

向导线管理器。支持添加辅助向导线，详情参看第7章布局相关内容，如图5-9所示。

(6) Units

单位切换，PCB图纸支持mm(公制)和mil(英制)两种单位。

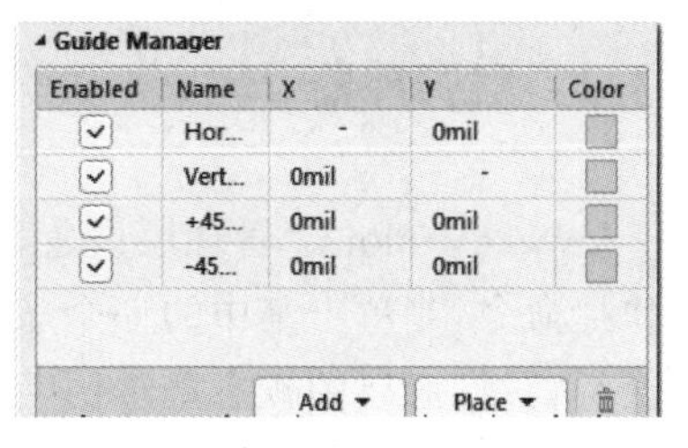

图5-9 Guide Manager(向导管理器)

5.3 PCB层管理

5.3.1 PCB层概念

很多初次学习PCB设计的同学对PCB层的概念不是很了解。PCB有层的概念，是由它的生产工艺决定的，下面看一下PCB各个层之间的关系。PCB的层示意图如图5-10所示。一块PCB是由不同的“层”拼装在一起而成的，不同“层”都有它们各自的用途和含义。

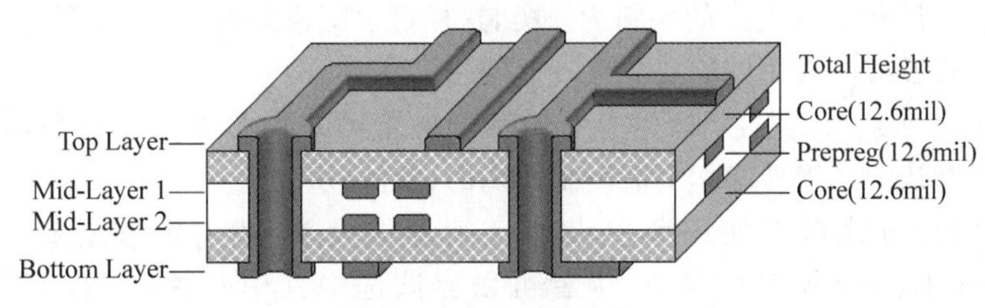

图5-10 PCB层结构

在Altium Designer软件中，下面是几种常见的PCB层概念：

(1) Top层：也称为顶层，指的是导线铜皮所在的最顶层，与Bottom层对应；

(2) Bottom层：也称为底层，和Top层含义相同；

(3) Mechanical 1层：也称为机械1层，通常用作CNC切割线，例如板框、安装孔、V型槽等；

(4) Top Overlay层：也称丝印顶层，通常用于在PCB表面做标注使用，与Bottom Overlay层对应；

(5) Bottom Overlay层：也称丝印底层，与Top Overlay层对应；

(6) Top Solder层：顶层阻焊层，用于防止焊盘外的铜箔被上锡，也称为绝缘层，与Bottom Solder层相对应；

(7) Bottom Solder层：底层阻焊层，与Top Solder层相对应；

(8) Top Paste层：顶层助焊层，SMT贴片层，用于开钢网、做贴片使用，与Bottom Paste层对应；

(9) Bottom Paste层：底层助焊层，与Top Paste层对应；

(10) 其他层，PCB的层种类很多，其他类型层的用途将在下文详述。

既然PCB是由一个一个“层”拼装在一起的，那么在设计的时候，就需要明确所设计的部分所属的具体层。

5.3.2 层管理器

Layer&Colors：管理层设置，此设置在主工作区内，其快捷操作指令是在底部的一行快捷命令，当单击其中的一个按钮之后，PCB主板将自动切换到对应的层。经过上文的介绍，我们对层的概念基本已经熟知，如果对层进行分组管理，将可以优化PCB设计思路，提高PCB设计效率，如图5-11所示。

图5-11 PCB层切换

当我们将鼠标光标移动到其中一个层的按钮上之后，右键单击当前层按钮，可以弹出快捷菜单，如图5-12所示。快捷菜单的命令能使当前层显示(或隐藏)、高亮(或停止高亮)，对于这些基本的概念，只需要在实际操作中，便可以知道具体的实际效果。

在平时的使用中，这些菜单命令使用得并不多见，比较常用的是管理层设置。经上文介绍，一块完整的PCB主板可以认为是由很多"层"叠合在一起而成，为了方便我们对PCB主板的设计，将不同类型的层归为一类，这样可以提高效率，例如将具有电气属性的层放在一起、将没有电气属性的层放在一起等。

在Altium Designer中，此软件默认帮我们设置了几种常见的层类型，在一般设计中，使用这些默认的层管理基本上能满足我们的设计需求。

打开层管理方式可以使用菜单设计→管理层设置，我们能够看到，其包括All Layers、Signal Layers等多种组合，读者可以尝试选中其中一种，看看主设计区域的变化。

另外一种快捷方式是在底部的层切换快捷按钮的前端，单击"LS"按钮，如图5-13所示，也可快速打开层管理的不同类型组合。这些类型是如何对PCB层进行管理的呢？

图5-12 层管理选项

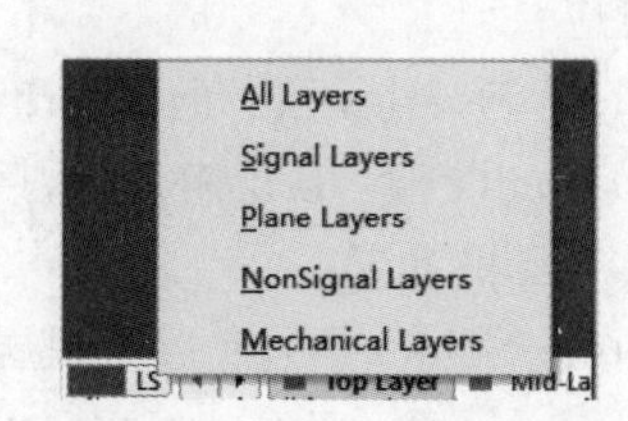

图5-13 层分类

我们可以单击"LS"按钮前面的红色按钮，打开View Configuration(视图配置器)，如图5-14所示，在该面板中，我们可以清晰地看到所有的层是按照分类进行管理的。根据层次关系，All Layers层管理了所有层，而其他子层则管理了具体的类型，这里以Signal And Plane Layers(信号和内电层)为例，其中包括了顶层和底层，以及中间两层信号层，对于很多同学在这里可能就有疑问了,为什么我们的PCB设计中只有两层。这里涉及层叠管理器方面的内容,下一节我们重点介绍层叠管理,但是这里需要明白的是,我们通常所说的PCB有几层,例如2层、4层、6层等,泛指当前的信号和电源层。

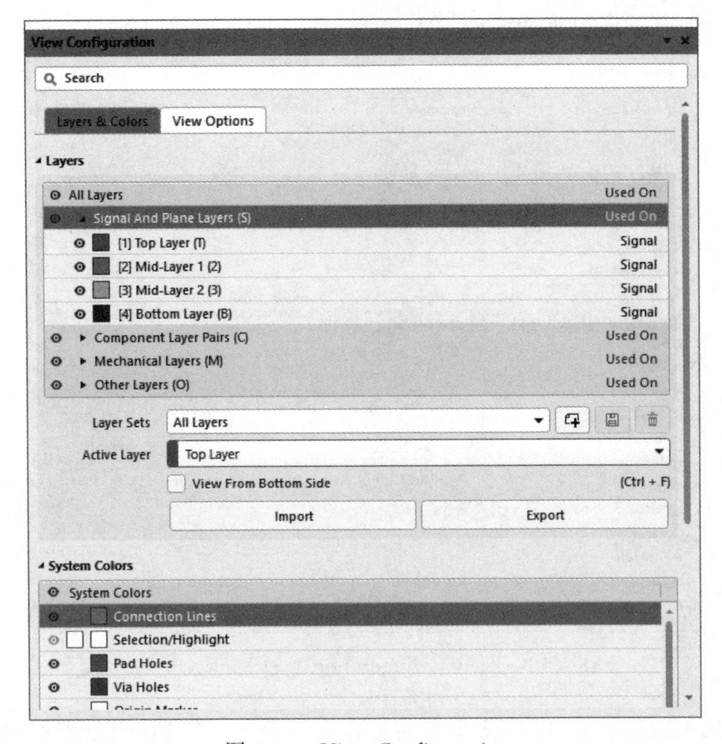

图 5-14　View Configuration

当我们单击不同层前面的“显示(隐藏)”(类似一个小眼睛的图标)按钮时,当前层进行状态切换。当然你还可以对层的颜色进行修改,但是不建议修改颜色,尽量使用系统默认设置。

在View Configuration的底部,还支持对当前选中层的属性设置,例如对层的名称设置,如图5-15所示。

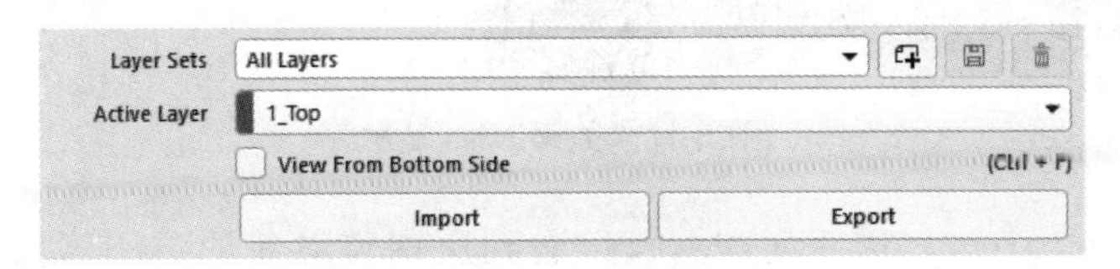

图 5-15　修改单层信息

5.3.3　视图选项

View Option(视图选项)可以认为是对层管理上的增强,它是为了方便对层的管理。对于整个PCB的设计而言,当层的数量比较多时会让设计人员感觉头昏眼花,因此会大大降低开发效率。如果我们可以很方便地对不同的层进行显示、隐藏、按照不同透明度进行显示,这样就可以很方便地进行操作。例如让所有的过孔显示或者隐藏,如图 5-16 所示。

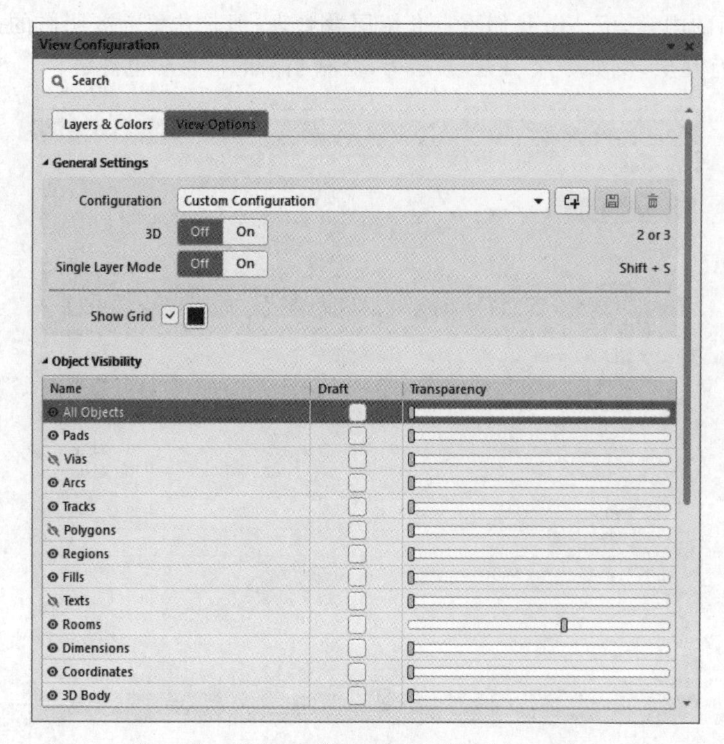

图 5-16　View Configuration 下的 View Option

当关闭 Vias 的显示时,可以让所有的过孔全部隐藏,可以看到上下两图的不同状态。当在显示状态下,勾选"Draft"(草图)命令时,可以看到,内部处于空白状态,只有对象的边缘被显示,如图 5-17 所示。

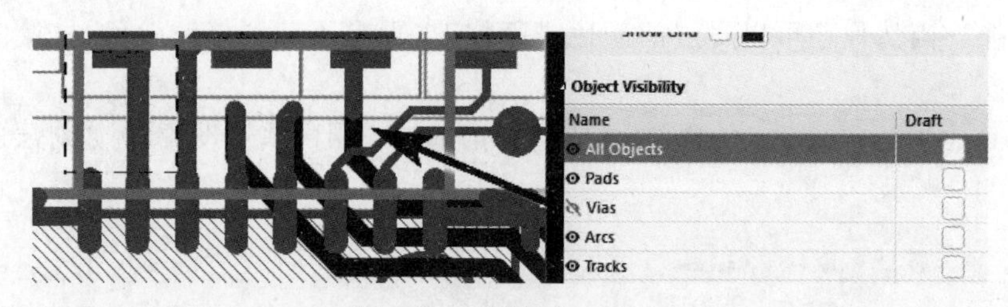

图 5-17　关闭 Vias 显示

当调整 Transparency(透明度)时,可以看到所调整对象的透明度发生明显变化,例如调整所有焊盘的透明度,如图 5-18 所示。

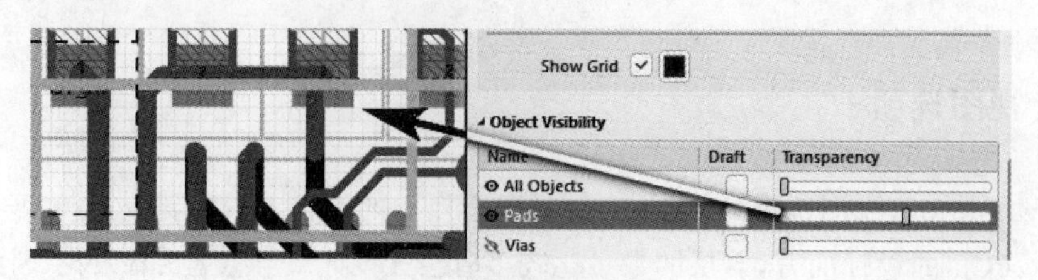

图 5-18　调节焊盘透明度

在层管理方面，不得不介绍的是一组快捷命令 Shift+S，请读者务必记住这个快捷方式，那它到底有什么作用呢？

在所有层都显示的状态下，我们可以看到整体的状态是不同层被堆叠在一起，当在主工作区内按下 Shift+S，此时可以进行层显示状态切换。当按下一次之后，当前选中层被高亮显示，其他层进行灰色显示。当再按下一次之后，其他层全部隐藏，只显示当前层。只显示当前层可以增强视觉体验度，以此提高设计效率。如图 5-19 和图 5-20 所示，分别是按下一次和两次的效果。

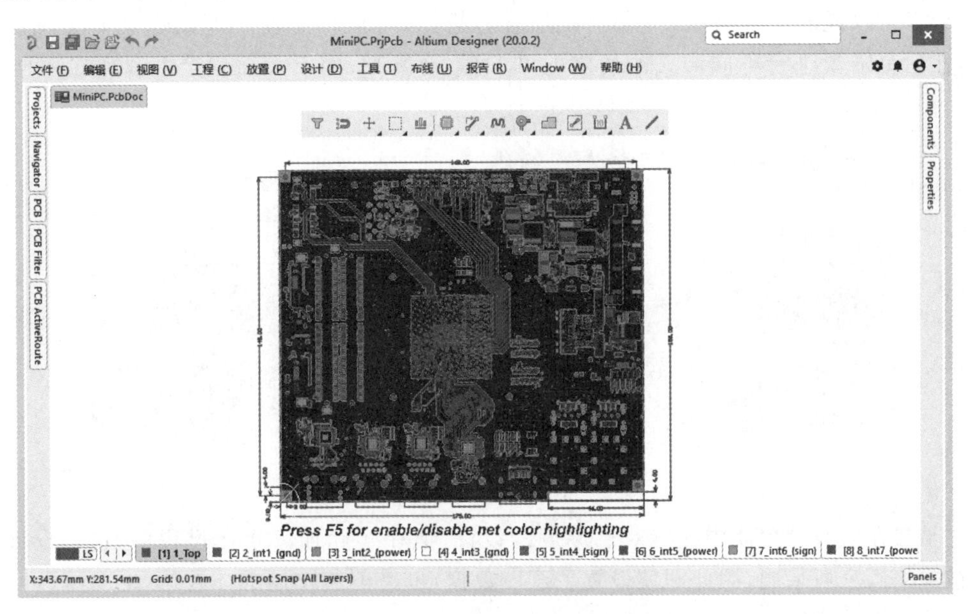

图 5-19　Shift+S 按下一次后的显示效果图

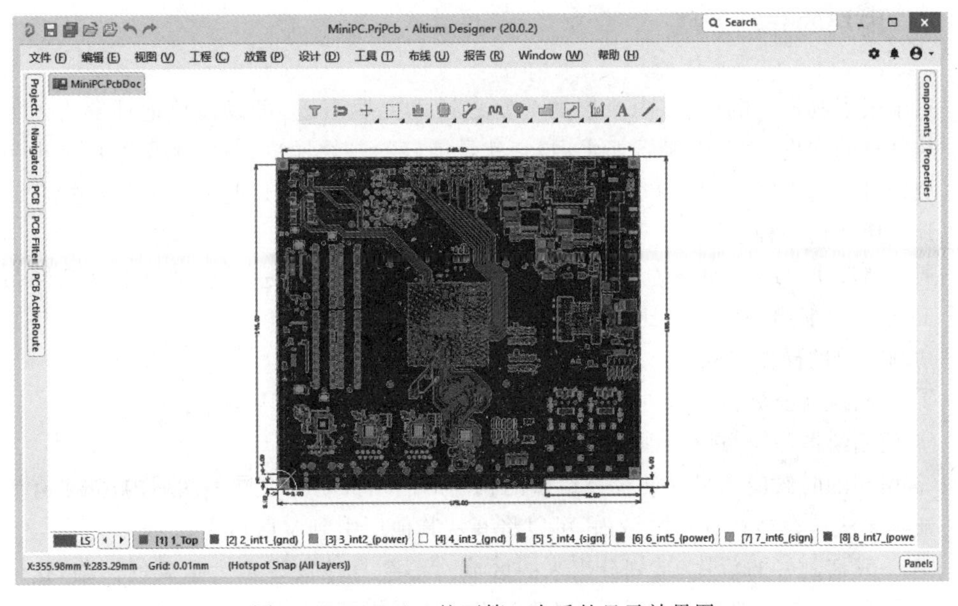

图 5-20　Shift+S 按下第二次后的显示效果图

5.3.4 层叠管理器

需要注意,层叠管理器和管理层不是一个概念。利用设计→层叠管理器命令打开层叠管理器设计。层叠管理器是对信号层和内电层进行管理,就是我们通常所述的四层板、六层板等。

我们可以为当前的PCB主板添加Layer或者Internal Plane,前者可以说成是信号层,后者可以说成是内电层(一种负片层设计思路,可以认为在一开始就覆好了一层铜皮,然后只需要进行不同形式的切割即可,通常情况下,用于大面积走电源和GND),如图5-21所示。

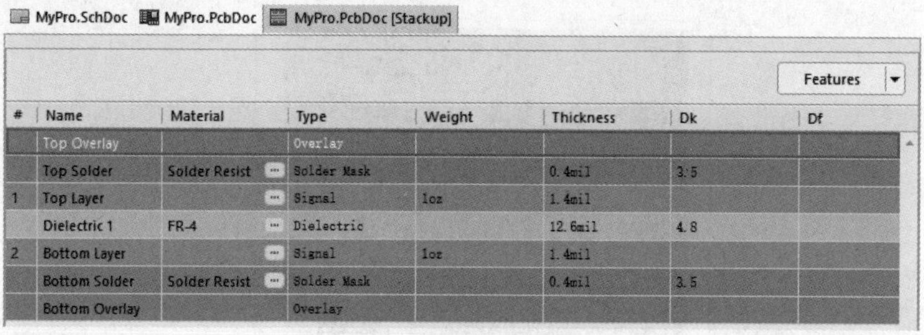

MyPro.SchDoc　MyPro.PcbDoc　MyPro.PcbDoc [Stackup]

Features

#	Name	Material	Type	Weight	Thickness	Dk	Df
	Top Overlay		Overlay				
	Top Solder	Solder Resist	Solder Mask		0.4mil	3.5	
1	Top Layer		Signal	1oz	1.4mil		
	Dielectric 1	FR-4	Dielectric		12.6mil	4.8	
2	Bottom Layer		Signal	1oz	1.4mil		
	Bottom Solder	Solder Resist	Solder Mask		0.4mil	3.5	
	Bottom Overlay		Overlay				

图5-21　层叠管理器

虽然在层叠管理器中支持对层厚度的设计,但在实际加工生产过程中,这一设计并不被加工厂家所采用,因此即使设置了这一数据,也是不起作用的。在第12章层叠与阻抗中还会再次介绍。

5.3.5 内层的分割处理

对于很多刚入门的同学,内电层的分割总让人捉摸不透,可以简单地理解为内电层是一块完整的铜皮,默认在设置好之后,它就是铺好的一块铜皮,只需要用"刀"画出不同的区域即可。这把"刀"实际上就是普通的绘图命令,这条线可以是圆形,可以是直线,也可以是其他任何一种绘图命令所画出的线。

通常情况下,GND网络数量较少,很少需要将GND网络进行切割,但VCC网络在一个PCB中可能出现的类型比较多,例如VCC3.3/VCC5.0等。

切割内层的操作步骤:

① 先确认需要分割出来的网络所经过的地方,然后规划好区域;

② 使用绘图命令,进行区域划分;

③ 切割的时候应当尽量使经过最多的相同的网络被划分在同一区域内,如果有少量网络确实无法被囊括在分割区域内,可以将其从其他层引到本区域上;

④ 一般切割好的负片(被划分出来的区域),不会直接被设定为想要的网络,这个时候只需要通过双击切割出来的负片,修改为对应的网络即可。

此处需要特别注意：负片层的切割建议采用10mil线宽的绘图线进行处理，如果小于6mil，则认为无法很好地处理负片层的间距问题，如图5-22所示。

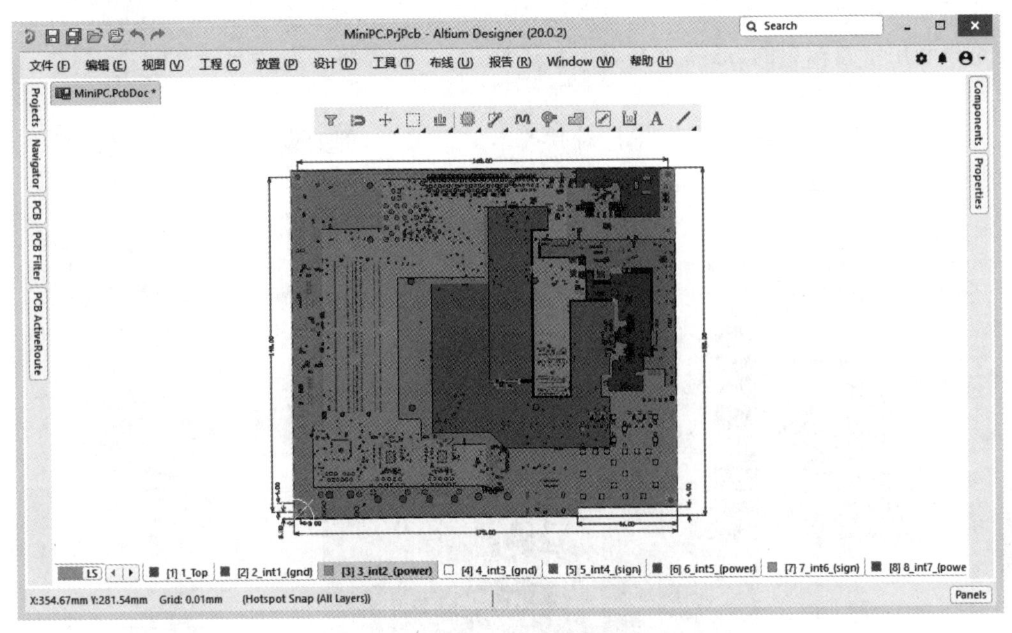

图5-22 内层切割图

5.4 快捷命令菜单栏

和上文所述类似，其功能与菜单栏中的放置菜单命令下的功能基本类似。像对齐、选择、筛选等命令已经介绍过，不同的地方只有放置元器件、走线和放置铜皮等，如图5-23所示。

图5-23 PCB快捷命令

（1）放置元器件，支持放置一个普通元器件和放置一个3D元器件体。通常情况下，如果PCB主板的设计结构非常简单，放置几个元器件就能完成设计，一般无须设计一个原理图。这种直接放置元器件的方式只适合于创建简单PCB，因此并非我们的学习重点。

（2）放置布线，该部分是PCB设计的重点，我们将在第8章布线中详细介绍。

（3）放置过孔和焊盘，这个也是属于PCB设计的重点，因此我们和布线一起，放到第8章中介绍。

（4）放置铺铜，支持放置一块完整的铜皮和挖空铜皮，这里我们也放到第8章详细介绍。

（5）放置禁止布线区域，同布线一起详细介绍。

（6）尺寸标注，该功能类似AutoCAD等机械设计软件，可以对PCB主板进行尺寸标注，例如标注两点之间的距离，如图5-24所示。

标注方面,还支持角度标注、水平标注等方式,读者可自行测试。

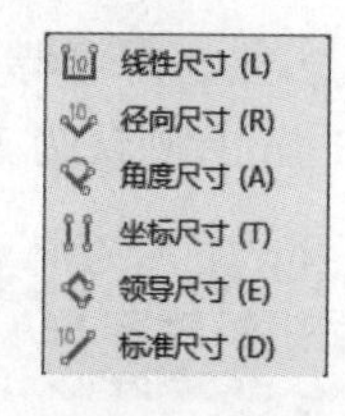

图 5-24　标尺

放置自定义字符。在设计 PCB 主板时,往往需要为 PCB 主板添加一些常见的信息标识,例如板子的一些基本信息,如标题、作者等。这样就可以利用字符标识的方式,为其添加板子注解,一般可将字符设计为丝印层,如图 5-25 所示。

当添加好一个字符的时候,支持对其基本属性编辑,例如设置其位置、字符内容等,也可以调整丝印位置。

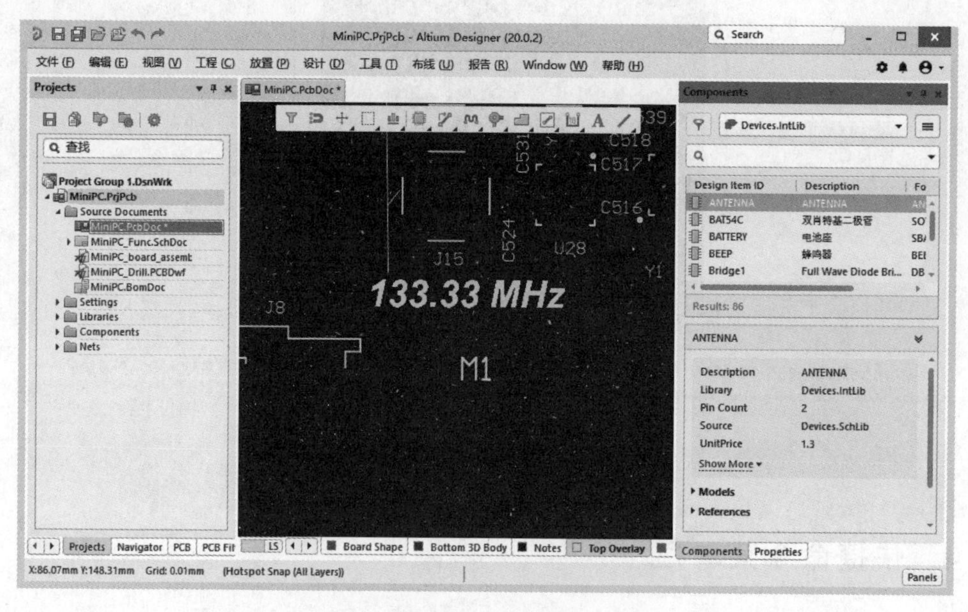

图 5-25　丝印效果

在 Font Type 一栏中,可以选择字体的来源,根据当前计算机中所安装的字体进行选择。设计不同的字体样式,如图 5-26 所示。

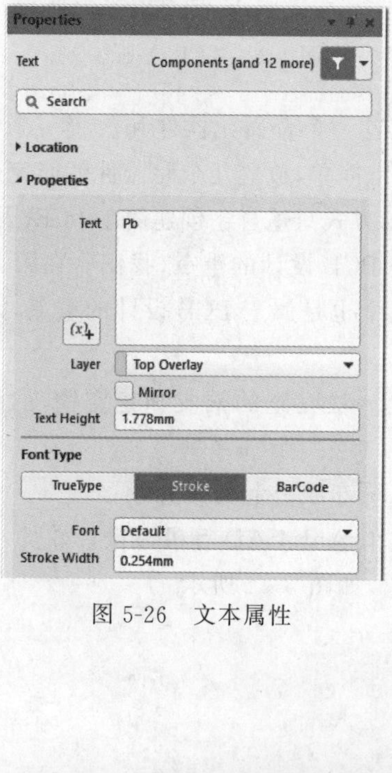

图 5-26　文本属性

(7) 放置线条,从命令菜单上可以看到支持的放置类型比较多,可以放置线条、圆弧、任意角度圆弧、填充和实心区域等。在实际应用中,可以用这些实体走线来完成不同的设计,例如板子的边框、大面积铜皮填充等,如图 5-27 所示。

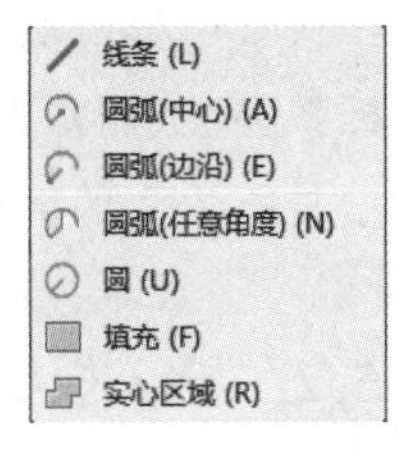

图 5-27　基本绘图

5.5　板框设计

5.5.1　手动绘制板框

Altium Designer 最新版本已经废弃将 Keep-Out 层作为板子边框的设计方案了,而着重强调使用 Mechanical 1(机械 1 层)作为 PCB 主板的设计板框、切割 V 形槽等。当然这也并不是必须要求 Mechanical 1 作为板子的边框,而是 PCB 板厂在进行导出 Gerber 文件时,会默认将 Mechanical 1 作为板框层,新版本设计的 Keep-Out 则无法被导出。如果需要自定义使用其他层作为板子的边框层,在将设计文件提交给板厂时,应当着重明确地指明,哪一层作为切割层或者板子边框层,否则在加工中会出现分歧。为了避免这种分歧,建议使用 Mechanical 1 作为板子边框层。

调用绘制线命令,按照主板的尺寸绘制相应的边框,这里需要注意,此处是普通绘制线命令。

绘制完线之后,可以选择板子外框线,这个需要一个闭合的区域,然后执行"设计"→"板子形状"→"按照选择对象将板框区域重新定义"命令。如图 5-28 所示,黑色板框区域被创建。

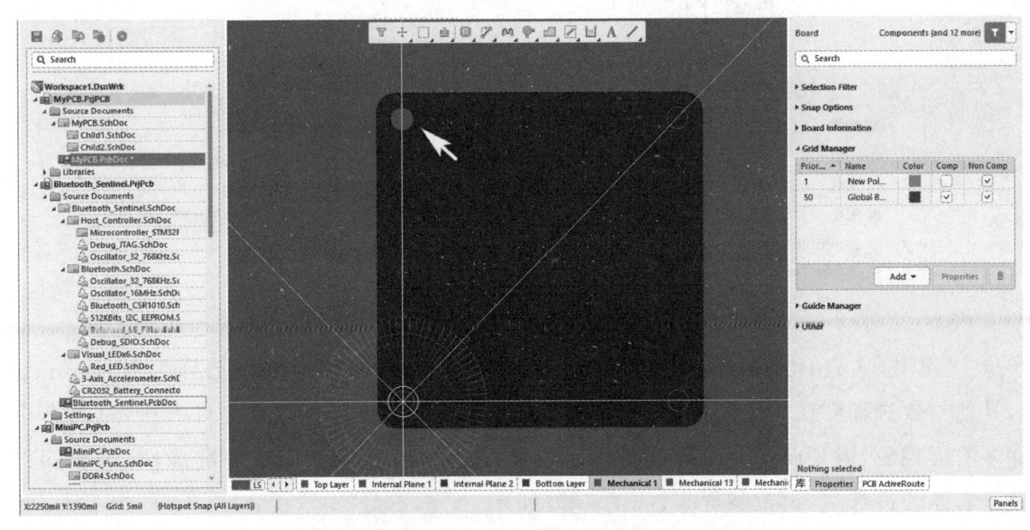

图 5-28　板子边框与开槽孔

如果设计时还需要对板子进行开槽,如设置开孔区域,可以选择需要开孔的位置,利用转换命令将区域开孔,执行"工具"→"转换"→"以选中的元素建板子切割槽"命令,如图 5-28 箭头指向的地方。

板子边框区域被创建好之后,PCB主板会形成一个黑色区域,在该区域内可以修改坐标系类型、栅格大小,否则坐标系不显示。被挖空的地方将显示一个板子开孔,开孔的类型与所建立的区域边框一致。

5.5.2 导入板框

上文对 Altium Designer 的导入功能已经有所提及,导入工程这一功能是 Altium Designer 下非常强大的一个功能。

在PCB设计时,PCB主板外观尺寸往往是由产品的外观所决定的,有的时候板子的外壳形状非常复杂,并且通常是由强大的三维建模软件来完成设计的,而PCB主板需要遵循这些外壳各部分尺寸的最终参数,如果参数不统一或者不匹配,则PCB主板无法完成产品装配任务。针对于一些特别复杂的PCB板框而言,直接利用 Altium Designer 完成板框设计往往心有余而力不足,此时便需要利用导入功能来导入CAD尺寸数据,完成板框的设计。

目前,在二维尺寸模型中,CAD的尺寸图被业内公认的是DXF、DWG等格式,Altium Designer 可以支持这些标准文件格式的尺寸数据导入。

在导入之前,应当先由CAD软件创建或设计好相关的尺寸数据,建议采用公制mm为单位,并且在导入数据时,也应当采用公制mm为单位,以此保证导入尺寸比例的完整性。

① 执行“文件”→“导入”→“DXF/DWG”命令,然后选择准备好的DXF或DWG格式的文件,并选择此文件,如图5-29所示。

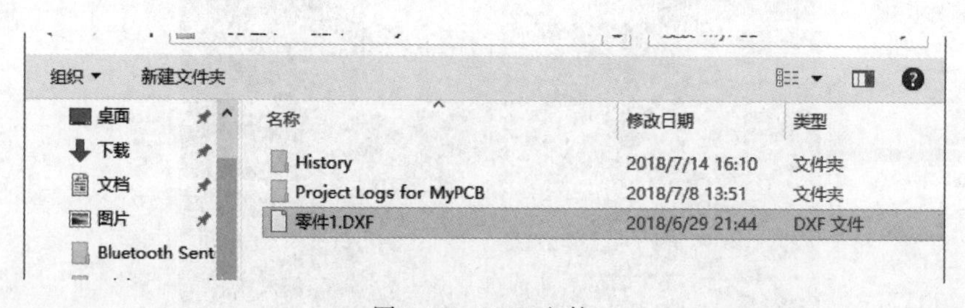

图5-29 DXF文件

② 弹出“从AutoCAD导入”对话框,比例选择mm,层映射关系选择为Mechanical 1,其他参数选择默认。在实际使用中,因不同的设计师绘制的CAD文件有所不同,会出现多图层现象,遇到此情况时建议重新检查CAD文件,并保证图纸的准确性,可删除部分不需要的设计线,再重新导入,如图5-30所示。

③ 板框导入成功之后,还需要根据上文所述的修改板子边框的方式重新设置板子边框,这样才能最终完成板子边框的导入。

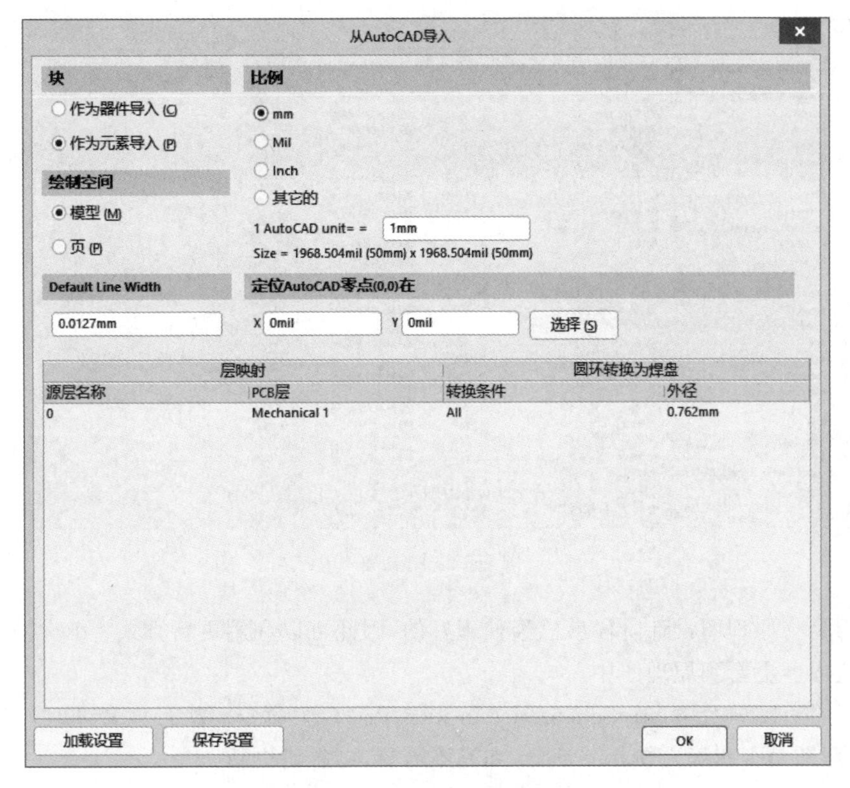

图 5-30　导入向导器配置

5.6　PCB 网表

将绘制好的原理图网表导入到 PCB 中是一步非常重要的操作，Altium Designer 足够强大，在网表的导入过程中无须生成中间文件，即可一步从原理图直接导入网表到 PCB 中。在导入网表之前，请务必保证原理图中的每一个元器件所对应的封装库是完整的且正确的。

5.6.1　从原理图导入网表

执行“设计”→“Import Changes From xxx. PrjPCB”命令，启动网表导入提示框。网表的导入更像是数据信息的更新，因此在 Altium Designer 设计中将其归为导入改变的操作，如图 5-31 所示。

通过该命令，Altium Designer 导入的网表不仅仅有封装库、网络，还有其他设置的一些参数属性，如网络线颜色、具体的规则等。

5.6.2　更新网表到原理图

在设计 PCB 时，通常会附加地添加一些额外的配置或修改某些网络属性，这些内容

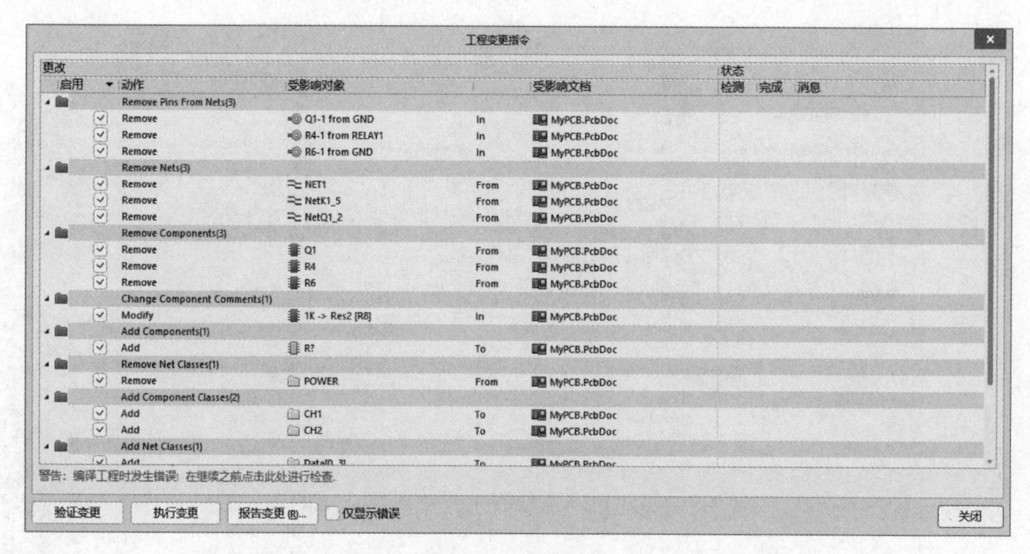

图 5-31　网表导入

可能并不是在原理图设计阶段就已经处理好的，因此可以利用更新方式将 PCB 中发生变化的一些内容更新到原理图中。

执行“设计”→“Update Schematics in xxx. PrjPCB”命令。执行该命令时，应当仔细校验，原理图是否明确更新相关部分，如果不需要，可忽略更新。

5.7　控制面板

在 Altium Designer 的 PCB 设计环境下，有很多重要的面板，如上文所提到的 Properties 面板、库面板等常用面板，除此以外，本章还需要介绍其他几个重要的控制面板。

5.7.1　PCB 面板

首先打开 PCB 面板，在该面板中，如图 5-32 所示，可以选择当前显示的模式，其中有 Nets(网络)、xSignals、Components(元器件)等。可以认为是将当前的 PCB 设计中的所有元素按照一定的归类进行划分，合理使用不同的分类将会提高 PCB 布线效率。

这里以 Nets 为例，介绍 PCB 面板的作用。

Nets 下管理了 PCB 中所有的网络，当为网络分类之后，也将会在分类一栏看到具体的分类内容，但默认始终有一个 All Nets 网络分类。

例如当选择 POWER(自定义的一种网络类型)，其所包含的网络将在 Nets 一栏中全部显示，如图 5-33 所示。

Nets 可以控制网络的颜色设置、网络线长度和是否显示网络线，还可以再次为其编辑网络类型等。网络类型管理，请详细看下文介绍。一旦网络被设置的颜色覆盖，则会和其他的网络明显区分，以此提高布线操作的优势。

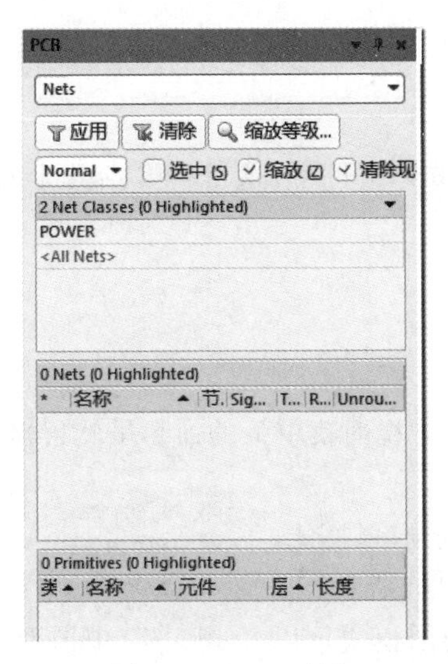

图 5-32　PCB 面板

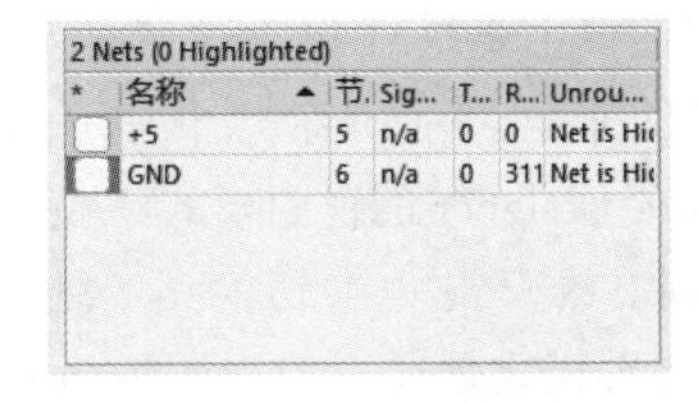

图 5-33　Nets 列表

5.7.2　PCB Filter 面板

PCB Filter 面板是 Altium Designer 新版中又一令人兴奋的功能，它增强了 PCB 设计时的过滤器功能。通常情况下，可以根据 Altium Designer 为我们设计好的过滤方式对不需要的对象进行过滤，但这种过滤方式并不一定能满足设计者的需求。将 Query 查询语句与 Filter 结合可以发挥过滤器的最大作用。

例如输入 Is Via and not In Net('GND')命令，单击"应用"，可以快速帮助定位除了网络为 GND 的过孔以外的其他过孔并全部高亮，如图 5-34 所示，因此比单独选择某一类对象的功能丰富。

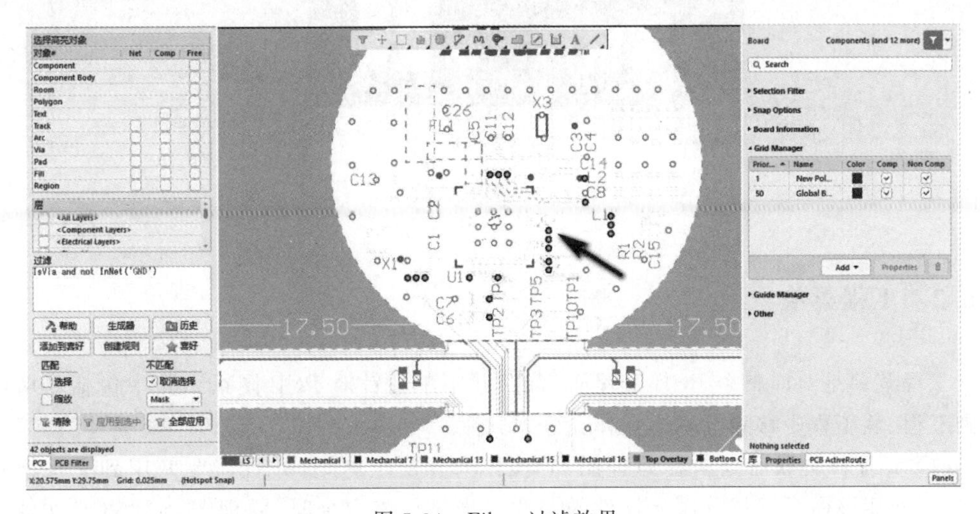

图 5-34　Filter 过滤效果

单击"清除"命令后，可以还原 Filter 过滤的结果。

5.8 菜单命令

经过上文的介绍,很多常用的菜单命令已经被介绍过了,这里再介绍几个常用的菜单命令。

5.8.1 视图菜单

视图菜单主要是对 PCB 文件的显示进行管理。视图菜单下的命令虽然很多,但很多都是相似的命令,下面介绍几个常用的命令。

Altium Designer 的视图模式支持 3 种,(1)板子规划模式;(2)切换到 2 维模式;(3)切换到 3 维模式,如图 5-35 所示。

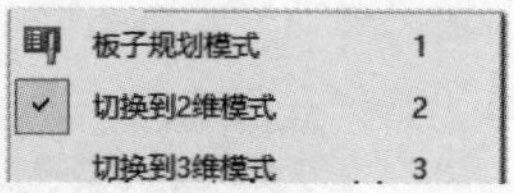

板子规划模式 1
切换到2维模式 2
切换到3维模式 3

图 5-35 视图切换选项

2 维视图模式是通用的视图编辑模式。3 维视图模式可以很好地观察整体 PCB 3 维建模效果。图 5-36 是 3D 模式效果。

图 5-36 3D 模式效果

5.8.2 工程菜单

工程菜单是对应整个 PCB 工程而言的,并不单独针对 PCB 图纸。其中包括新增项目到工程、从工程中移除等基本操作命令。

(1) 元器件关联命令。在原理图和 PCB 内容发生更新,并且需要使用到交叉模式时,建议使用该命令进行一次元器件的关联。当执行该命令时,原理图会和 PCB 文件进行比较匹配,当出现原理图元器件和 PCB 中的元器件不匹配时会提示重新建立关联,只有这样交叉模式才能生效。

(2) 项目打包命令。当整个工程完成设计时,可以利用该命令将一个项目的文件进行打包,类似压缩文件一样。

5.8.3 设计菜单

(1) 网络表

在 PCB 编辑模式下,支持自定义网络。如果需要对 PCB 网络进行自定义,可以采用编辑命令。

在网表管理器中,左侧列出了所有网络的名称,右侧对应的是所选中的网络名称下所有与之连接的引脚,如图 5-37 所示。

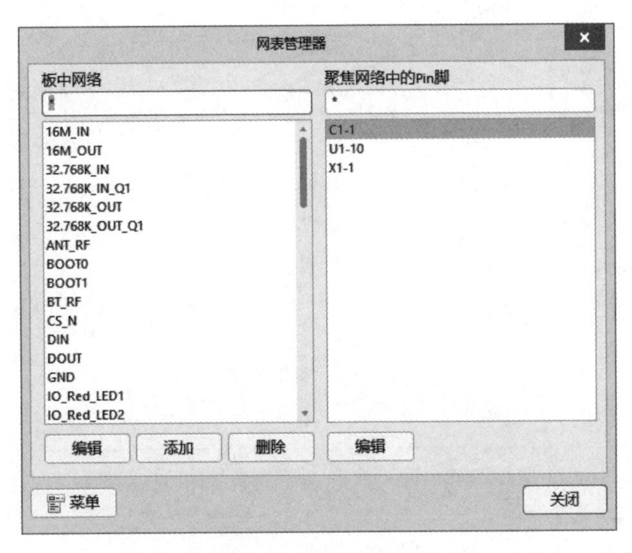

图 5-37 网表管理器

单击"添加"按钮,可以新增一个网络,网络名称不能重复;单击"删除"按钮,则可直接将网络删除。

此外还可以对网络进行编辑,在网络编辑页面中,可以对网络名称、关联的引脚等进行新增、删除等操作,如图 5-38 所示。

(2) 类

在 Altium Designer 的 PCB 设计中,类的使用频率非常高。因为在整个 PCB 设计中,网络、元器件等数量众多,将相同类型的网络或者元器件归为一类,则可以方便进行设计,如图 5-39 所示。

例如新组建一个网络类型,可以右键单击"Net Classes",选择"添加类",然后将需要添加的网络通过单击右箭头按钮成功添加,而单击左箭头则可以删除所选中的网络,如图 5-40 所示。

(3) 生成 PCB 库和集成库

该功能和第 4 章原理图设计中所讲解的相关功能一致,可以快速帮助我们提取当前 PCB 中所包含的元器件,这种方式也是一种常见的"直接拿来用"的好方法。

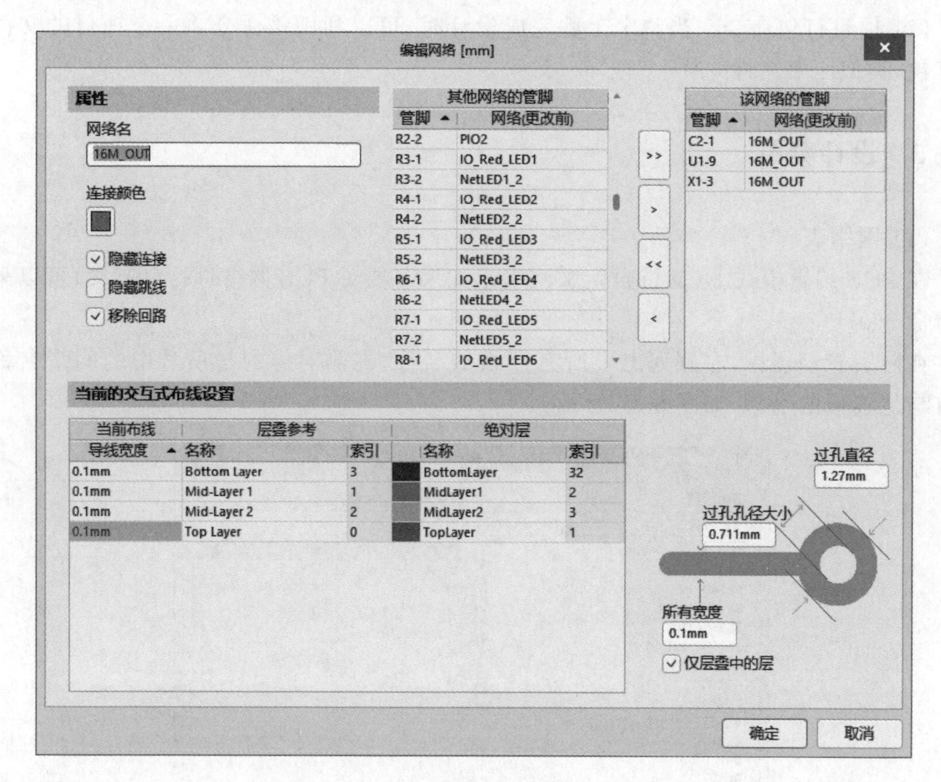

图 5-38　编辑网络

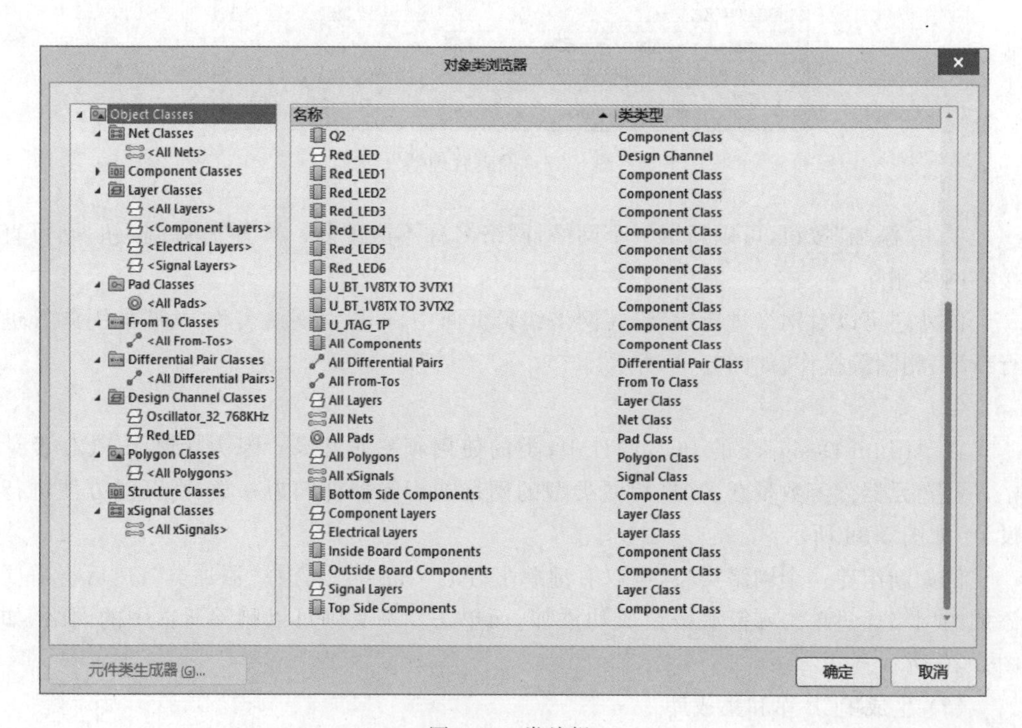

图 5-39　类编辑

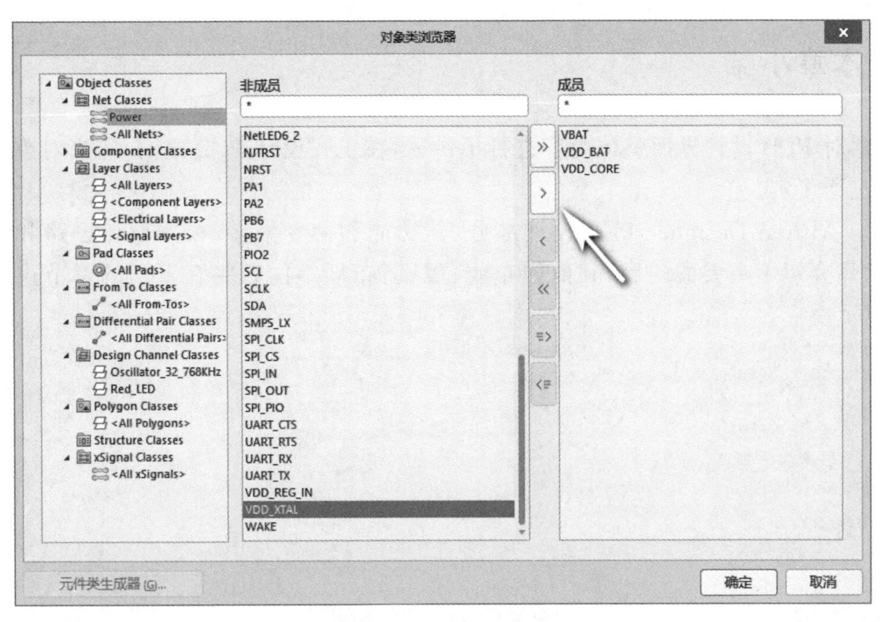

图 5-40 类添加对象

5.8.4 报告菜单

（1）BOM 表

该功能同上文原理图中的 BOM 表信息生成方式相同。

（2）测量距离

当需要测量某条线段的距离时，可以调用此命令，它会精确地测量所选两点之间的间距、X 方向间距和 Y 方向间距，如图 5-41 所示。

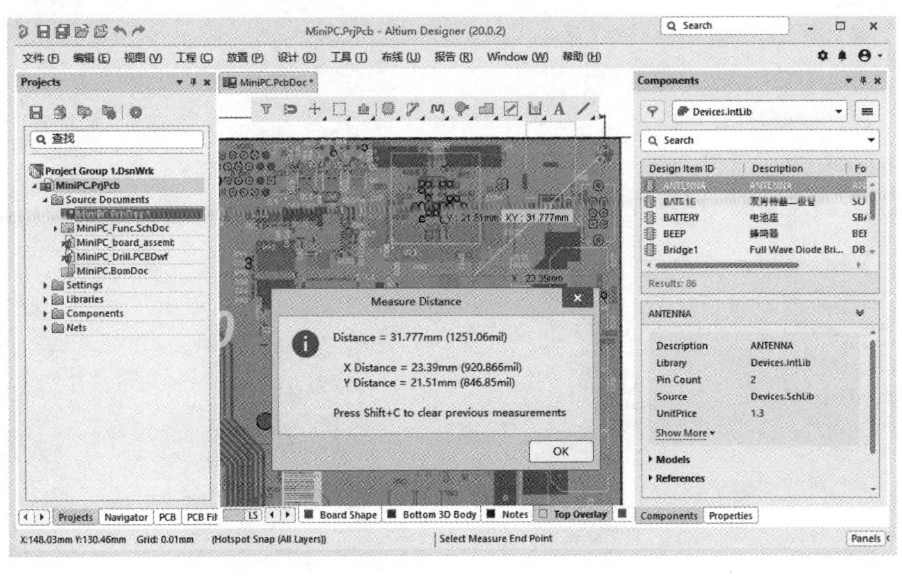

图 5-41 测量工具

5.9 本章小结

本章对 PCB 设计界面整体内容进行了讲述,在正式设计 PCB 之前,应当对整个软件的功能有所了解。

对于 Altium Designer PCB 设计部分,其功能和命令繁多,根据设计思路和设计步骤,本章只介绍了主要的内容,其他如布线、规则、布局等内容将在下面的章节进行详细讲述。

第6章 PCB规则

在PCB设计中，正是因为规则的存在，才为非常烦琐的PCB设计降低了难度。在最新版本的Altium Designer中，新增了多项非常实用的规则设置。

在Altium Designer中，支持多种形式的PCB规则的设置，包括在PCB文档中直接设置规则，利用PCB规则向导设置相关规则，以及通过原理图图纸中的相关规则进行导入。但无论选择哪种方式，最终都是为PCB文档创建了各种规则约束。

视频讲解

6.1 PCB规则基本概念

规则就是一种约束，用于对PCB设计中的方方面面进行约束，一旦在设计过程中出现了违反规则的设计，则会出现相关的DRC错误。规则的存在，其最大的好处在于，可以利用PCB板厂的生产加工工艺准则约束PCB的设计。例如板厂的最小线宽要求为6mil，则可以设置线宽规则最小为6mil，一旦小于6mil，则会报相应的错误，从而使得PCB设置能很好地满足各个PCB生产制造商的基本要求，最终生产出来合格的PCB主板。

目前，国内主流的PCB生产厂家，对各个PCB生产环节中的加工工艺精度均有了较大的提升，但目前主流的PCB生产厂家的生产工艺精度如下，建议采用：

(1) 最小加工工艺线宽：4/6mil；6mil为主流生产工艺，4mil为生产极限；

(2) 最小钻孔工艺(包括过孔)：内径8/12mil，主流为12mil，8mil为生产极限；外径：14/20mil，20mil为主流生产工艺，14mil为生产极限；

(3) 丝印：最小线宽6mil，部分厂家可以达到4mil。

其他如PCB主板铜厚、绿油颜色、喷漆颜色、是否支持沉金工艺等，这些则由PCB生产厂家的实际情况而定，建议在送厂加工之前，询问清楚。

设置规则的步骤：①打开设计菜单命令，选择“规则”；②弹出“PCB规则及约束编辑器”对话框，如图6-1所示。

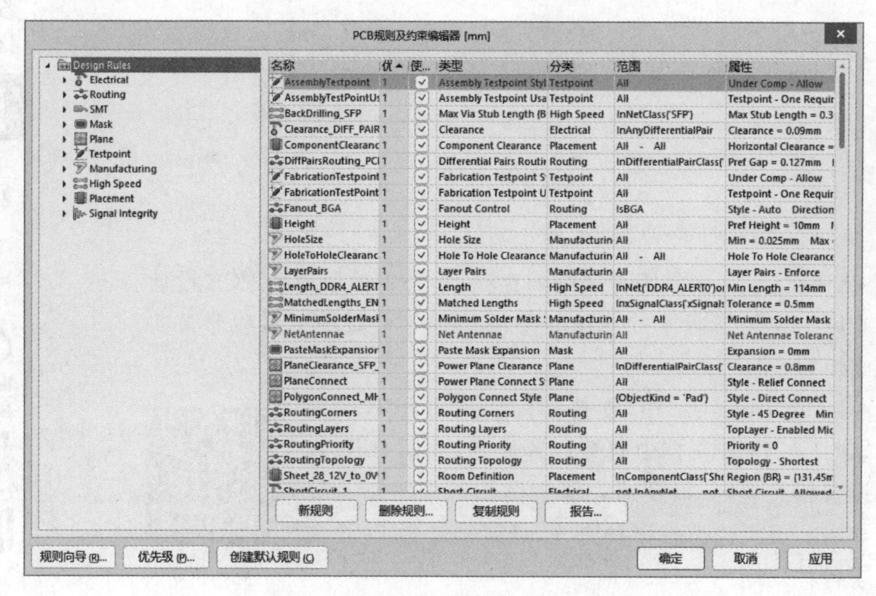

图6-1　规则设置

在Altium Designer PCB设计模式下，支持规则的自定义编辑。在图6-1中，左侧树状列表为规则的分类，右侧则为规则的具体项内容。选中树状列表的一项之后，右侧的列表菜单则会列出当前归类下的所有规则。

在Altium Designer下的规则，其按照不同的分类进行管理PCB约束，所有的规则均属于根部“Design Rules”。在相同类型下，允许存在多条相同规则，决定所设置的规则是否生效，是由其当前所属类型下具体规则的优先级决定的，优先级数值越小，则等级越高。

从左侧列表的属性栏还可以知道，当前属性所属的类型、分类、作用范围等，用于快速明确当前规则的实际作用。

Altium Designer下的规则分类众多，但并不是所有的规则都必须设置才能进行使用，与此相反，只需要设置极少数的规则就可以很好地满足PCB的生产加工工艺了。下面将详细地介绍这些重要的规则。

6.2　Electrical(电气属性)规则

该规则包括：(1)Clearance(间距)；(2)Short-Circuit(短路)；(3)Un-Routed Net(未布线网络)；(4)Un-Connected Pin(未连接引脚)；(5)Modified Polygon(修改的铜皮)。

(1) Clearance(间距)规则：用于约束在PCB图纸中对象与对象之间的间距关系，例如网络与网络之间的间距、网络与SMD Pad之间的间距。该规则为重要规则，建议在默认情况下统一设置间距为6mil，如图6-2所示。

间距规则除了可以统一设置为相同的规则以外，还可以设置具体对象与对象之间的间距，如图6-3所示。例如设置Track(走线)与Via(过孔)的间距为10mil。

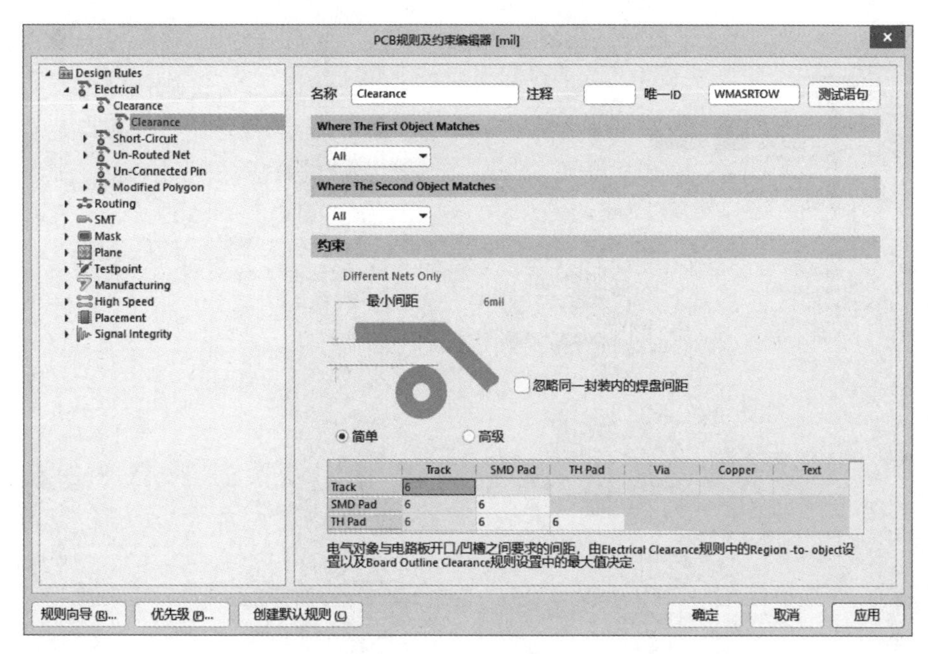

图 6-2　间距规则

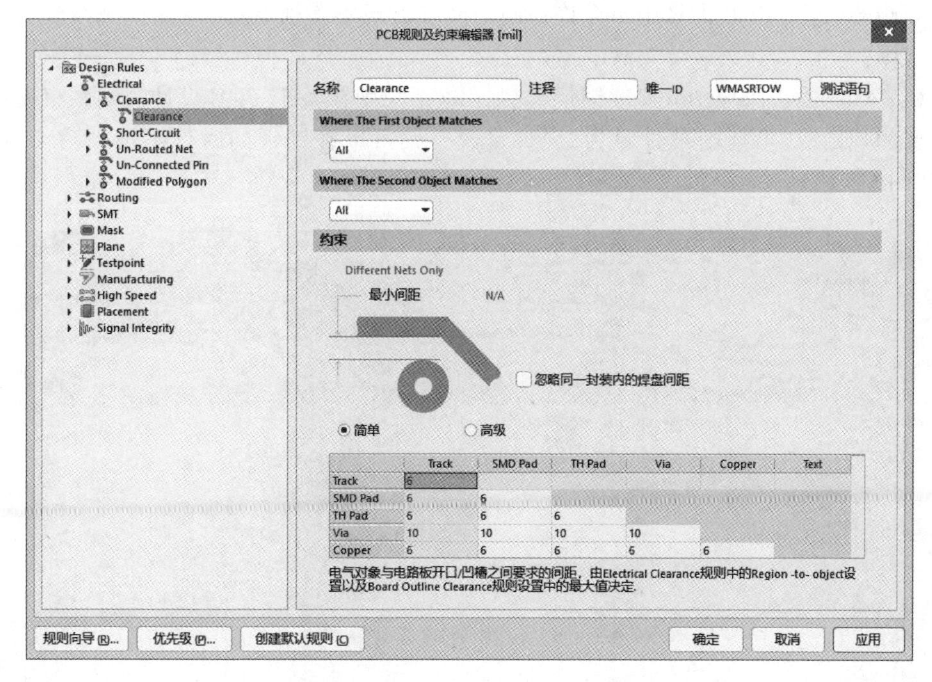

图 6-3　间距规则

(2) Short-Ciruit(短路)规则：在任何的 PCB 工程中，均不允许在不同的网络出现短路现象，如果出现此现象，则是非常严重的错误。因此在默认规则中不允许出现短路现象。建议采用默认规则，如图 6-4 所示。

(3) Un-Routed Net(未布线网络)规则：该规则和 Un-Connected Pin 规则均可以设

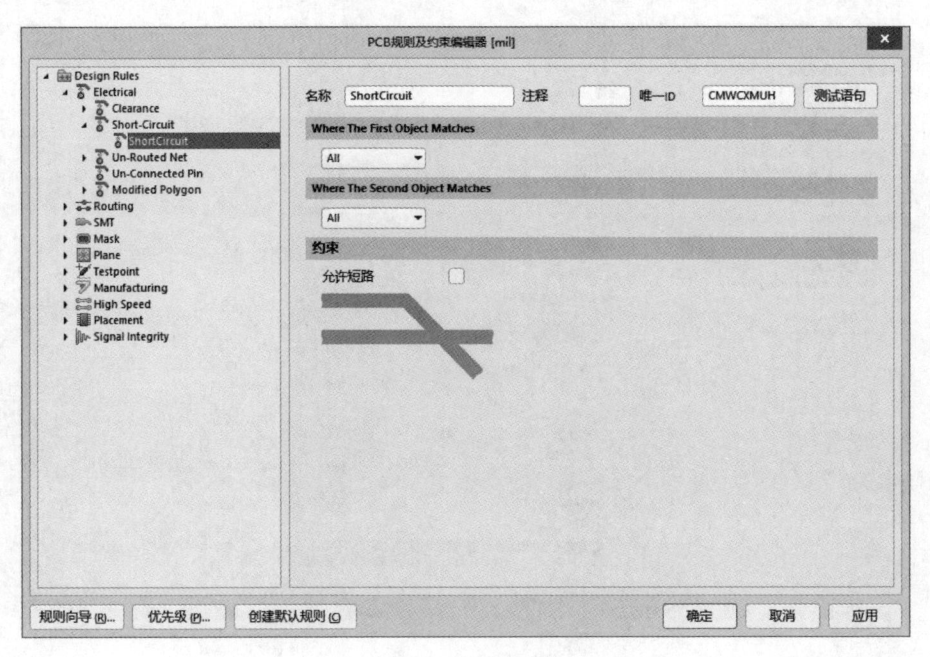

图 6-4　短路规则

置为断路错误,在 PCB 设计中不允许在同一网络出现不连通状态,因此该规则建议采用默认规则。

(4) Modified Polygon(修改铺铜)规则:这个规则在整个 PCB 设计规则约束中属于不重要的规则,如果规则被设置为"允许修改",则可以在铺铜的时候不被判为 DRC 错误,如图 6-5 所示。

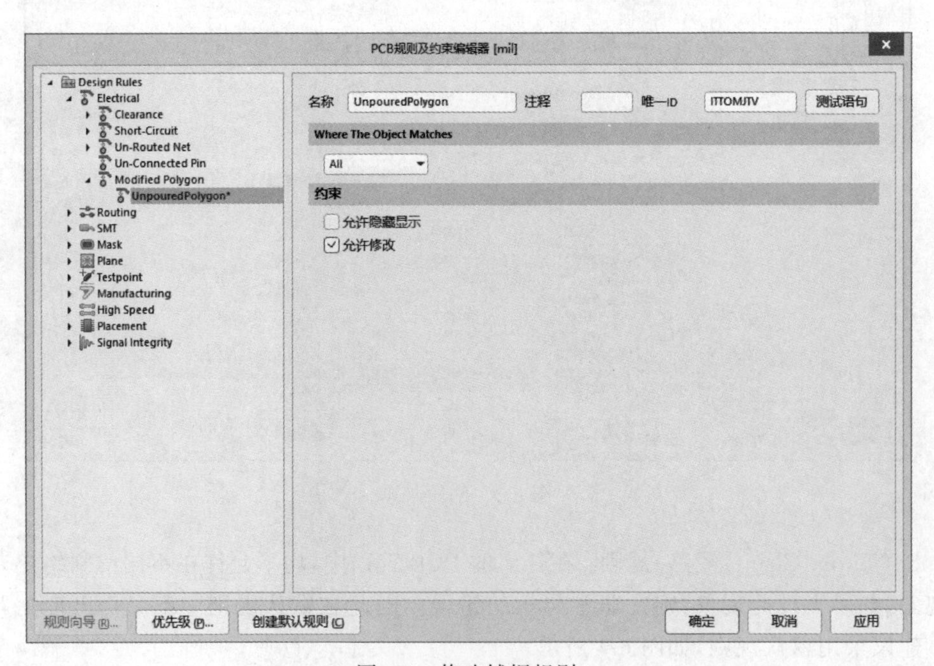

图 6-5　修改铺铜规则

6.3 Routing(布线)规则

该规则包括：(1)Width(线宽)；(2)Routing Topology(布线拓扑)；(3)Routing Priority(布线优先级)；(4)Routing Layers(布线层)；(5)Routing Corners(布线拐角)；(6)Routing Via Style(布线过孔样式)；(7)Fanout Control(扇出控制)；(8)Differential Pairs Routing(差分对)。

(1) Width(线宽)规则：用于约束布线的宽度，在线宽规则中有3种线宽设置值，分别是Min Width(最小值)、Max Width(最大值)和Preferred Width(优先值)，如图6-6所示。线宽规则约定，走线的最小线宽不能小于当前设置的规则的最小值，最大值不能大于当前规则的最大值。在进行走线的时候，优先宽度也将起到一定作用，在第8章布线中将详述。

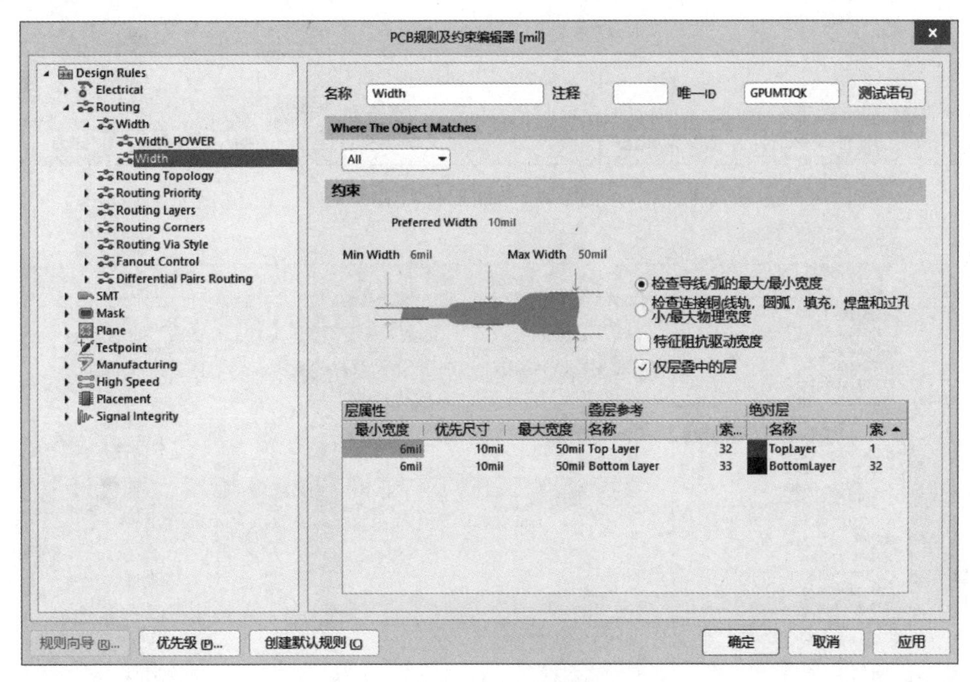

图6-6 线宽规则

(2) Routing Topology(布线拓扑)规则：拓扑规则为未布线的网络飞线提供了一种拓扑规则约束，其中包括最短、水平、垂直等方式。针对不同的拓扑飞线，可以帮助引导走线，如图6-7所示。

(3) Routing Priority(布线优先级)规则：用于约束走线的优先级，但这个规则在实际应用中几乎很少使用。

(4) Routing Layers(布线层)规则：用于规定可以走线的层和不可以走线的层，当允许布线层被勾选时，该层才可以走线，否则不允许走线，如图6-8所示。

(5) Routing Corners(布线拐角)规则：该规则建议采用默认规则，在实际设计中应用较少。

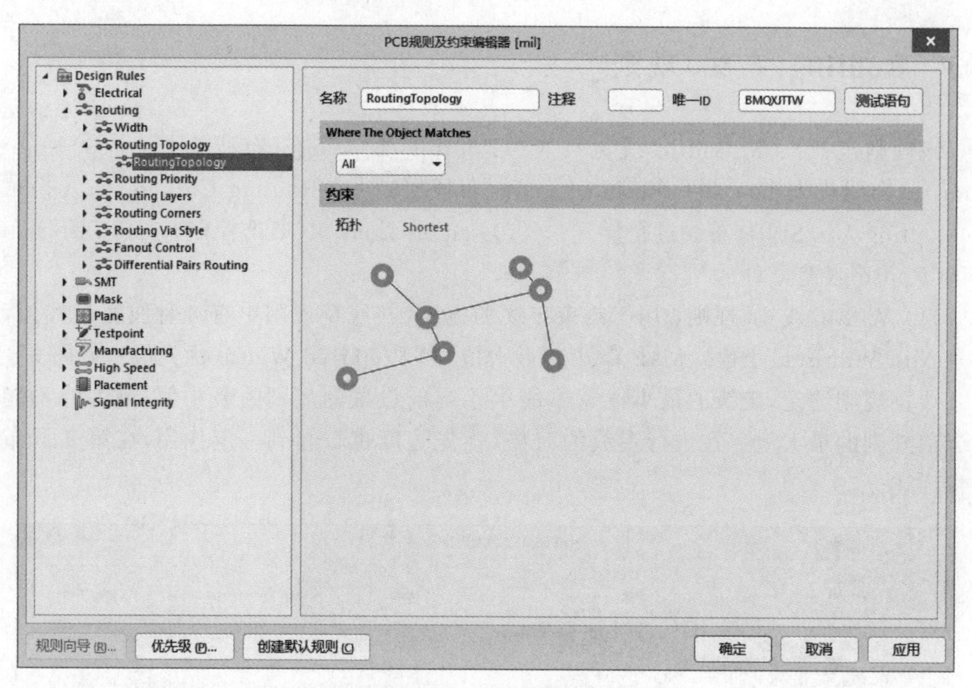

图 6-7　布线拓扑规则

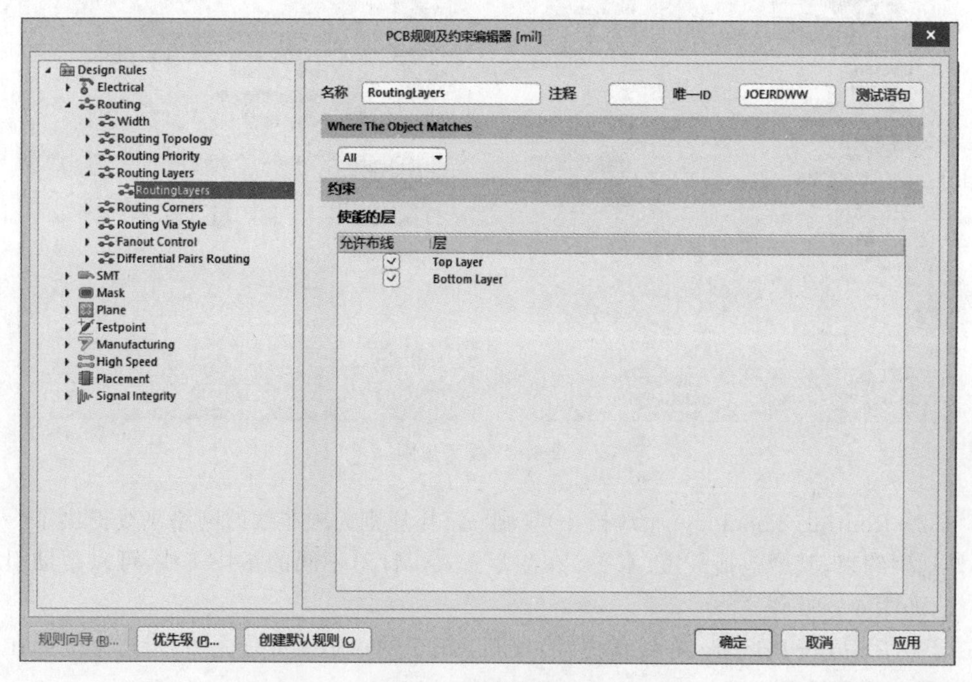

图 6-8　布线层规则

(6) Routing Via Style(布线过孔样式)规则：该规则为重点规则，用于对过孔进行约束，如图 6-9 所示。根据上文的规则简介，我们建议将通用过孔规则设置为内径 12mil，外径 20mil。

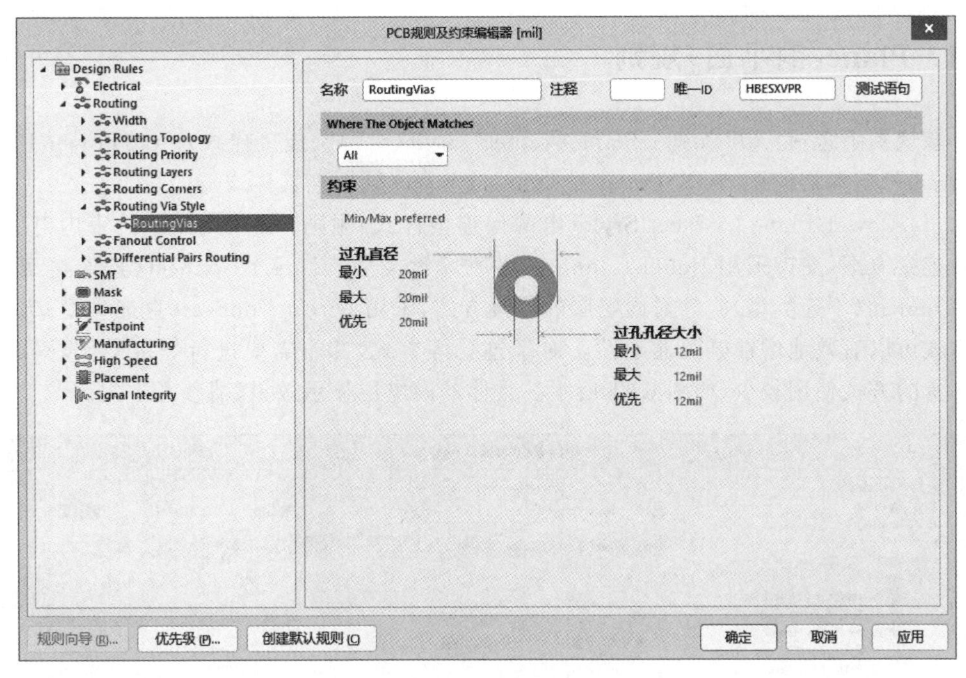

图 6-9　布线过孔规则

(7) Fanout Control(扇出控制)规则：在很多复杂的工程中，例如带有 BGA 芯片的 PCB 主板，扇出功能应用得较多，但建议使用默认规则进行约束。

(8) Differential Pairs Routing(差分对)规则：差分对的规则需要根据具体的信号来进行设置，差分对的参数包括线宽和间距参数等，如图 6-10 所示。

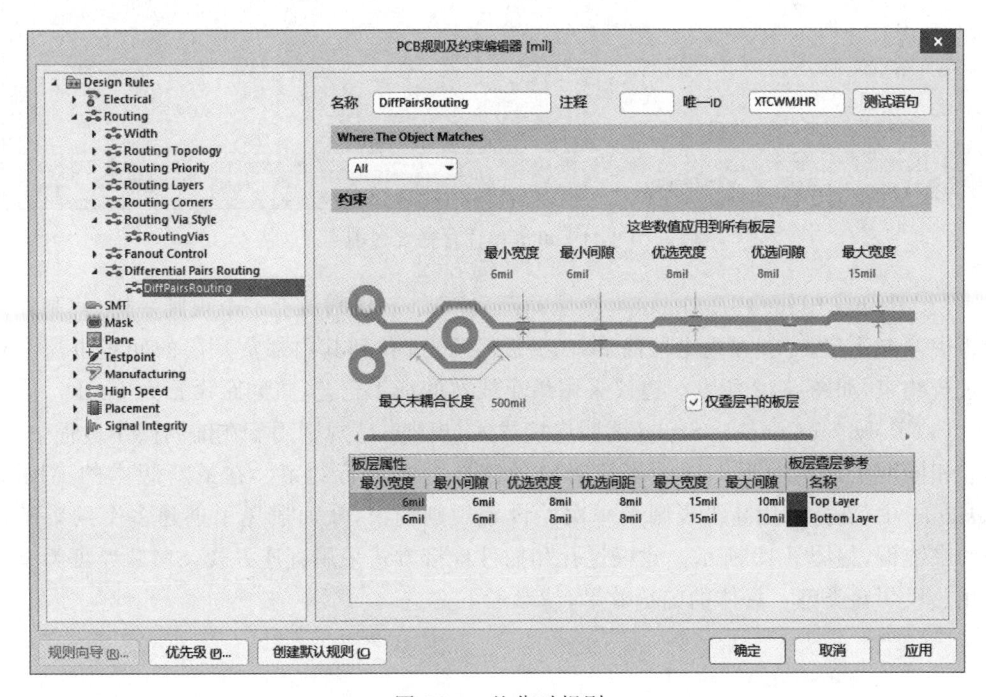

最小宽度	最小间隙	优选宽度	优选间距	最大宽度	最大间隙	名称
6mil	6mil	8mil	8mil	15mil	10mil	Top Layer
6mil	6mil	8mil	8mil	15mil	10mil	Bottom Layer

图 6-10　差分对规则

6.4 Plane(铜平面)规则

该规则下包括：(1)Power Plane Connect Style(电源层连接样式)；(2)Power Plane Clearance(电源层间距)；(3)Polygon Connect Style(铺铜连接样式)。

(1) Power Plane Connect Style(电源层连接样式)规则：该规则用于约束内电层的过孔连接方案，支持采用 Relief Connect(热风焊盘类型)、Direct Connect(直连类型)和No Connect(不连类型)。针对内电层的连接方式，采用 Direct Connect(直连类型)方式，该方式可以有效地增加电源通透性。对于过孔等方式，并不需要进行焊接操作，因此热风焊盘的方式使用较少，如图 6-11 所示。具体的内电层显示效果，请参考下文。

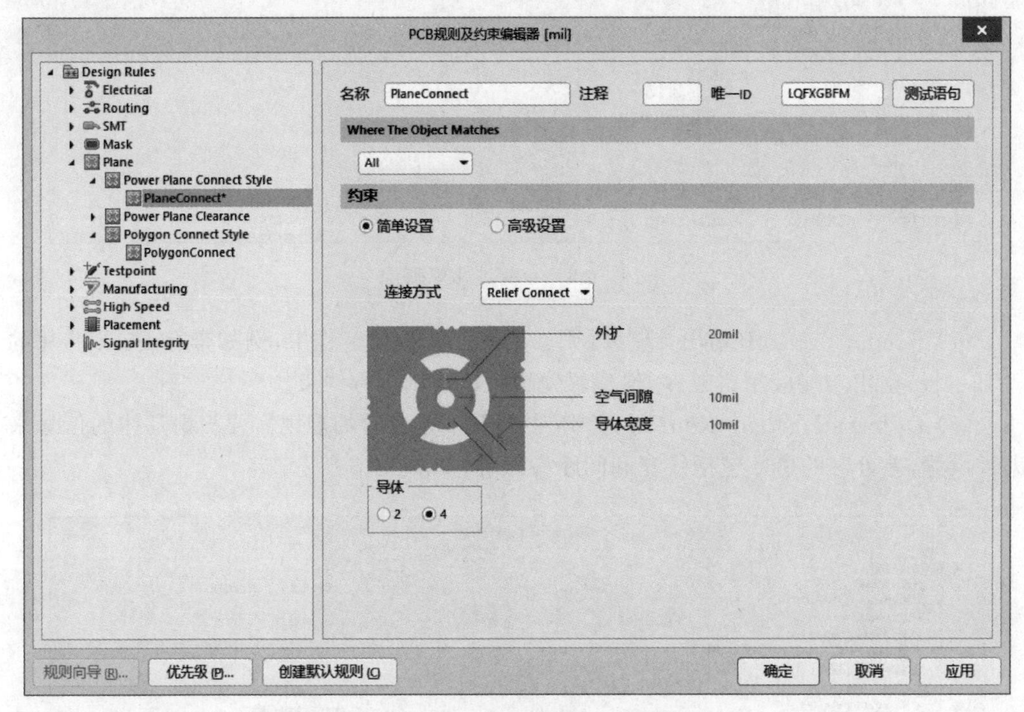

图 6-11　电源层连接样式规则

(2) Power Plane Clearance(电源层间距)规则：该规则与上一个规则一样，都是在多层板中才能用到，对存在内电层的 PCB 主板而言，过孔到其内部负片层的间距由这个规则进行约束，如图 6-12 所示。建议采用最小线宽的加工工艺，将间距设置为 6mil。

(3) Polygon Connect Style(铺铜连接样式)规则：该规则用于在铺铜操作过程中，对覆盖相同网络的情况下不同的连接对象的连接方式进行约束。在最新版本的 Altium Designer 中，支持采用高级规则来一次性设置规则约束，从而避免了创建多个约束条件来约束铺铜，如图 6-13 所示。建议过孔和插件连接方式采用直连方式，SMT 焊盘类型则采用热风焊盘类型。具体的铺铜效果，请参考下文。

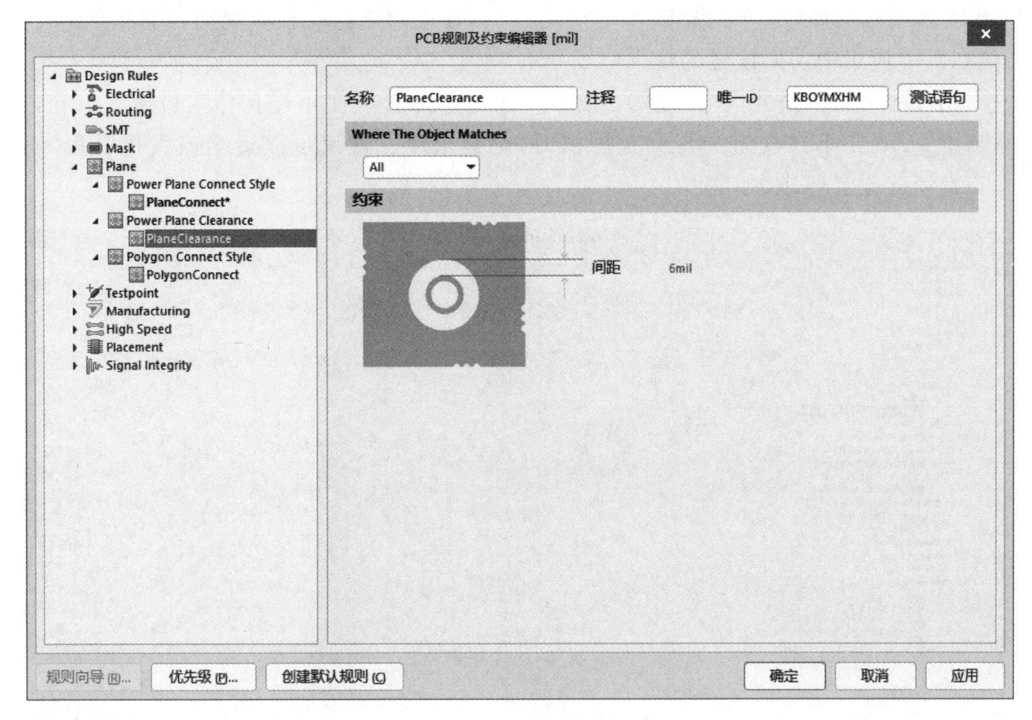

图 6-12　电源层间距规则

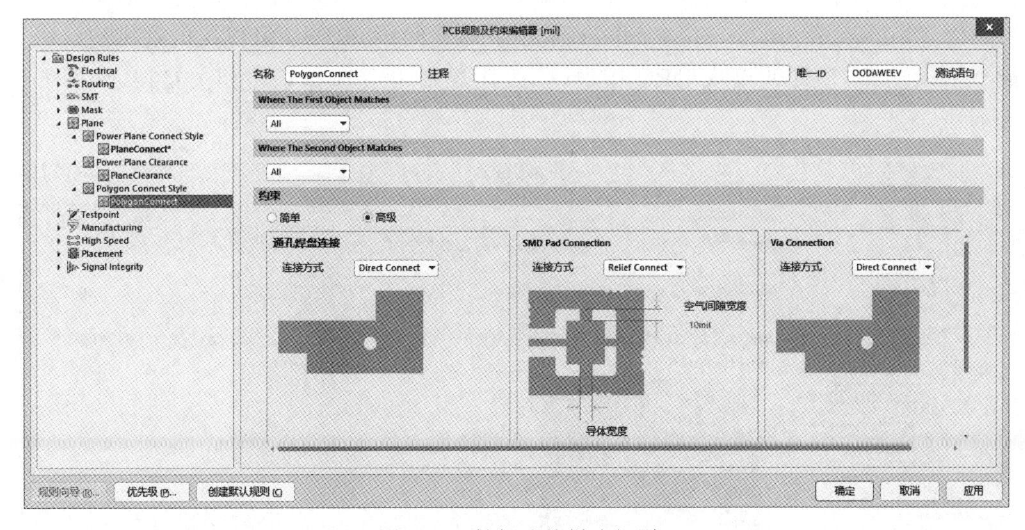

图 6-13　铺铜连接样式规则

6.5　Manufacturing(机械装配)规则

在该规则下,可以看到很多与装配方面有关的规则约束,但在实际 PCB 设计和生产过程中,该规则一般对 PCB 板厂的加工工艺要求不高,当 PCB 板厂在生产时,如果无法满足相关装配规则,则将会被主动忽略。即使该规则在出现相关问题时,也几乎不会影响到PCB的电气属性,故在做DRC检查处理时,往往忽略这一检查规则。下面介绍几个可以在实际应用中需要设置的规则。

(1) Hole Size(过孔大小)规则:很多时候工程师喜欢使用过孔作为机械安装孔,当所设计的安装孔不在规定的规则范围内时,则会报错。建议可以适当放大过孔尺寸大小,以此满足设计需求,如图6-14所示。

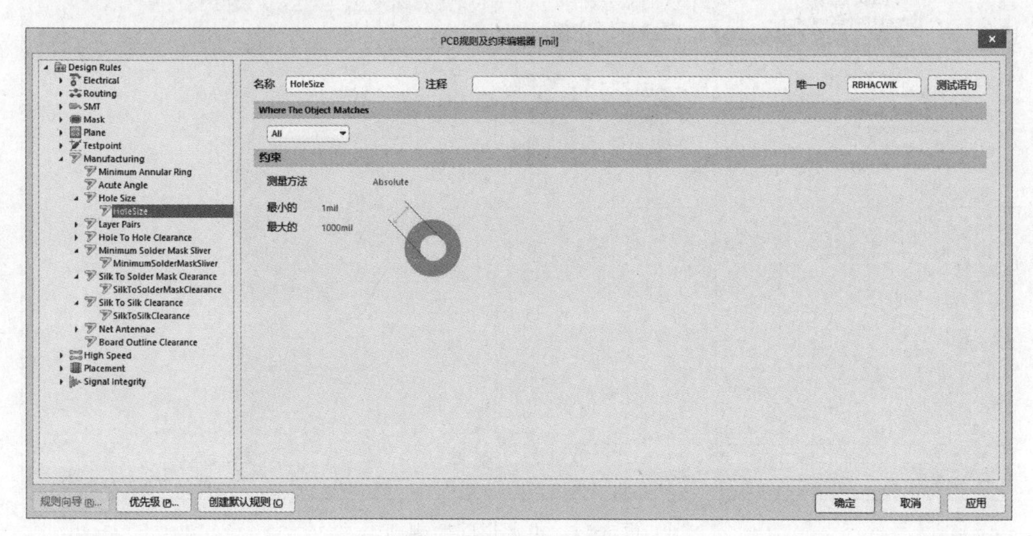

图6-14　过孔大小规则

(2) Minimum Solder Mask Sliver(最小阻焊层间距)规则:阻焊层的规则建议采用最小4mil方案,但即使出现DRC错误,一般该规则也会选择忽略相关错误,如图6-15所示。

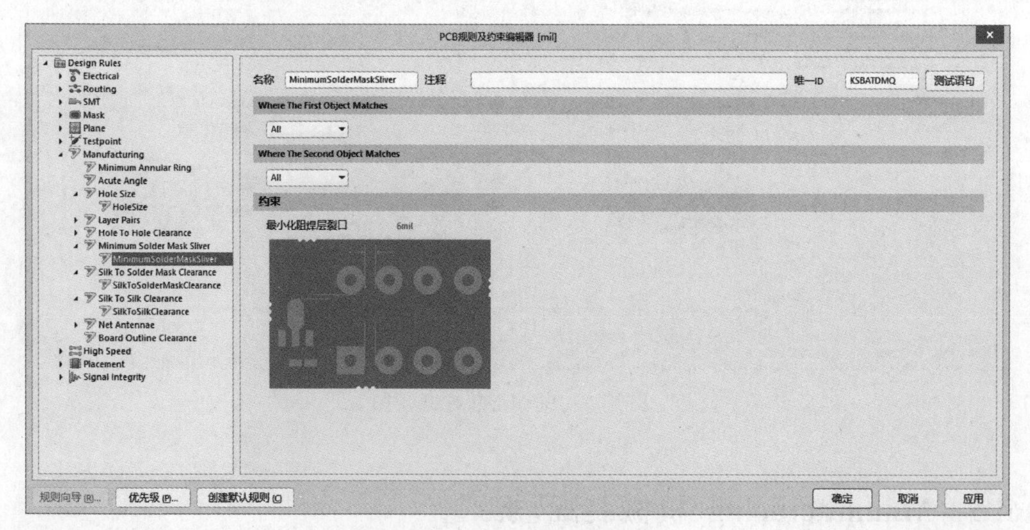

图6-15　最小阻焊层间距规则

(3) Silk To Solder Mask Clearance(丝印到阻焊的间距):该规则为可忽略规则,当将该规则设置为0时可以默认忽略该规则,如图6-16所示。

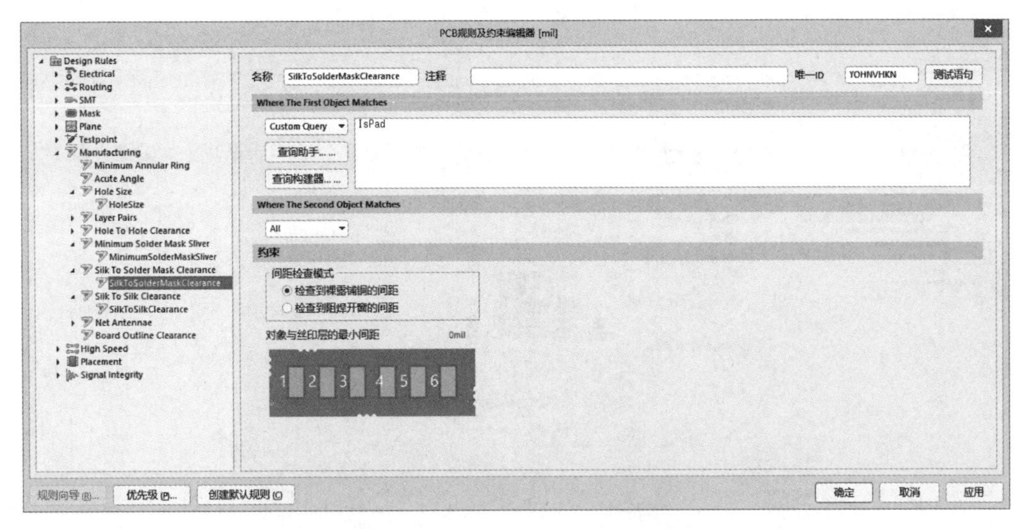

图 6-16　丝印到阻焊的间距规则

(4) Silk To Silk Clearance(丝印到丝印间距)规则：有时为了防止在印制丝印的时候导致丝印与丝印重叠，从而影响实际的生产加工，所以会约束相关丝印的间距，但因为丝印本身属于非重要的属性，建议设置为 0，以此来躲避 DRC 检查，如图 6-17 所示。

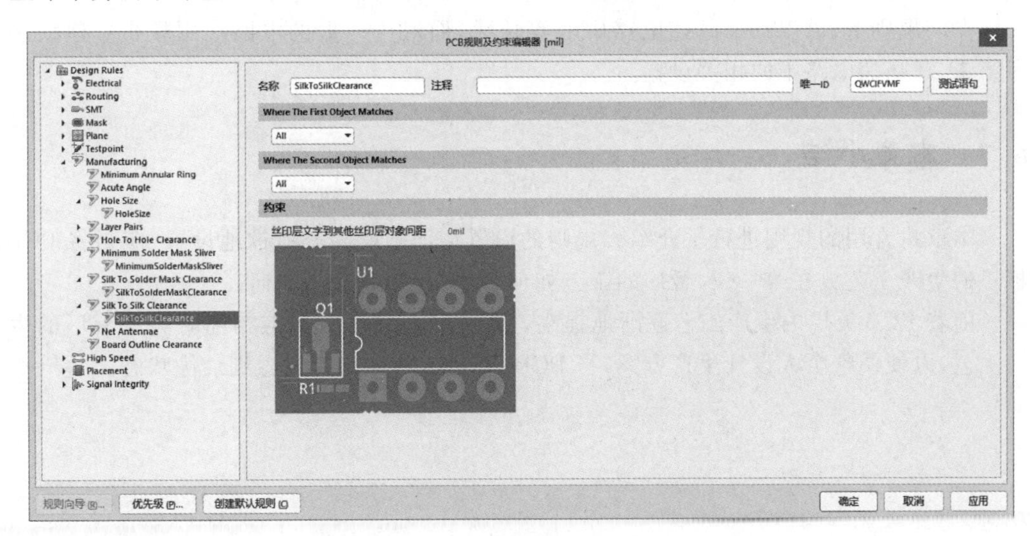

图 6-17　丝印到丝印间距规则

6.6　其他规则

6.6.1　Component Clearance(元器件间距)规则

用于约束元器件到元器件之间的水平间距和垂直间距。在实际使用过程中，只要能满足生产需求，一般都会设置为 0，以此逃避 DRC 错误检查，如图 6-18 所示。

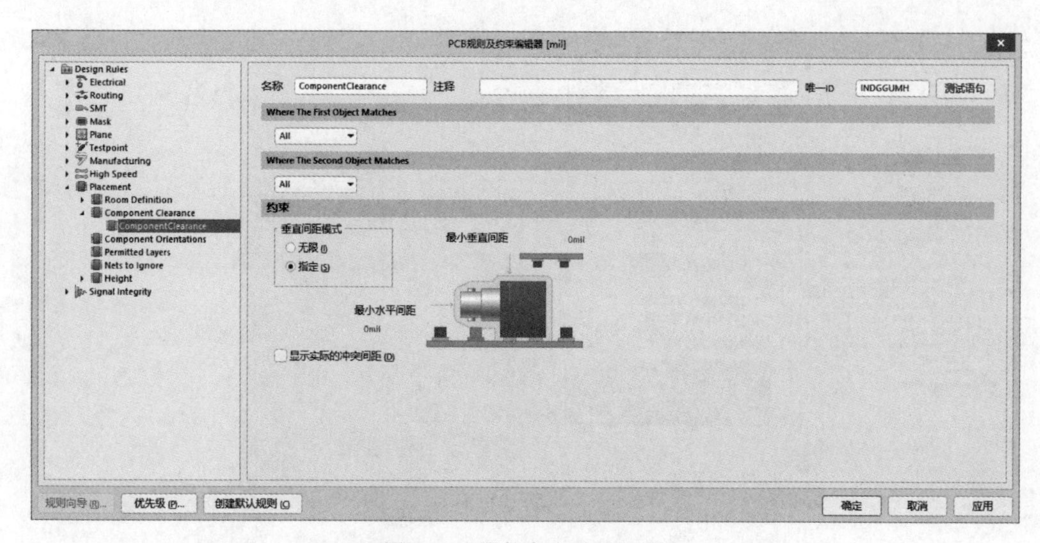

图 6-18　器件高度重叠规则

6.6.2　High Speed(高速)规则

在该规则下,可以约束高速电路中的等长线,而对于一般的电路应用较少。建议参考第 11 章高速电路中的相关设置。

6.7　本章小结

本章将常用的规则进行了介绍。规则的设置切记不能随心所欲地设置,应当将 PCB 板厂的生产工艺放在第一位,板厂的工艺如何,设置规则就应当如何。

随着 PCB 板厂的生产工艺逐渐地提高,PCB Layout 工程师应当随时关注板厂的生产工艺,以便调整个人设计生产方案,将 PCB 设计与 PCB 稳定性做到最优状态。

第7章 布局

在导入网表之后，就需要对PCB进行布局。良好的布局是PCB设计成功的一半。PCB布局在英文上通常称为PCB Layout，布局在PCB整个设计中是非常重要的。通常情况下，布局遵循以下几个规则：

(1) 优先布局定位元器件；

(2) 优先布局核心元器件；

(3) 优先根据原理图设计方案布局元器件。

视频讲解

其中，定位元器件是排在第一位的，例如一些电路上的耳机孔、USB插座等。在设计之初，这些插孔就必须固定在某一个特定的位置，不能随意更改，一旦修改，整个PCB主板将无法与最初的设计方案进行匹配。优先布局核心元器件，例如各种IC芯片等，对于发热量大和需要隔离的特殊元器件，则需要非常重视其所在位置。根据原理图布局，则遵循"交互式布局"方案，优先根据原理图中的设计思路进行元器件摆放。

7.1 对象调整

7.1.1 移动命令

在Altium Designer软件下，移动一个元器件的方法有很多种，并且操作也非常类似，在上文的基础之上，可以利用移动命令进行移动。当单击"移动"命令之后，鼠标出现可以选择对象的状态。在移动操作命令上"移动""拖动"和"元件"3个命令功能类似，都可以对元器件进行移动，如图7-1所示。

(1) 移动：可以移动PCB主板上的任意元器件，当鼠标选中需要移动的元器件之后，元器件可以随光标一起悬浮，当移动到合适位置时，单击鼠标左键，可以重新定位元器件。单击鼠标右键则取消移动。

(2) 拖动：当选择的对象是元器件等类型时，和"移动"命令功能类似，但如果当选择的是网络线、画线等对象时，则不再是移动对象，而是可以调整走线。

(3) 元件：特指移动元器件。

(4) 移动所选：当需要同时移动多个对象时,则可以使用该命令,这个命令和单纯地移动一个对象有所区别,这里将会把所有所选对象一起移动,非常类似下文所述的对象“联合”。

(5) X/Y 方向移动所选：当选择好需要移动的对象时才能激活该命令。这里的移动,是根据输入的 X 和 Y 方向的值,进行相对于元器件原本的位置移动一定的距离,当输入负值的时候,表示向 X 或 Y 方向的负方向移动,如图 7-2 所示。

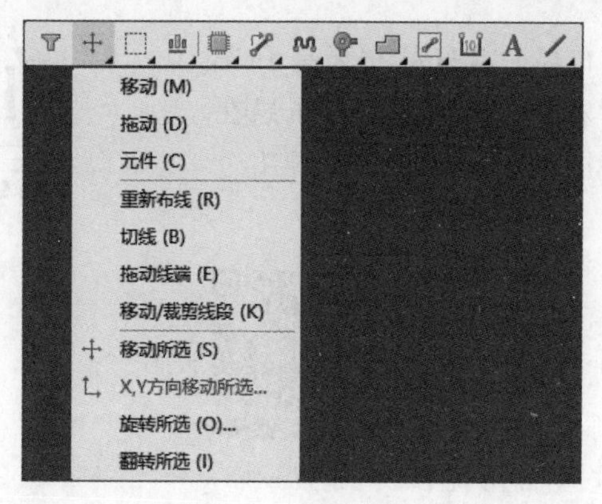

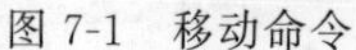
图 7-1　移动命令

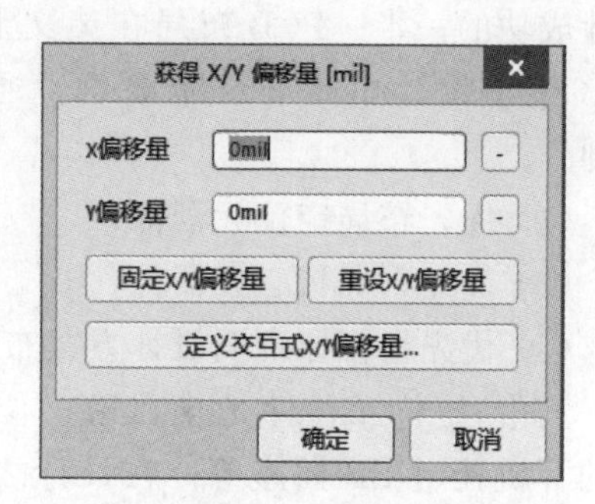

图 7-2　偏移量

(6) 其他移动方式：Altium Designer 和其他 Windows 软件类似,当选择一个对象时,直接按住鼠标左键进行拖曳,这样就可以直接移动元器件。

7.1.2　翻转命令

这里需要理解“翻转”和“旋转”的区别。在 PCB 设计中,元器件只允许摆放在 PCB 主板的顶层和底层,它们无法被摆放在 PCB 主板的内部,也不存在 PCB 主板内部进行摆放元器件的现象。“翻转”就是将“顶层元器件”变换到“底层”或者“底层元器件”变换到“顶层”。

(1) 翻转所选：选中一个元器件,单击该命令,元器件可以被翻转到底层。

(2) 利用快捷键 L 翻转：当元器件被鼠标拖动并处于悬挂状态时,按下 L 键,即可完成翻转操作,如图 7-3 所示。

7.1.3　旋转命令

当选择一个对象时,单击旋转命令,会弹出一个旋转角度命令框,输入需要选择的角度,正值为顺时针旋转,负值为逆时针旋转。在单击“确定”之后,需要单击鼠标左键,确认旋转的中心点,当中心点确定后,对象发生旋转,如图 7-4 所示。

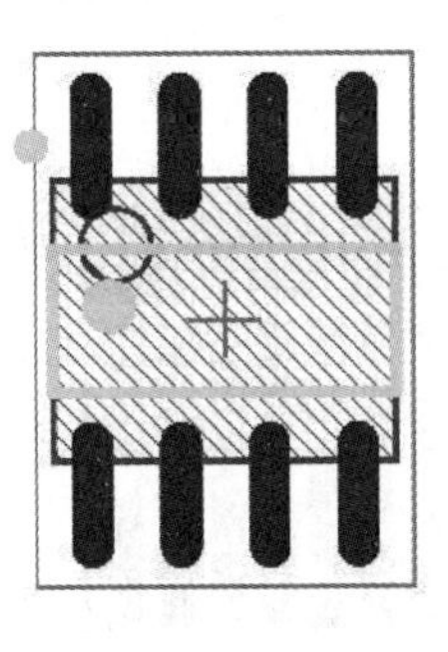

图 7-3　翻转效果

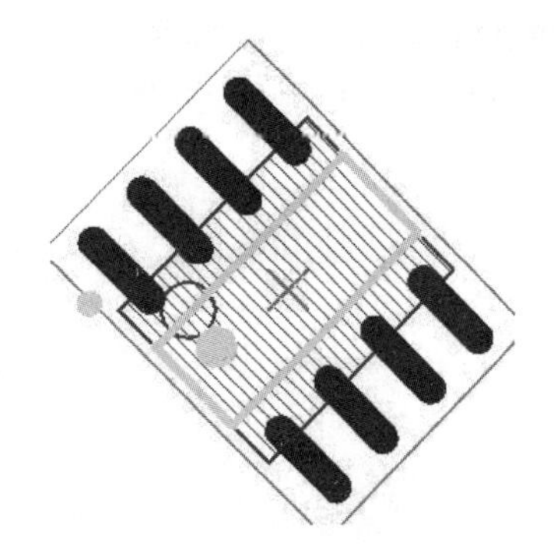

图 7-4　旋转效果

7.2　PCB 坐标系

目前主流的坐标系有两种：(1)笛卡儿坐标系(直角坐标系)；(2)极坐标系。它们的坐标描述方式不同，前者是采用 X 和 Y 方向进行定位，后者是根据旋转角度与距离进行定位。合理地选择坐标系，将会对 PCB 布局起到事半功倍的作用。

7.2.1　坐标系的创建

将 Properties 面板切换到 PCB 编辑框状态，此时其对应的编辑属性是指当前的 PCB 图纸，并不特指任何一个其他对象。展开 Grid Manager，在默认情况下，里面已经带有一个笛卡儿坐标系，并且优先级为 50。坐标系的优先级数值越小，该优先等级越高，如图 7-5 所示。

单击“Add”按钮，添加一个极坐标系(Polar Grid)，此时在 PCB 文档中将出现一个极坐标系，如图 7-6 所示。极坐标系的原点与 PCB 文档的坐标原点重合。

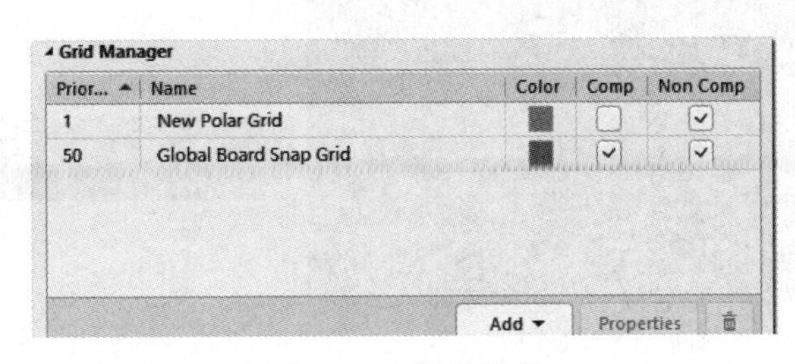

图 7-5　坐标系管理

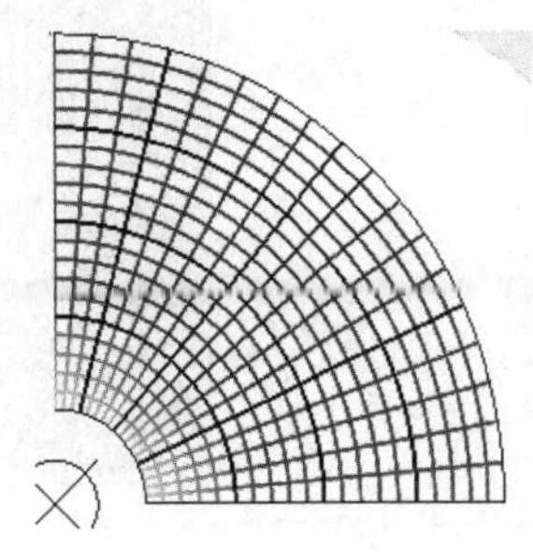

图 7-6　极坐标系

7.2.2　调整坐标系的相关属性

Altium Designer PCB 坐标系允许用户自定义其相关属性，包括坐标线的颜色，以及是否按坐标系定位元器件(例如捕获网格、随坐标系旋转等)。

(1) 修改颜色：单击对应坐标系的“Color”栏按钮，弹出颜色选择命令，用户可根据自己的需求，设置任意一种颜色，如图 7-7 所示。

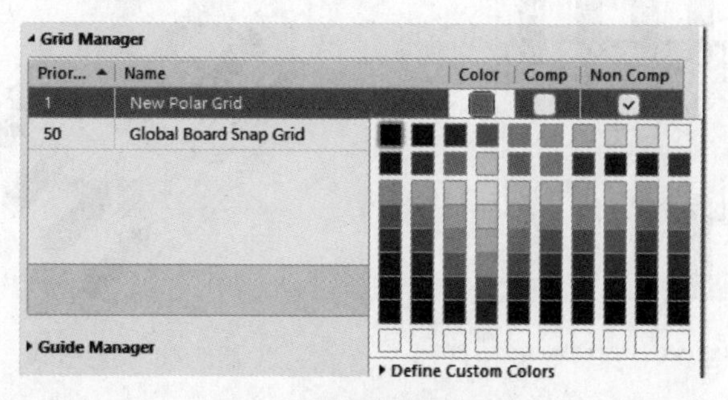

图 7-7　坐标系栅格颜色

(2) 让元器件随坐标系进行定位：勾选对应坐标系的“Comp”(比较)，例如当元器件被拖动到极坐标系中时，元器件会随着极坐标系的移动进行旋转定位。这种操作可优化布局。

7.2.3　修改坐标原点

在对 PCB 进行布局的时候，往往需要定位坐标原点来进行辅助操作。Altium Designer 的坐标原点的设置更加方便。执行“编辑”→“原点”→“设置”命令，可以对坐标原点进行位置设置，如图 7-8 所示。

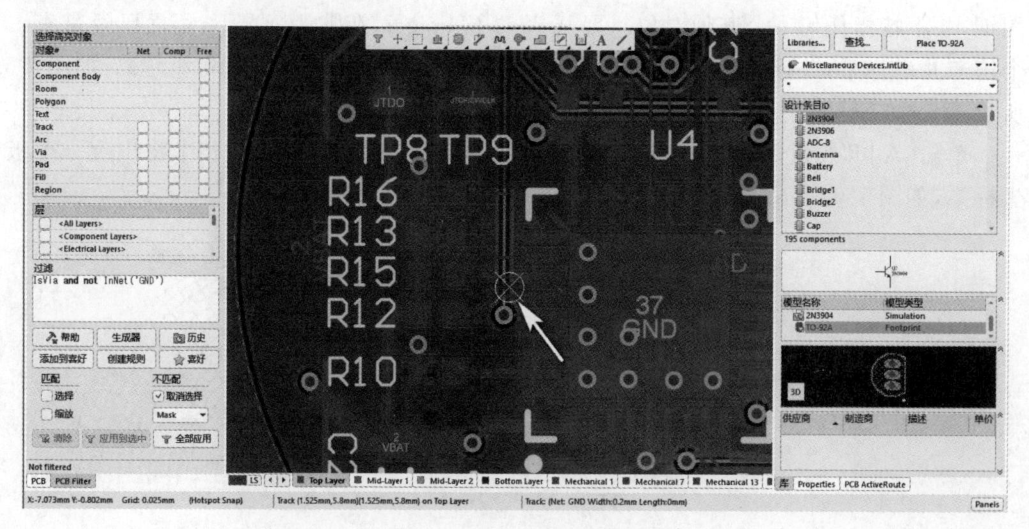

图 7-8　坐标原点的设置

7.3　元器件摆放

上面的基本操作属于基本操作命令，在 PCB 的布局中，元器件的数量往往众多，当 PCB 主板容量较大时，需要以批量操作方式对元器件进行布局。

打开工具→器件摆放，调出当前命令，如图7-9所示。

(1) 按照Room排列：当在导入网表，并引入相关图纸的Room时，可以采用这种方式根据Room来快速摆放元器件，相同Room下的元器件将会摆放在一起，但通常不建议使用这个命令。

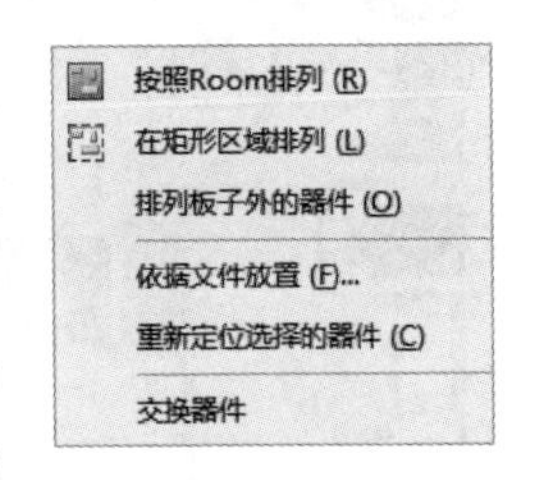

图7-9　摆放元器件命令

(2) 在矩形区域排列：该命令是在实际使用中应用得最多的批量摆放命令，这个命令可以将被选中的元器件，按照矩形区域的方式，进行快速摆放。操作过程：①选中需要摆放的元器件，可以是一个或者多个；②单击该命令，鼠标可以画矩形；③在PCB文档区域的合理地方，画一个矩形，此时所选中的元器件将会被均匀地摆放在矩形区域内。

(3) 交换器件：在PCB布局时，往往会出现两个元器件位置需要互换的情况，如果手动地移动一个元器件到另外一个元器件的位置，这样的操作是比较烦琐的。对于这种情况，就可以使用这个命令，进行快速地操作。操作过程：①先选中需要互调的两个元器件；②单击该命令，即可进行互调。

(4) 其他相关命令：关于其他相关命令，在实际应用中使用较少，属于了解部分。

7.4　交互式布局

上文中提到，在PCB布局中，优先摆放定位元器件，当相关的元器件都被摆放并定位之后，“交互式布局”是PCB布局中使用最多的一种方式。所谓“交互式”是指利用原理图的设计逻辑来摆放元器件。例如CPU旁边的滤波电容，要求尽可能地摆放在芯片的电源入口处，以此发挥它的最大作用。

交互式布局的前提，启动交互式布局命令：①打开工具菜单；②勾选“交叉选择模式”命令。只有当前命令被选中之后，才可以进行交互，如图7-10所示。

图7-10　交叉选择模式与交叉探针命令

将原理图与PCB图纸进行左右摆放，方便进行交互布局，如图7-11所示。

注意：将图纸以垂直方式摆放的操作过程是：①右键单击图纸标签；②单击垂直切割方式。

7.4.1　交互式选择

交互式命令操作下：①单击原理图中的某一个需要摆放的元器件；②在PCB图纸中该元器件将会被高亮选择；③此时可以利用上文中的相关移动命令，对该元器件进行摆放。

注意：能够满足交互式布局的条件，必须使PCB图纸中的元器件和原理图中的元器

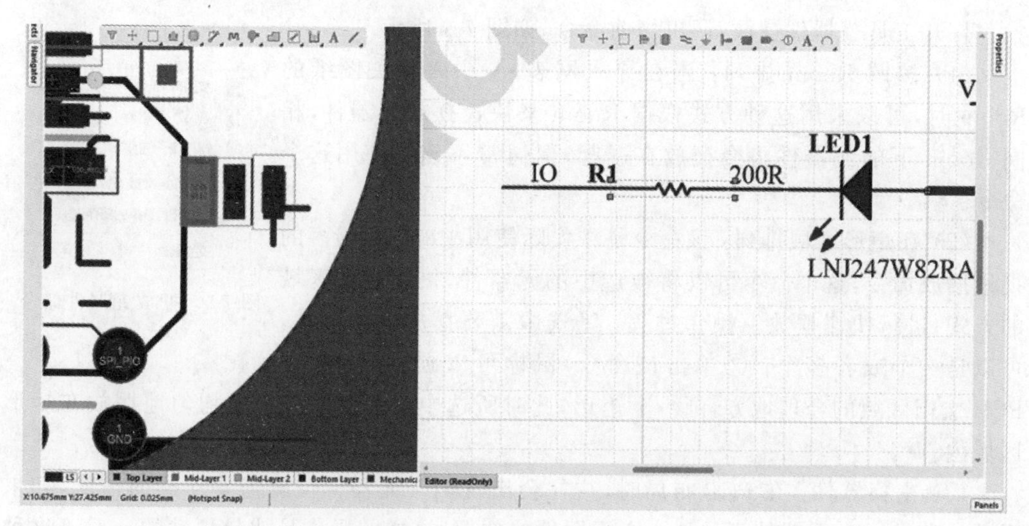

图 7-11　交叉选择模式效果

件建立关联。如果没有进行关联,可以使用命令:①单击菜单工程;②选择器件关联。如果 PCB 图纸和原理图图纸的信息已经不同步,则可以重新调整。

同样,当在 PCB 图纸上选择某一个元器件时,原理图图纸中对应的元器件也会被选中。

7.4.2　交叉探针

交叉探针是用于辅助 PCB 交互式布局命令的,对于比较大的工程图纸来说,元器件的数量可能有成千上万个,原理图的图纸也可能有数十个,往往在交互式布局模式下很难快速定位一个元器件的位置,例如当在 PCB 图纸中,需要确定某一个元器件在原理图中所在的位置时,就可以利用交叉探针的方式来快速定位。操作过程:①单击工具,选择交叉探针;②单击需要找到的元器件。此时另一张图纸则会快速定位,如图 7-12 所示。

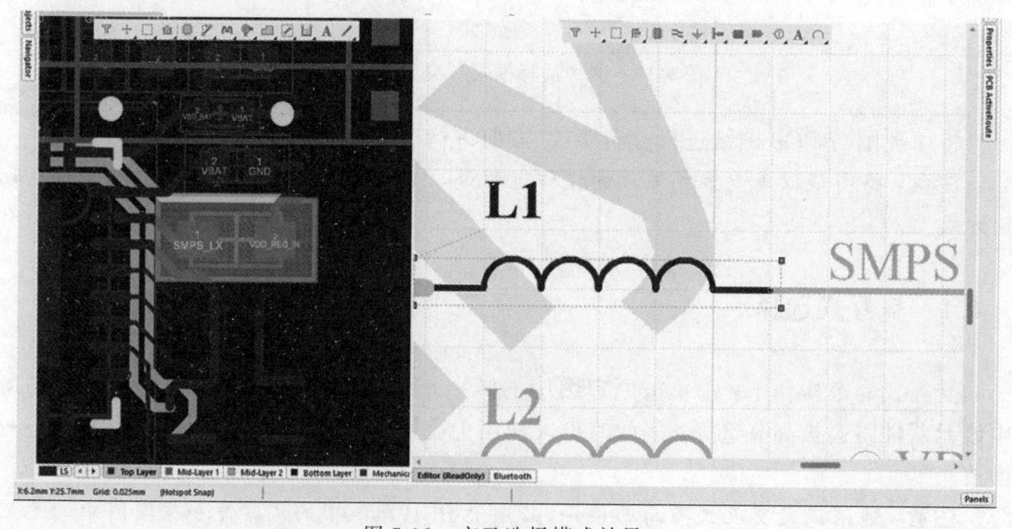

图 7-12　交叉选择模式效果

交叉探针命令在原理图图纸中也同样适用，我们可以通过该命令，快速在 PCB 图纸中定位需要查找的元器件。

7.5 对齐命令

对齐命令可以方便我们在设计 PCB 主板的时候，优化布局结构。Altium Designer 的 PCB 对齐命令和原理图中的对齐命令基本是一致的，可以在对齐命令下，查看相关的命令，如图 7-13 所示。

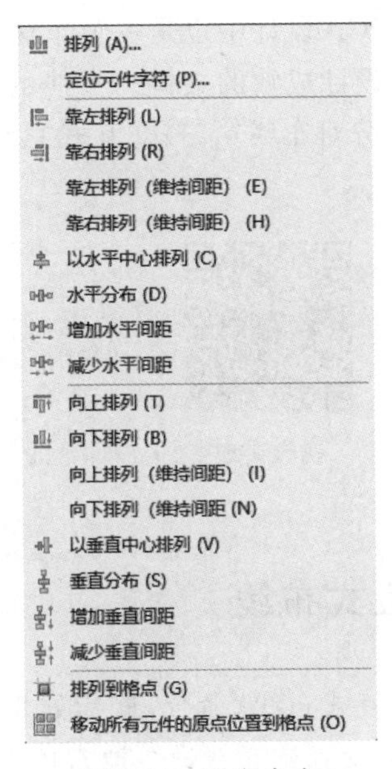

图 7-13　对齐命令

对齐命令有很多，常见的有顶部对齐（Ctrl＋Shift＋T）、底部对齐（Ctrl＋Shift＋B）、左对齐（Ctrl＋Shift＋L）、右对齐（Ctrl＋Shift＋R）、垂直均匀分布（Ctrl＋Shift＋V）和水平均匀分布（Ctrl＋Shift＋H）等。

对齐命令必须在多个对象被选中的情况下才能生效。合理地使用对齐命令可以让 PCB 主板上的元器件变得井然有序。

7.6 本章小结

布局是 PCB 设计中很重要的环节，在实际工作中，可能会遇到各种具体的情况，但无论是多么复杂的 PCB 主板，都遵循基本的布局思路，按照本章中叙述的布局优先顺序完成布局。

通过本章的学习，你将从复杂而凌乱的布局中解脱出来，后续只需稍加练习，便可以掌握交互式布局的真正含义。

第8章 布线

布线在PCB设计中也是一个非常重要的任务，布线的好坏几乎成了决定PCB设计成败的关键。布线的命令通常有：(1)交互式布线；(2)交互式差分对布线；(3)交互式总线布线；(4)ActiveRoute等，如图8-1所示。

视频讲解

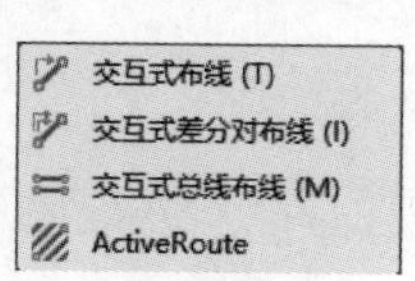

图8-1 布线命令

8.1 交互式布线

单击"交互式布线"命令，鼠标处于布线状态，这个命令用于单根网络的走线。交互式布线命令通常用于对存在的网络进行走线，当然也可以对不存在的网络进行走线。在布线过程中，最重要的布线要素有：(1)线宽；(2)间距；(3)走线折角等。当交互式布线命令被调用时，按下键盘上的Tab键，可以调出布线的Properties面板，如图8-2所示。

在Properties面板中，包含了当前布线的所有属性。

(1) Net Information：当前走线的基本信息描述。例如Net Name(网络名称)、Net Class(所属网络类)、已经走线长度等。

(2) Properties：走线的基本信息，包括Layer(当前走线所在的层)、Via Template(过孔类型)、Via Hole Size(过孔的尺寸)、Width(线宽)、走线优先级调整等，如图8-3所示。

当Width的值被修改的时候，走线的宽度将被调整。目前，很多PCB板厂的加工工艺可以满足4/6mil的最小加工工艺，建议最小线宽在设计时根据当前PCB生产板厂的加工能力而定。

走线模式，在PCB走线规则中，通常有3种线宽规则需要设置：(1)最小线宽；(2)优先线宽；(3)最大线宽。在规则设置好之后，我们必须在最小线宽和最大线宽的范围内进行走线，否则就会出现DRC

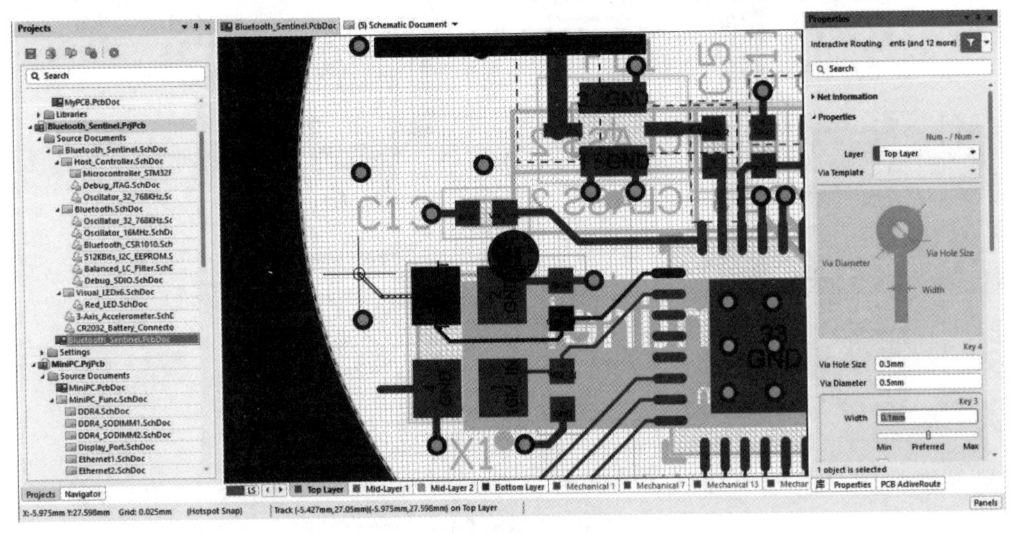

图 8-2 交互式布线

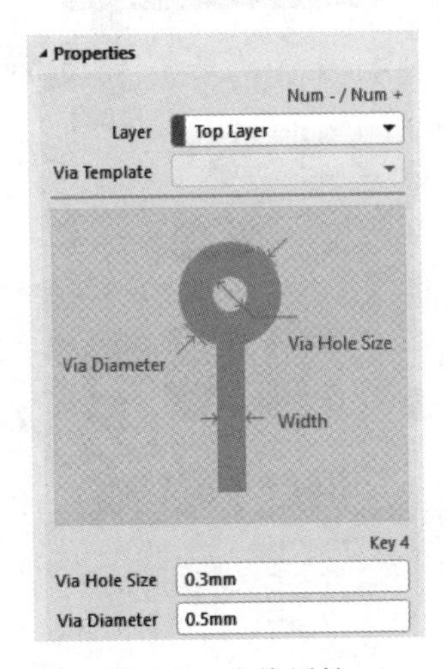

图 8-3 走线属性

报错。当将 Width 下的滑动条移动到对应的线宽类型(例如 Min,指最小线宽),那么当前的线宽将按照规则中所设置的最小值进行修改当前的走线宽度。

(3) Interactive Routing Options:用于调整走线的模式、折线方案等。在 Routing Mode 中,可以选中的布线方式有:

① Ignore Obstacles:如图 8-4 所示,忽略 DRC 错误方式,当选择该模式进行走线时,交互式走线可以走在任何位置,即使出现 DRC 错误,也不停止走线。

② Walkaround Obstacles:如图 8-5 所示,绕开 DRC 错误的地方走线,这个命令和后面的 HugNPush Obstacle 命令非常相似。如果出现被其他走线阻挡的情况,则该走线会自动绕开。

③ Push Obstacles:如图 8-6 所示,当遇到有 DRC 错误阻挡时,会主动进行走线推挤。

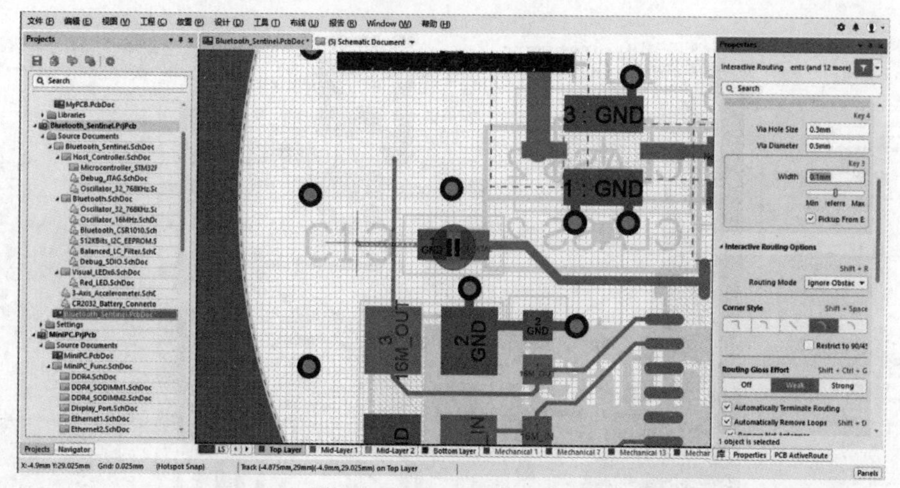

图 8-4　忽略 DRC 检查走线

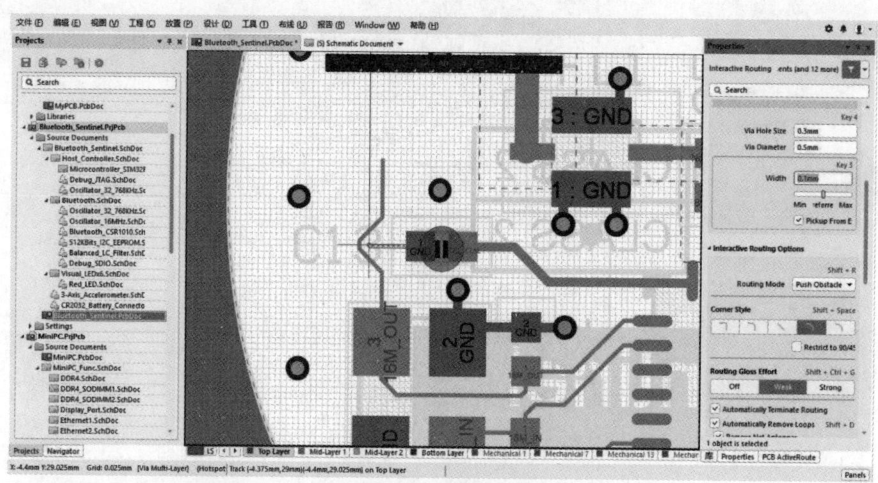

图 8-5　环绕走线

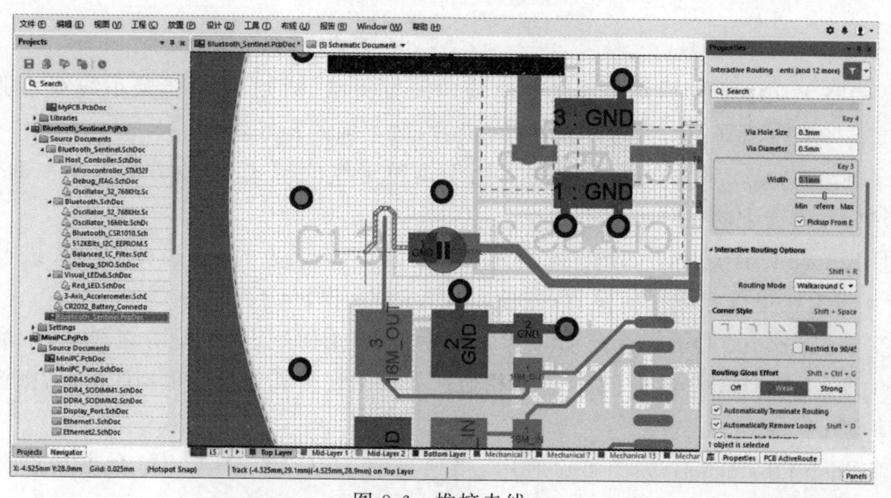

图 8-6　推挤走线

④ 其他的走线模式,读者可以自行测试,其他的命令用得不是特别多。

(4) Corner Style:当走线需要拐一定角度的时候,可以利用该模式下的不同方式进行走线,如图 8-7 所示。

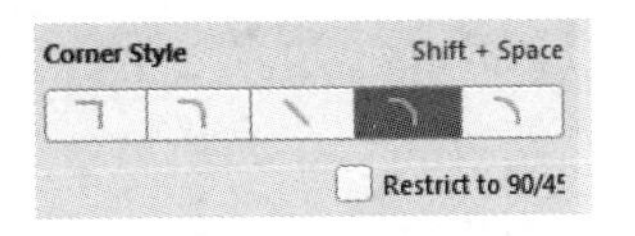

图 8-7　走线拐角类型

选项从前向后依次为:①90°直角走线;②圆形倒角模式走线;③任意角度直线走线;④45°折角走线;⑤圆弧走线。走线的效果如图 8-8 所示。

关于其他布线属性上的信息,例如 Help(帮助),可以迅速查看到相关快捷命令,如图 8-9 所示。

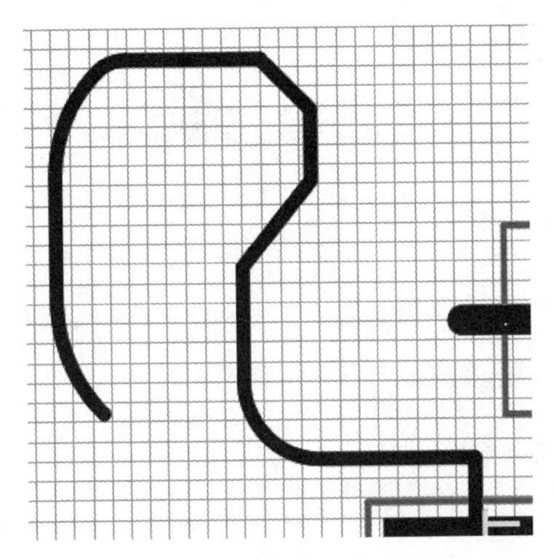

图 8-8　走线拐角示意图

Help

Help	F1
Edit Properties	Tab
Suspend	Esc
Toggle Elbow Side	Space
Commit	Enter
Undo Commit	BkSp
Autocomplete Segm	Ctrl + Click
Add Fanout Via Susj	/
Add Via (No Layer Ch	2
Swap To Opposite R	9
Enabled Subnet Swa	Shift + C
Swap Target Subnet	Shift + T
Cycle Glossing Effort	Shift + Ctrl + G
Look Ahead Mode	1

图 8-9　走线帮助

注意:在进行走线时,往往会有一些辅助的快捷命令用于帮助走线。键盘上 1/2/3 等数字按键就是相对应的快捷命令,这里所说的数字键是指键盘字母上的一横排数字,并非九宫格的小键盘,这里特别需要注意。例如数字键 3,就可以用于调整线宽的模式,究竟是 Min、Preferred,还是 Max。当我们按下数字键 3 时,上述滑动条也会发生变化。查看走线的快捷键命令,可以利用符号键～,进行查看。

8.2　交互式总线布线

如果说交互式布线是单根走线,则“交互式总线布线”则是多个集体走线。当在 PCB 设计中,需要批量走多根线的时候,这个命令就比较实用了。

走线操作:①先选中需要走线的网络(例如焊盘,要求必须选中走线的对象,多选命令可使用 Shift+鼠标左键);②单击交互式总线布线命令;③单击其中一个焊盘,随即可以拉出多根走线,如图 8-10 所示。

交互式总线布线命令和上文的交互式布线命令的 Properties 属性基本一致,唯一多出来的就是多根线之间的间距属性。如果需要调整当前两根走线之间的间距,只需要在“Bus Spacing”中输入相应的数值即可,如图 8-11 所示。

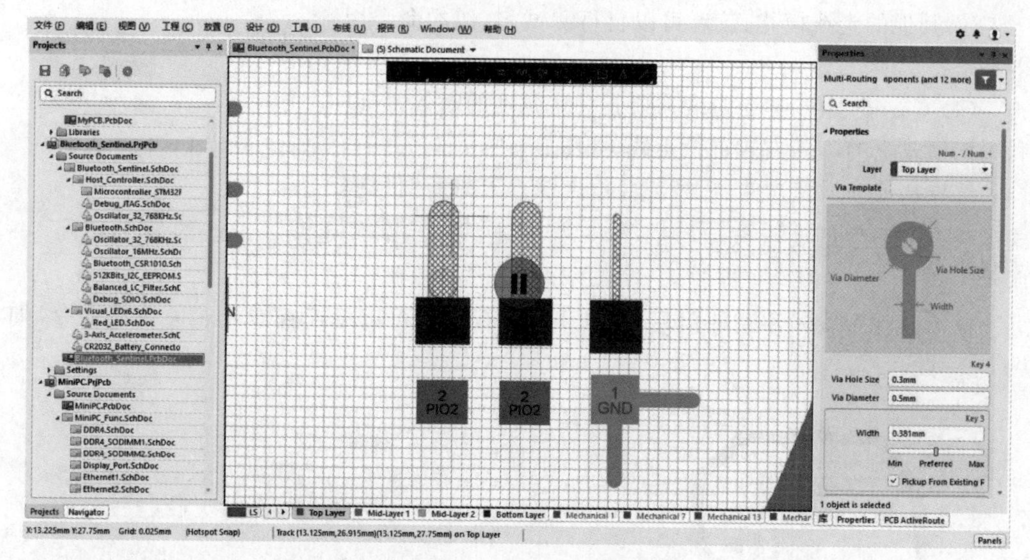

图 8-10　交互式总线布线

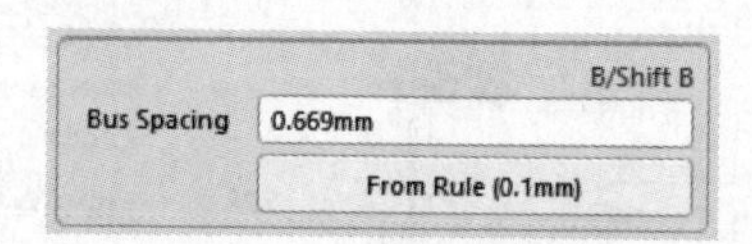

图 8-11　修改总线间距

8.3　交互式差分对布线

设计差分对的意义：一个良好设计的差分对是成功进行高速数据传输的关键因素。根据应用的不同,差分对可以是一对印制电路板(PCB)走线,一对双绞线或一对共用绝缘和屏蔽的并行线(通常称为 Twin-axial 电缆)。

常见的差分对数据线有 USB、以太网等。进行差分对走线的条件是,所走的网络线必须是 2 根,并且已经将这个网络线标识为差分对。

① 创建差分对。打开 PCB 面板,选择“Differential Pairs Editor”模式。如果从来没有创建过差分对,在差分对框里是空白的。单击“添加”按钮,弹出“差分对”对话框,如图 8-12 所示。

② 选择差分对的正网络和负网络,差分对只有两个网络,需要为当前创建的差分对起一个名字,例如叫 USB。单击“确定”按钮,完成差分对创建,如图 8-13 所示。

③ 在 PCB 面板中,单击“All Differential Pair”之后,在下方的列表中,即可发现相关创建的差分对。

④ 单击“差分走线”命令,单击所创建的差分对中的其中一个网络,即可走差分对,这点和上文中的交互式总线布线有点不同,所走的线都是平行、等粗和等长的,如图 8-14 所示。

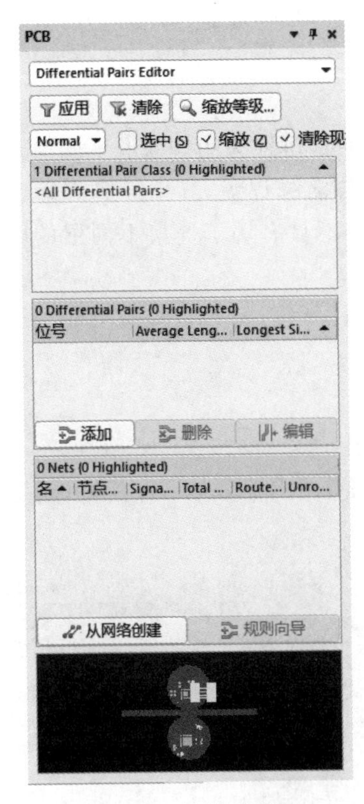

图 8-12　差分对管理

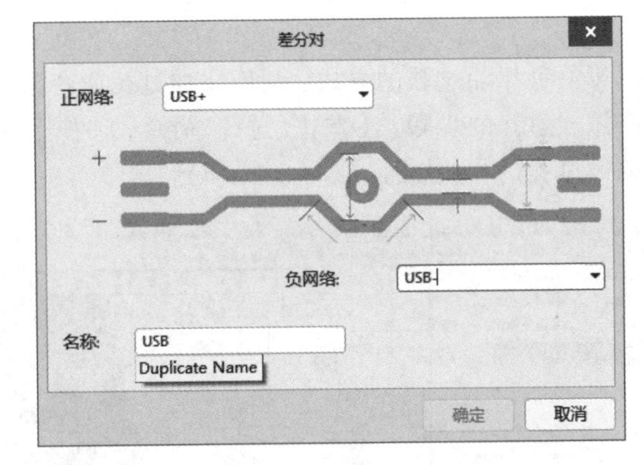

图 8-13　创建差分对

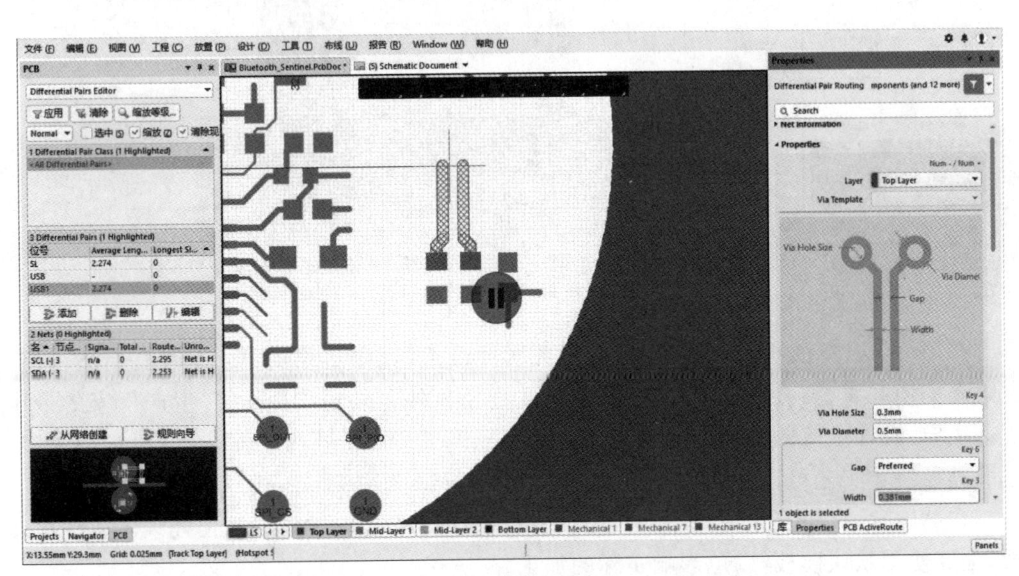

图 8-14　差分对布线

关于差分对 Properties 面板中的相关内容：所有属性，基本上和上文中所述的交互式布线的 Properties 内容一致，可以自行定义线宽、间距等，但要求满足规则定义中的差分对规则。

8.4 过孔

在 PCB 设计中,需要区分过孔与焊盘的区别。过孔通常可视为用作联通不同层之间网络的具有电气属性的钻孔,而焊盘可以分为标贴焊盘与插脚焊盘,其中插脚焊盘和过孔的属性、外观等极为相似,但插脚焊盘主要用于焊接,并不具有用于连接不同层的电气属性。

8.4.1 过孔命令添加过孔

第一种添加过孔的方式:利用添加过孔命令添加过孔。

添加过孔的步骤:①单击“过孔”命令;②按下 Tab 键,调出 Properties 面板,此处可以修改过孔的相关属性,如图 8-15 所示。

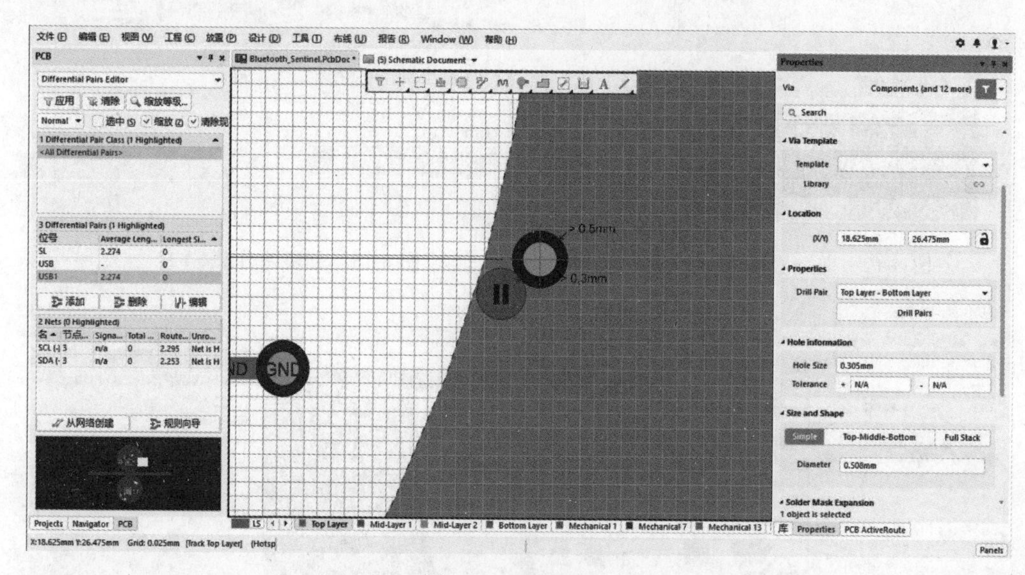

图 8-15 添加过孔

在 Properties 面板中,包含过孔的相关属性设置,其中重要的有:①过孔所属网络;②过孔的内孔直径;③过孔外径。其中内孔直径与外孔外径均由 PCB 生产厂家的最小工艺决定,现在主流的内孔直径可以做到 8/12mil,其中 12mil 为主流,8mil 为最小极限。过孔外径最小工艺可以做到 12mil/20mil,其中 20mil 为主流,12mil 为最小极限。

在 Altium Designer 中,支持对过孔使用相应的 Template(模板),但建议不要随意修改,最好使用默认模板,以免影响实际的加工。

选择“Net”为当前的所属网络,如图 8-16 所示。

修改 Hole Size 为 0.305mm(12mil),Size and Shape 为 0.508mm(20mil),注意,现在主流的 PCB 板厂在实际加工过程中,默认采用圆形孔进行加工,如果自定义为其他类型,可能无法满足板厂的生产工艺要求,因此应尽量避免,如图 8-17 所示。

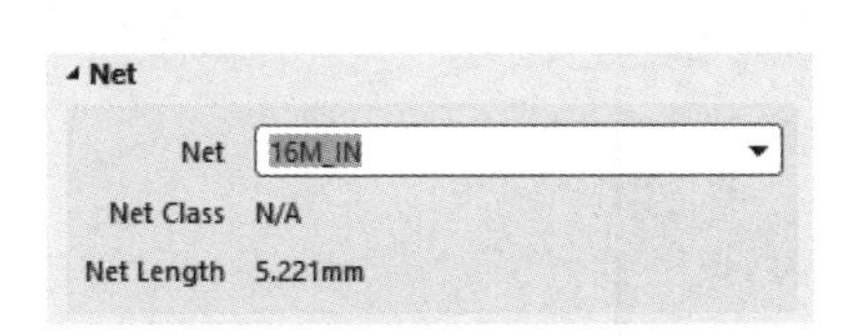

图 8-16　过孔网络

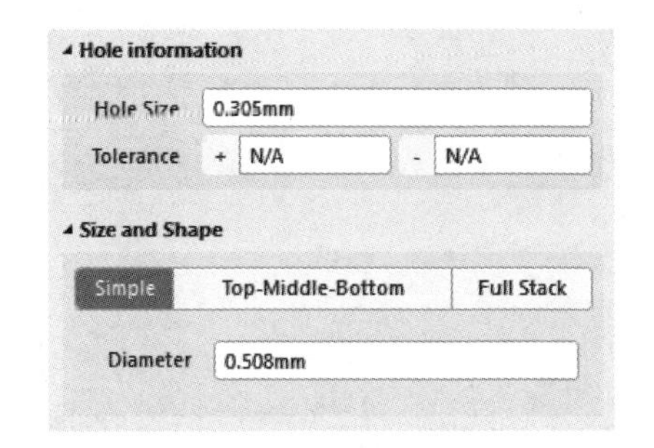

图 8-17　过孔外形尺寸

有关于过孔的其他属性，请勿随意修改。

设置之后，将过孔放在所需要添加的位置，完成过孔的添加。

8.4.2　布线命令快捷添加过孔

这种添加方式在走线时为布线直接添加一个过孔提供了方便，支持的走线模式众多，基本上上述的布线命令均支持，这里以交互式布线为例来讲解。

操作过程：①先利用交互式布线，引出网络；②按下快捷键数字键 2，光标上将自动悬挂一个过孔；③按下 Tab 键，打开 Properties 面板，可以对当前的走线、过孔等信息进行编辑，如图 8-18 所示。

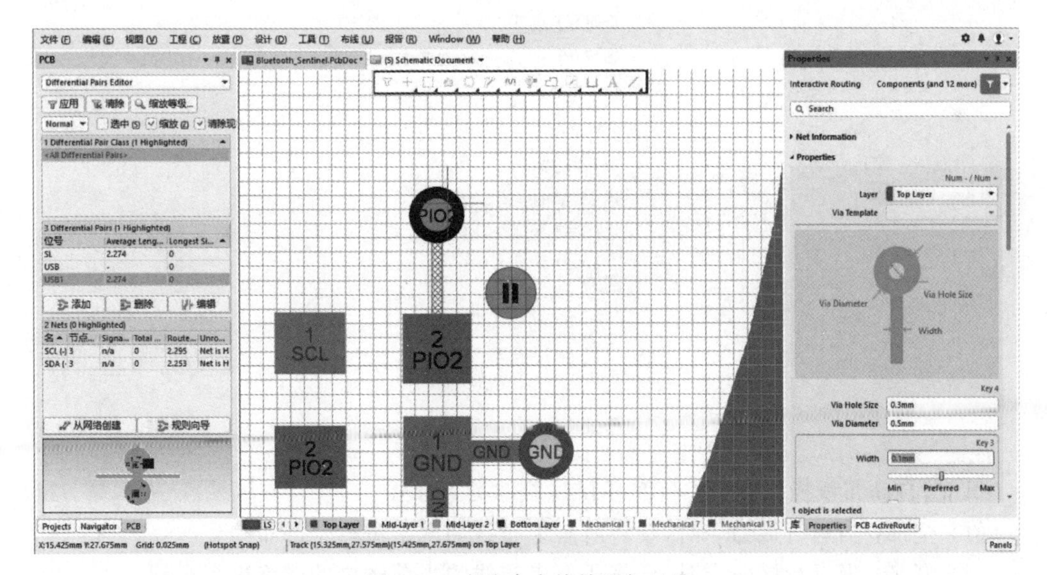

图 8-18　布线命令快捷添加过孔

在 Properties 面板中，支持对快捷方式添加的过孔进行属性编辑，可以修改过孔大小，如图 8-19 所示。

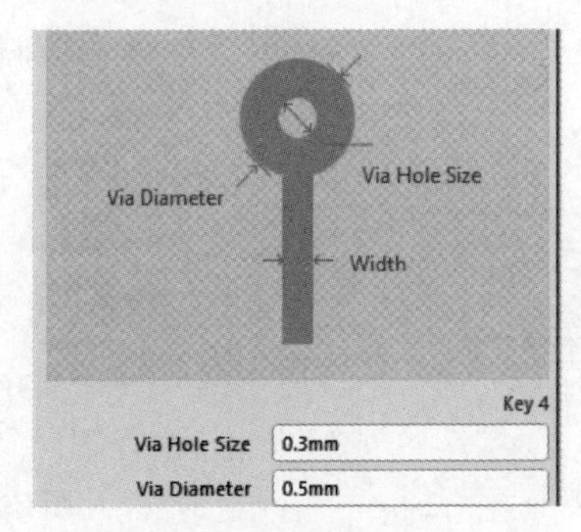

图 8-19　布线过孔调整

8.5　自动布线

在新版本的 Altium Designer 中,将所有的布线功能统一合并在了布线菜单命令下,如图 8-20 所示。自动布线属于其中一个比较大的功能,但目前几乎所有 EDA 软件的自动布线命令功能均很弱,导致这一功能的存在显得非常多余。

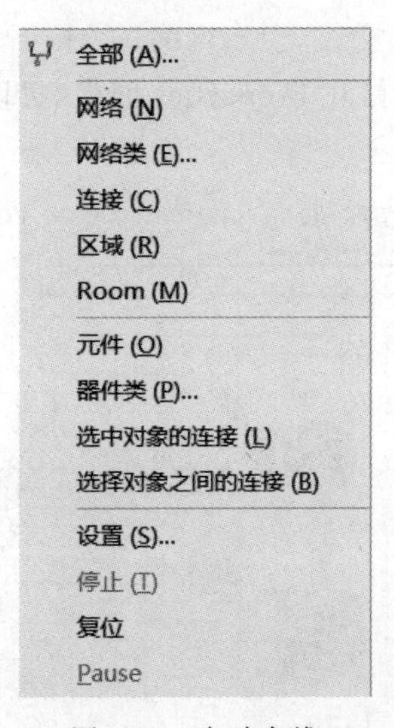

图 8-20　自动布线

目前,自动布线操作支持：全部、网络、器件类等方式。

(1) 全部：当运行该命令时,会将所有未布线的网络进行全部布线。

(2) 网络：当运行该命令时,会将所有未布线的当前选中的网络进行布线。

(3) 器件类：当运行该命令时,会将所有未布线的当前选中的器件内的网络进行布线。

8.6　ActiveRoute

该功能是最新 Altium Designer 版本中才有的功能,随着新版本的不断更新迭代,这一功能也变得非常强大。这种走线方式可以看作对自动布线的再次升级,然而和自动布线不同之处在于，ActiveRoute 可以规划自动走线的大致路径，让自动走线优先根据所规划的路径进行走线。

操作过程：

① 打开 PCB ActiveRoute 面板，如图 8-21 所示。

② 勾选当前需要走线的层，当选择多层走线的时候，布线压力会降低，同时会自动添加过孔，使得走线能很顺利地完成。

③ 规划走线路径，操作方式为先按下 Alt 键，利用鼠标左键拖曳需要走线的网络飞线，此时网络飞线处于被选中状态，如图 8-22 所示。

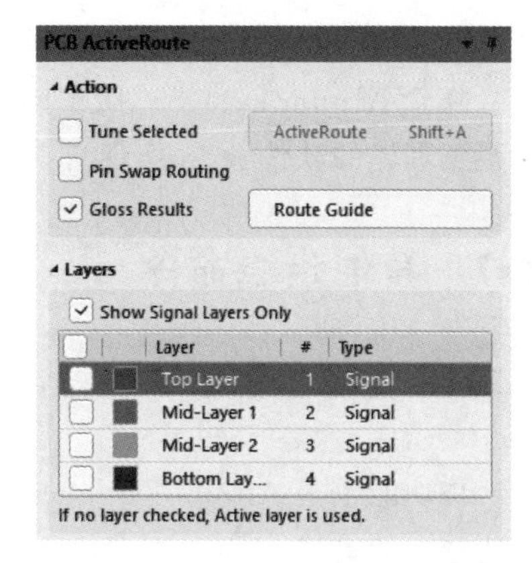

图 8-21　PCB ActiveRoute 面板

④ 单击 PCB ActiveRoute 面板上的“Route Guide”按钮，开始规划路径，如图 8-23 所示。

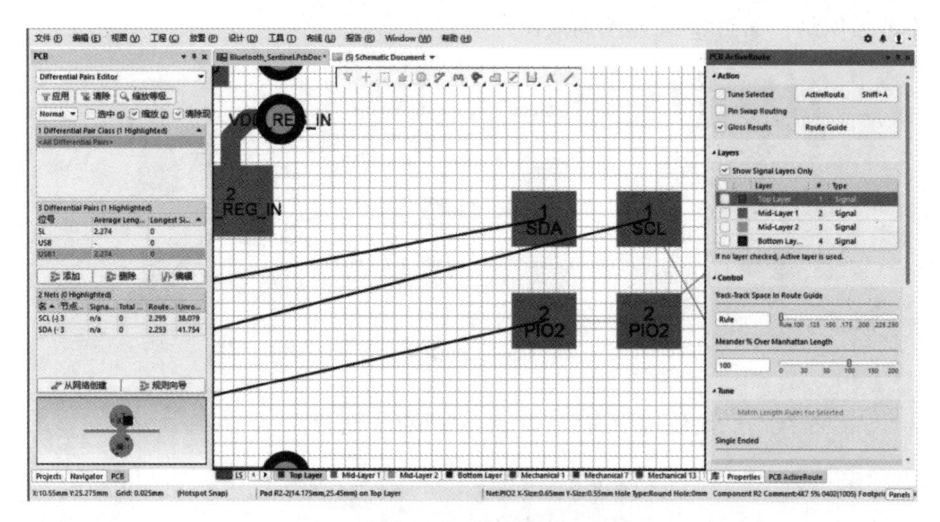

图 8-22　选中飞线

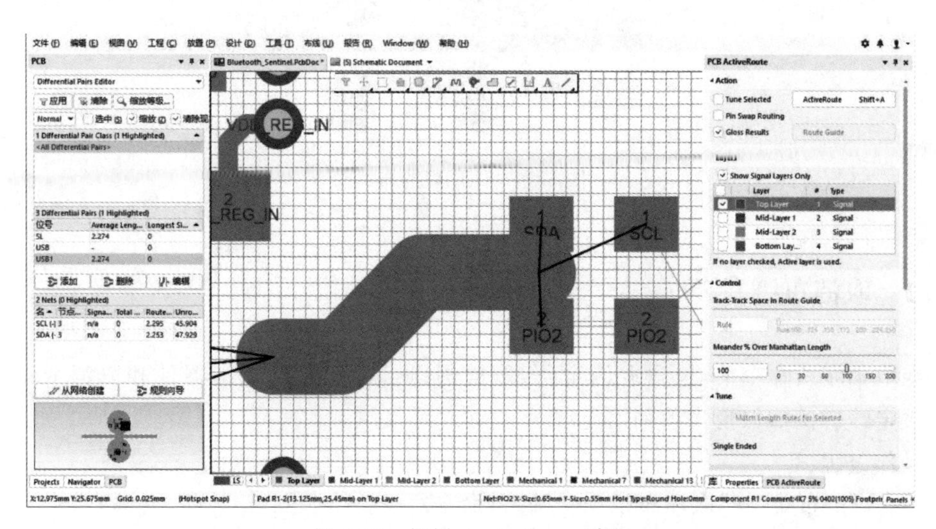

图 8-23　规划 ActiveRoute 路径

④ 单击 PCB ActiveRoute 中的"ActiveRoute"按钮,开始自动走线。

随着 Altium Designer 版本的不断迭代,该功能的其他内容可能稍微有些变化,请读者根据具体的软件版本,实现自动走线。

8.7 其他走线命令

8.7.1 优化选中走线

该功能也是 Altium Designer 最新版中带有的功能,这一功能可以快速地帮我们优化所选中的走线。

操作步骤:

① 选中需要优化的走线,可以先选中网络的一小段走线,按下 Tab 键,快速让其自动选中整条网络。如图 8-24 左图向右图的变化。

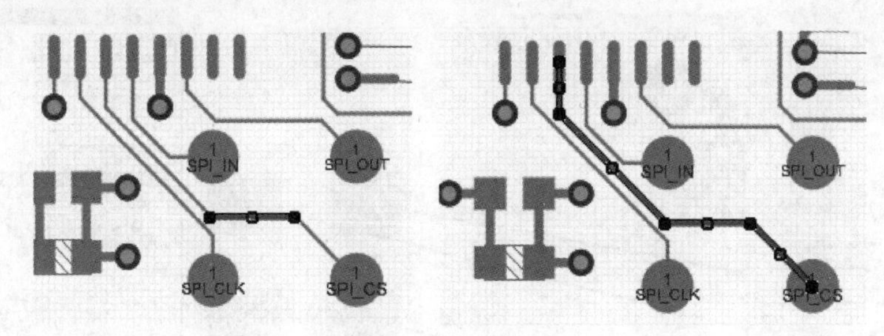

图 8-24 优化布线

② 执行"布线"→"优化选中布线"命令,完成布线优化,如图 8-25 所示。

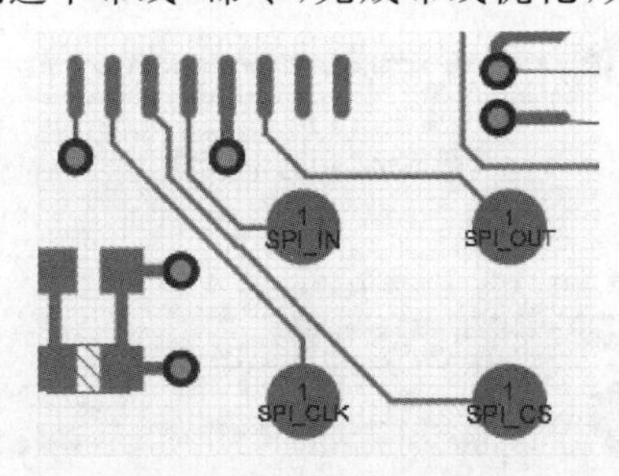

图 8-25 优化后的布线

8.7.2 取消布线

在取消布线命令下,包含取消全部、取消网络、取消连接、取消器件和取消 Room 下的相关走线。例如取消当前网络走线。

操作过程:

① 执行"布线"→"取消布线"→"网络"命令。

② 单击选中需要取消的网络,则取消当前网络,如图 8-26 所示。

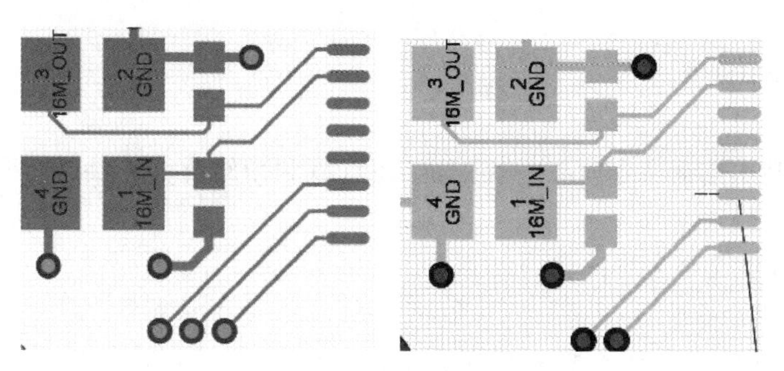

图 8-26　取消布线

8.7.3　剪切导线

当在 PCB 制图时，如果需要将一根导线切断成两个部分，则可以调用剪切导线命令。

操作步骤：执行"编辑"→"裁剪导线"命令，可以将一条完整的导线切割成两段。当命令执行时，放置到随意一根导线处，导线即可被切割成两段，如图 8-27 所示。

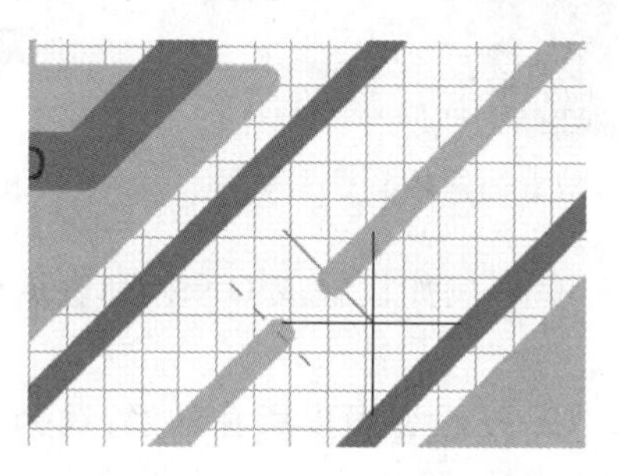

图 8-27　剪切导线

8.7.4　禁止布线区

新版本的 Altium Designer 新增了禁止布线区命令，该命令可以划分出一个区域，该区域内将禁止同层的网络在该区域内布线。该命令在实际应用中较少使用，请读者自行测试。

8.8　铺铜

铺铜在 EDA 设计中用途很多，通常铺铜的网络是地网络，为地网络铺铜的好处：①可增大地线面；②地阻抗降低；③增强电源稳定性；④减少电磁辐射的干扰，起到屏蔽作用等。

8.8.1 放置铺铜

除了可以利用铺铜命令放置一块铜皮,还可以利用转化命令铺铜,两种方式是用于创建铺铜的常见做法。

(1) 利用铺铜命令完成铺铜的放置,如图 8-28 所示。

① 调用铺铜命令。

② 可以任意绘制一个区域,然后完成放置。

③ 打开铺铜的 Properties 面板,可以对参数进行修改。

④ 在铺铜的 Properties 面板中,可以对当前的铺铜属性进行设置,铺铜效果如图 8-29 所示。

图 8-28 放置铺铜命令

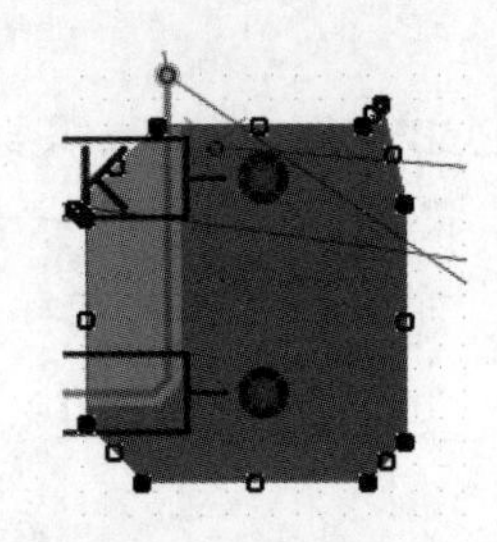

图 8-29 铺铜效果

⑤ Net 修改铺铜的所在网络,例如设置成 GND,则表示铺铜的所在网络和 GND 属于同一网络,如图 8-30 所示。

⑥ Properties 参数设置,Layer 设置铜皮所在的层,铺铜只能存在于正片层中,不能出现在负片层中。对于铺铜的名称,可自动生成,或手动修改,如图 8-31 所示。

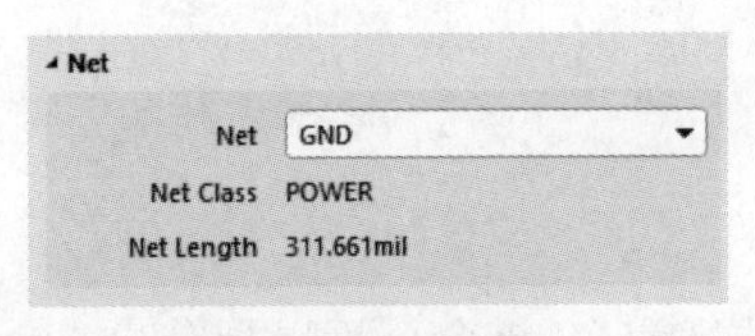

图 8-30 修改网络

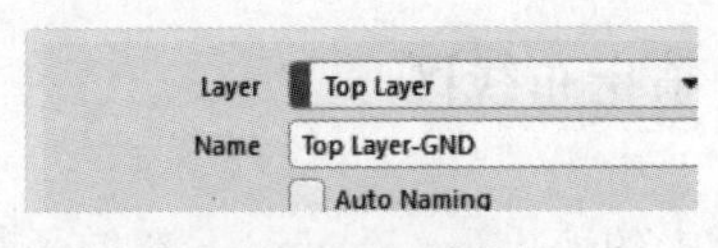

图 8-31 设置层

Fill Mode(填充模式)用于改变铺铜的填充方式。Altium Designer 支持 3 种填充模式,Solid(实心)、Hatched(网格)和 None(无填充),如图 8-32 所示。

若勾选了"Remove Dead Copper",则表示将移除死铜,所谓的死铜,就是指和当前网络无连接关系的铜皮,这些铜皮建议被移除。

铜皮的覆盖方式也有 3 种:(a)Don't Pour Over Same Net Objects(不覆盖相同网络名称的对象);(b)Pour Over All Same Net Objects(覆盖所有相同网络名称的对象);(c)Pour Over All Same Net Polygons Only(仅仅覆盖相同网络命令的铺铜)。3 种方式均有应用的场景,但第二种使用最多。

⑦ 通过铺铜我们可以快速构建一块铜皮区域,右键单击当前铺铜,则可以选择铺铜操作,选择重新填充铺铜,即可完成当前铺铜。

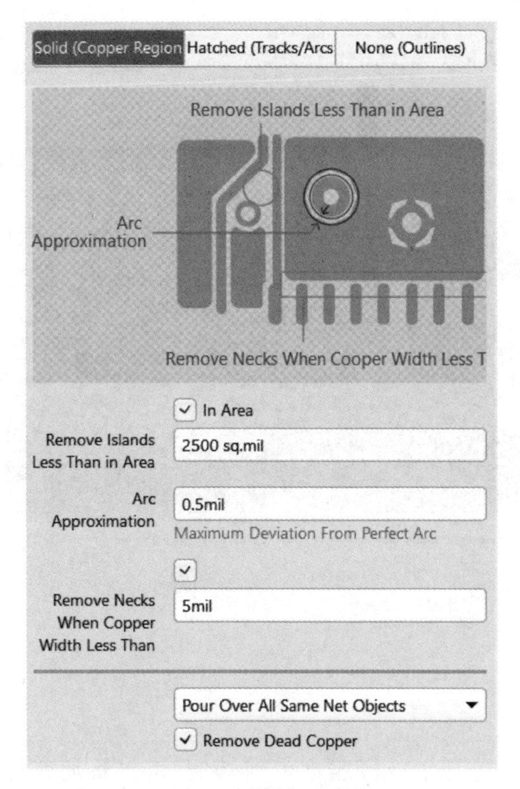

图 8-32 铺铜参数

(2) 利用转化命令将一个闭合的区域转化成一个铺铜。

该命令可以为不规则边框(如带有圆角类型的板框)快速创建一个铺铜区域,但当前被创建的铺铜区域和当前所选的封闭区域处于一个层上,因此需要手动修改当前铺铜的层。

操作步骤:①选择需要创建铺铜的闭合区域;②调用"工具"→"转化"→"从选中的元素创建铺铜"。完成创建之后,只需要按照上文的第一种创建铺铜的方式,重新设置铺铜的参数和重新填充铺铜即可。

8.8.2 挖空铺铜

在进行大面积铺铜的时候,往往有局部区域要求不能出现铜皮,例如一些天线区域(2.4GHz Wi-Fi 或蓝牙天线),其目的是消除阻抗,如图 8-33 所示。

挖空铺铜可以在参数配置中进行设置,支持 Copper、Polygon Cutout 和 Board Cutout,可以对铺铜和板子进行挖空设置。其中,Board Cutout 可以在挖空板子时,利用 3D 效果观察具体的挖空情况,但在机械加工中,该步骤不能决定板厂在加工 PCB 的时候,处理板子的挖空操作,因此还需要放置机械 1 层,用于说明切割槽结构。

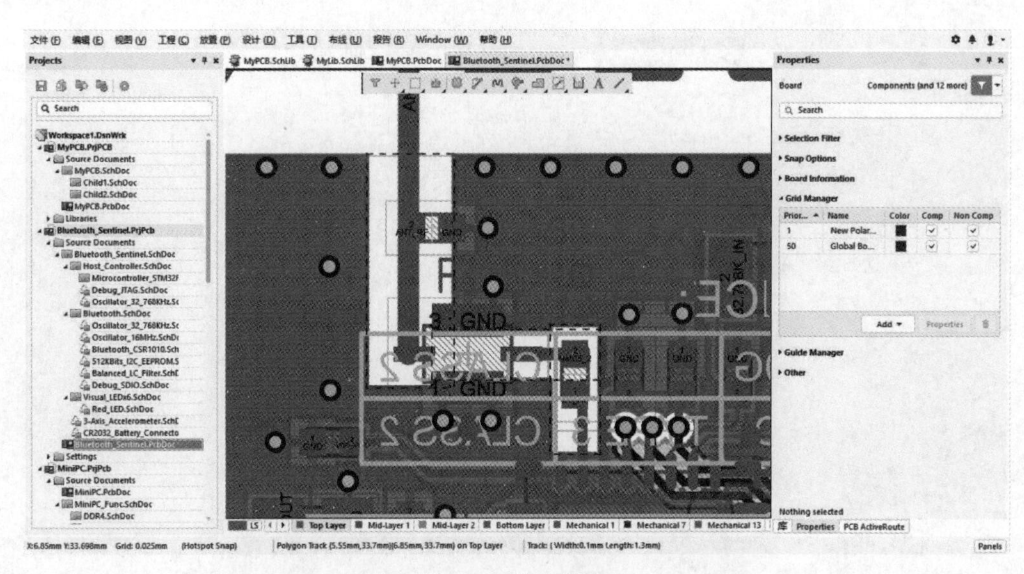

图 8-33　挖空铺铜

8.8.3　切割铺铜

该功能是新版 Altium Designer 带来的新功能，可以将放置好的一块完整铜皮切割成两个区域。

操作步骤：①"放置"→"剪切多边形铺铜"；②选择需要切割的铜皮，绘制路径，如图 8-34 所示。

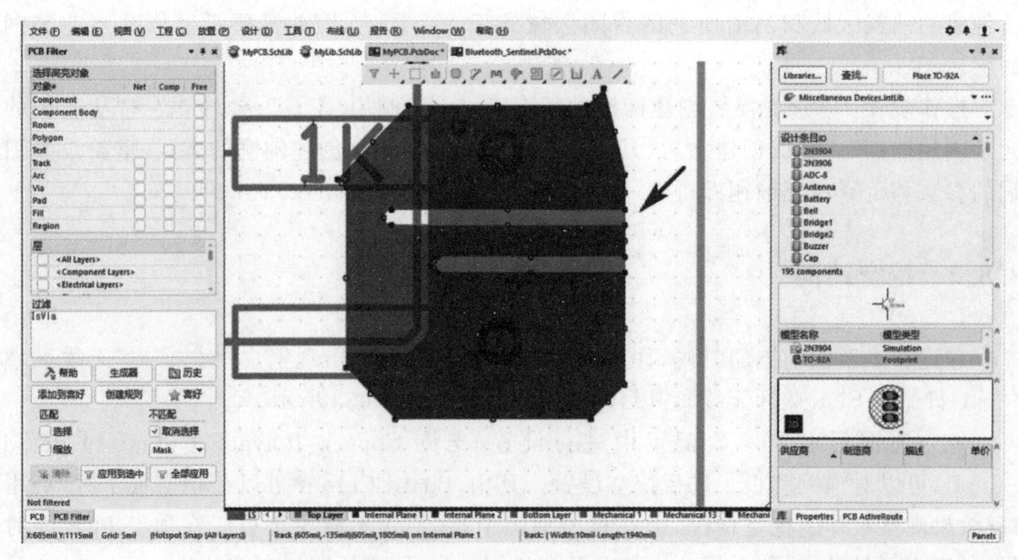

图 8-34　切割多边形铺铜

绘制好路径并非立即就可以被切割成多个部分，还需要使用重新填充铜皮方式来完成重新填充。

8.9 本章小结

本章详细介绍了几种布线操作命令,交互式布线、交互式差分对布线等,它们在 PCB 设计中几乎是必不可少的。在整个 PCB 设计中,最复杂、最烦琐的工作几乎集中在了布线工作上,但无论是多么复杂的 PCB 主板,无论 PCB 主板有多少层,无论 PCB 主板上有多少个元器件、多少个引脚、多少根网络,都可以根据本章所述的基本优先布线步骤完成布线。

通过本章的学习,我们虽然已经有了 PCB 布线各方面的技巧,但还需要利用实战项目进行技能提升,建议参考本书实战篇中的项目,多多练习布线技巧。

第9章 原理图封装库

对于 Altium Designer 的教程而言，是先介绍原理图还是先介绍原理图库，上文已经有所论证，无论是先介绍哪一部分，都属于基础课程。当然在学习过程中无须遵循本书的章节目录按顺序学习，而是完全可以根据自己的个人情况来合理调整。

视频讲解

9.1 Altium Designer 中集成库概念

前面章节中，我们已经介绍了关于一个完整工程的 4 个基本组成部分，但这 4 部分不是必须的。在很多情况下，并不是每一次创建一个项目之后，必须一个元器件一个元器件地创建封装，这样效率十分低下，而且不方便资源共享。按照之前的文件类别，我们可以按照如图 9-1 所示的方式进行划分。

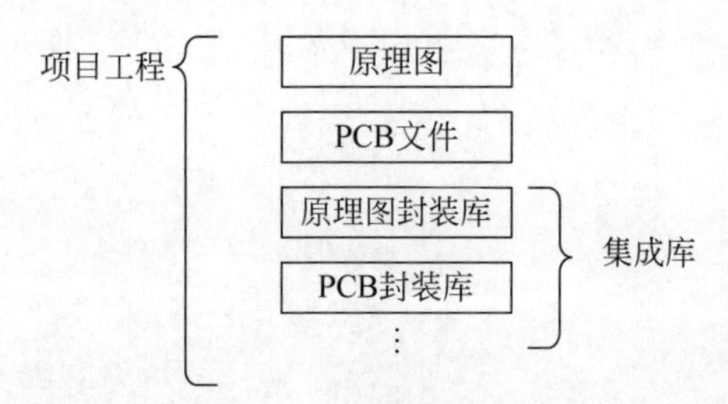

图 9-1　集成库概念

像原理图封装库和 PCB 封装库等文件属于可共享资源，在 Altium Designer 中，可共享的资源有很多，除此之外还有 3D 模型、仿真电路模型和信号完整性模型等。可想而知，如果任何一个项目都需要先将每一个电子元器件相关的模型创建好的话，那将是一个庞大的工程，如果可以将重复的部分以“共享、封装”的思想进行统一管理，那么它既可以提高文件的移植性，还可以加强元器件与模型之间的安全性。

Altium Designer 为我们提供了创建一个集成库的功能，将所有可共享的模块按类型进行划分，一起包装到一个集成库中，非常类似于在 Windows 系统中将多个不同的文件打包成一个文件。

9.1.1 创建一个集成库

和创建一个工程的过程类似，执行“文件”→“新的”→“项目”→“集成库”命令创建一个集成库，如图 9-2 所示。

图 9-2 创建集成库工程

集成库的文件后缀名是.LibPkg，它一般可用于存储原理图封装库和 PCB 封装库等。可以参考集成库项目下的新建项目，如图 9-3 所示。

图 9-3 为集成库工程添加项目

9.1.2 保存和编译集成库

创建好集成库之后，依然是一个空的项目，右键单击集成库，选择“保存”或者“保存为”命令，将集成库保存到任意目录。例如保存到桌面的 Lib 文件夹下面。名称命名为 MyLib. LibPkg。接着再为该集成库添加一个原理图封装库文件和一个 PCB 封装库文件，并分别命名为 MyLib. SchLib 和 MyLib. PcbLib，保存之后，目录结构如图 9-4 所示。

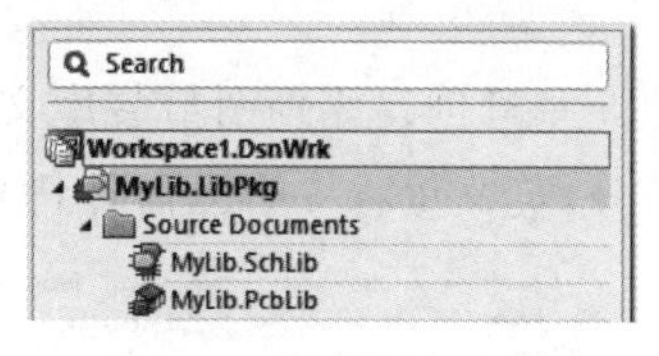

图 9-4 集成库工程结构

与集成库相对应的磁盘文件目录结构如图 9-5 所示。

MyLib.LibPkg	2018/1/6 20:58	Altium Integrate...	37 KB
MyLib.PcbLib	2018/1/6 20:58	Altium PCB Libra...	101 KB
MyLib.SchLib	2018/1/6 20:57	Altium Schemati...	4 KB

图 9-5 集成库工程文件

图 9-5 看起来和创建一个项目后并没有太大的区别，但当我们将整个集成库进行编译之后就会产生神奇的效果。右键单击集成库，选择“Compile Integrated Library”命令，等待编译成功，接着会在集成库目录下生成一个文件夹 Project Outputs for MyLib，里面有一个 MyLib. IntLib 文件，这个文件就是一个将原理图封装库和 PCB 封装库集成在一起所生成的文件，一个文件就包含了两个文件或多个文件。后面在具体介绍原理图使用的时候，会详细地介绍如何加载这个集成库。

9.2 原理图封装库元器件概念

对于一个学习过初中物理知识的人而言,图 9-6 应该都不陌生。它是在物理学电路基础知识学习中经常见到的基本原理图。一般情况下,电路是由电源、导线、负载等基本单元组成,复杂的电路还有其他元器件,例如电感、电机等。但无论哪一种电路,其原理图都是最直观、最方便和最易用的一种描述电路的方法。

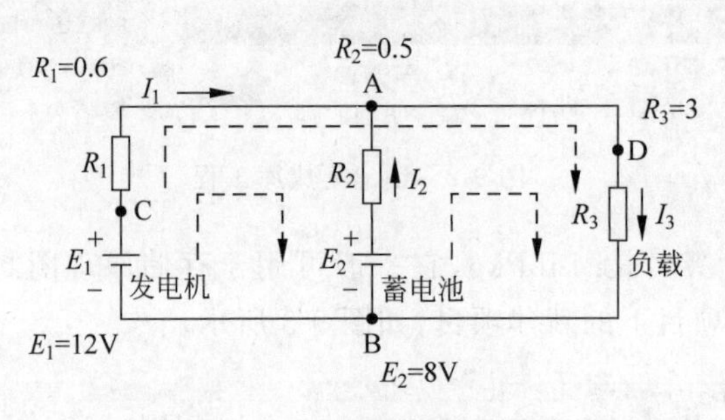

图 9-6 基本电路

对于组成整个原理图的具体元器件而言,不同的元器件采用不同的符号进行描述,这些不同的符号就是原理图封装库的基本组成单元。元器件符号是用来描述元器件的,因此它应当全面地描述该元器件的基本电路属性,例如引脚等。按照不同的画法描述不同元器件只是为了让它看起来更加形象,不同国家和组织对不同的元器件符号采用不同的标准,常见标准有国标和美标等。

9.3 创建元器件封装

一旦创建原理图封装库文件之后,Altium Designer 就会自动地帮我们创建一个空的符号,英文里将一个元器件符号称为 Component,界面如图 9-7 所示。

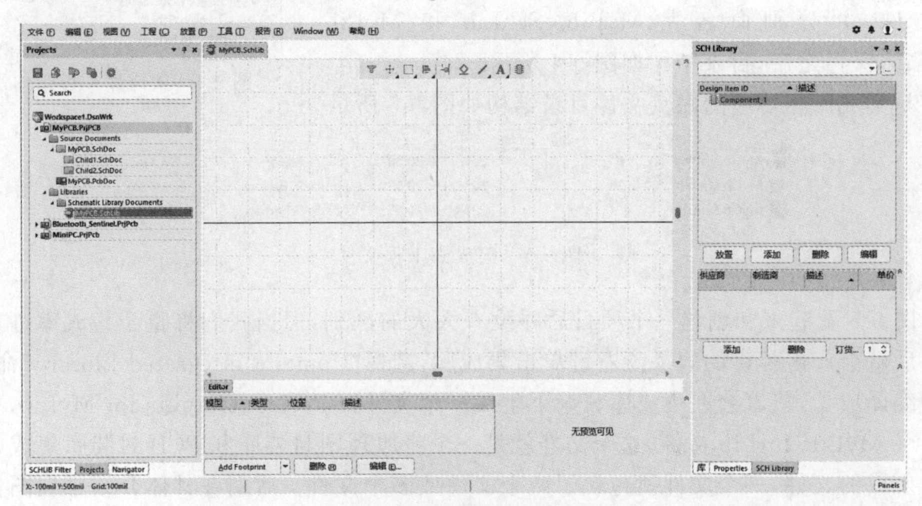

图 9-7 原理图封装库工作界面

在 SCH Library 面板中，详细陈列当前 MyLib.SchLib 文件中的每一个 Component，当你选中其中一个 Component 时，设计界面就对应打开该元器件符号的详细内容。原理图的工作面板工程和原埋图图纸面板基本一致，在操作技巧上延续原理图图纸的设计。

一个完整的原理图封装，包括：①引脚；②编号；③名称(ID)；④PCB 封装等。

9.3.1 元器件的 Properties

Altium Designer 在创建任何一个文件或对象时，总是会默认创建一个以默认名进行命名的相关文件，Component 也不例外。单击 Component 列表下方的“编辑”按钮，会自动打开一个 Properties 面板，也称为属性面板，如图 9-8 所示。

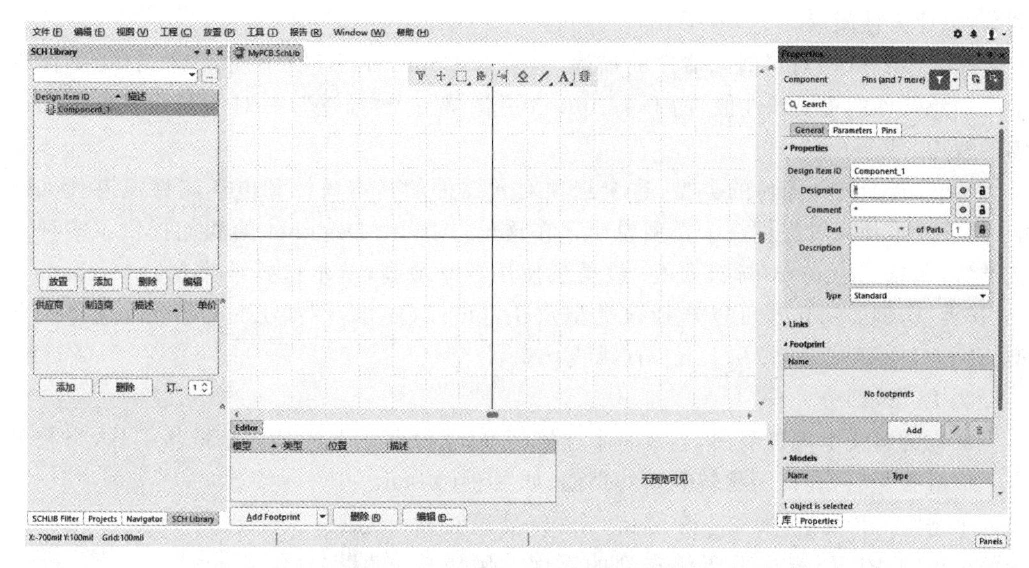

图 9-8 原理图封装库的属性面板

下面对 Properties 面板进行详细的介绍。Component 的 Properties 被大致分为 3 种类型：General(一般)、Parameters(参数)和 Pins(引脚)。

(1) General(一般)选项卡

该选项卡下的参数是当前元器件通常使用的。其下被分为 Properties、Links、Footprint、Models 和 Graphical 等类型。

① Properties 部分，如图 9-9 所示。

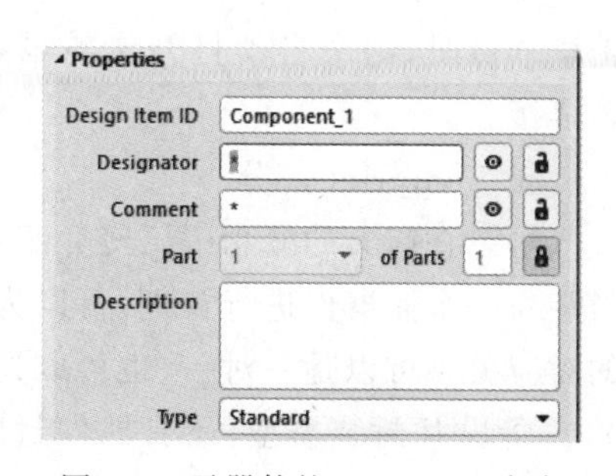

图 9-9 元器件的 Properties 内容

Design Item ID 是元器件的唯一编号，也可以称为元器件的显示名称，例如输入 R，可代表电阻。当该值被修改之后，在元器件列表栏中名称也会随之变化。

Designator 是元器件的编号，在一张原理图上，电阻和电容一般会有很多个，为了区分具体的元器件，需要对每一个元器件进行编号，一般是根据电子元器件的种类进行编号，例如电阻可以称为 R1、R2……电容可以称为 C1、

C2……但是,对元器件编号一般是在完成原理图之后才进行的,预先并不知道该元器件的具体编号,为了可以让 Altium Designer 自动帮助我们进行编号,可以在该值中以“?”来代替将来需要自动生成的编号,例如电阻就用 R?,电容就用 C? 等。

Comment 是一个元器件的“注解”,是对当前元器件具体型号的描述,例如电阻的种类有很多,是 10kΩ 的还是 1kΩ 的等,都可以用这个属性进行描述,我们可以预先给定一个确定值,在具体使用的时候,再根据不同阻值的大小、精度进行修改。例如输入 10K。

Part 和 of Parts 两个属性是由 Altium Designer 自动帮助我们生成的,前者代表元器件在总个数中的第几个,后者代表总个数。在实际项目中,原理图的元器件允许由多个部分拼接而成,每一个部分代表元器件的其中一部分,这样可以将元器件按功能进行划分,以此方便阅读。

Description 指对当前元器件的描述,这个和 Comment 有所不同,Comment 更体现了一个元器件的重要属性值,而 Description 更像是一个“描述”,是对当前元器件更加详细的叙述。

Type 指当前元器件的类型,这个选项对元器件的基本属性和电气属性没有什么影响,但可以给使用者提供一个类型说明。在这里,Altium Designer 给我们提供了多种可选类型,包括 Standard(标准类型,该类型使用频率最高,基本选择该类型)、Mechanical(机械类型,例如钻孔等可以选择该类型)、Graphical(图像,例如 Logo 等可以选择该类型)、Net Tie(网络关系)和 Jumper(跳线)。

② Links 部分

从它的含义上可以明白,它是一个连接标签,就像网站上的某一个链接一样,当您单击了该链接之后,会自动跳转到新的页面,如图 9-10 所示。

单击“Add”按钮,添加一个链接,Name 处填写显示的名称,URL 处填写需要跳转到的页面。例如某一采购商的订购地址是什么,就可以采用这种方式进行创建。

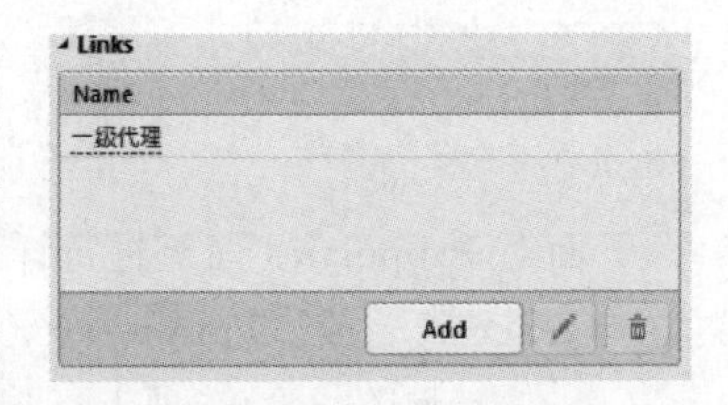

图 9-10　Links 的操作

如图 9-10 所示,创建了一个 Name 为“一级代理”,URL 为 http://www.pcbcast.com 的链接,当单击该链接时,则会自动打开浏览器,并帮助我们打开该链接。

③ Footprint 部分

封装在前文的概念中已经介绍过,封装对一个 PCB 设计而言是至关重要的,将一个封装与一个元器件进行管理,可以为后期的导入网表等操作提供便利。元器件与封装库的对应关系可以是一对一、也可以是一对多的,例如,电阻的封装类型有很多种,有 0603、0805 等贴片封装类型,还有插件封装类型等。因至此我们还未学习封装库的创建,这里暂时可以不用理会。在学习完封装库的创建之后,再来介绍这个功能。

④ Models 部分

模型部分,Altium Designer 是一款支持仿真的软件,各种仿真参数都是以模型的方式与对应的元器件进行管理,在后面的高级篇将会介绍这个部分。

⑤ Graphical 部分

在图形部分可以对元器件的基本颜色进行配置，可以根据个人的爱好进行选配，建议采用默认颜色。后面介绍颜色填充的时候，再详述该功能。

(2) Parameters(参数)选项卡

用于列出当前元器件的所有参数键值对。

(3) Pins(引脚)选项卡

用于列出当前元器件的所有引脚名称与编号的对应关系。建议在创建元器件的时候，引脚编号不要重复，而引脚名称可以重复。

9.3.2 元器件的绘图命令

学习创建原理图的元器件封装库，至关重要的是如何绘制一个元器件的符号，在上文中我们已经介绍了一些常见的元器件符号，例如电容、电阻等，它们都有各自的规范标准供参考，有了统一的标准，才能懂得原理图具体是什么含义。

原理图封装库的设计工作环境与原理图的设计工作环境基本一致，但有些地方稍微有些不同，如图 9-11 所示。

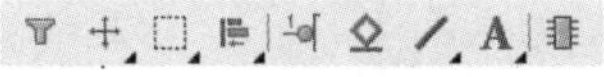

图 9-11 基本快捷命令

放置引脚命令用于放置一个引脚，单击该命令后，鼠标上会自动挂一个引脚，它随鼠标悬浮，选择合适的位置可以放置这个引脚，Altium Designer 足够智能，它可以根据上次引脚的编号自动帮助我们进行新引脚编号的叠加，每次叠加 1。

放置 IEEE 符号命令可以放置一个 IEEE 符号。

添加元器件命令部分的元器件可以由多个部分组成，当单击该命令时，Altium Designer 会自动添加一个部分，编号以此为 Part A 、Part B 、Part C 等。

9.3.3 通用方法创建元器件

这里以创建一个电阻元器件符号为例，简单明了地介绍元器件创建的必须步骤。

① 放置两个引脚，分别表示电阻的两端，当鼠标悬挂放置引脚符号时，按下 Tab 键，进入属性设置面板，其相关操作同上文所述的其他的 Properties 面板，如图 9-12 所示。

- Properties 部分

Designator 为引脚编号，该编号最终需要与 PCB 封装库的引脚编号一一对应，建议以 1 开始，顺次进行编号。

Name 为引脚的名称，在 Designator 和 Name 两个属性后面，都有一个小眼睛选项，当关闭该选项时，表示该属性不显示，对于像电阻、电容类的元器件而言，它们是无极性的，建议隐藏这两个属性。

Electrical Type 为电气属性，展开下拉列表之后，有很多选项，例如 Passive、Input 等，它们在实际使用中并不会对电路造成任何影响，只是会多出一些提示符号，用于更加详细地描述当前引脚的类型,一般建议直接使用 Passive 属性。

Description 为对引脚的描述,使用较少。

Pin Package Length 为引脚直线长度,默认为 300mil,可以根据自己的需要进行调整,例如当前我们设置长度为 100mil。它的后面可以选择当前引脚的颜色,默认为黑色。

- Symbols 部分和 Font Settings 部分

Symbols 更进一步地描述当前引脚的一些特性,一般可以忽略,而对于 Font Settings 部分,建议不要进行修改。

② 修改 Snap Grid 大小,此处修改为 25mil,利用直线画图命令绘制一个封闭矩形,完成电阻符号的绘制,如图 9-13 所示。

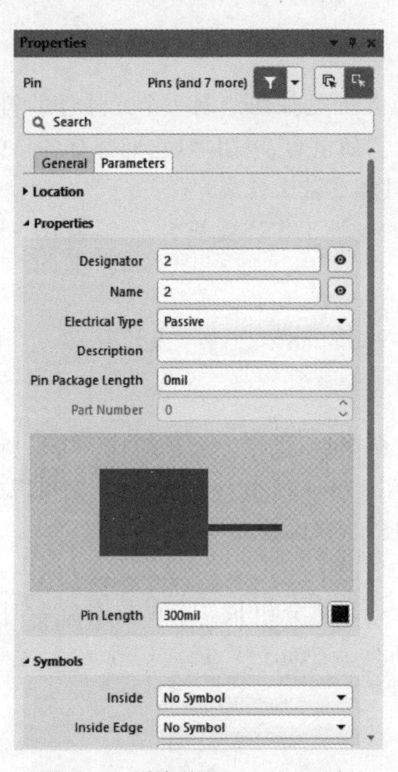

图 9-12　引脚的 Properties 面板

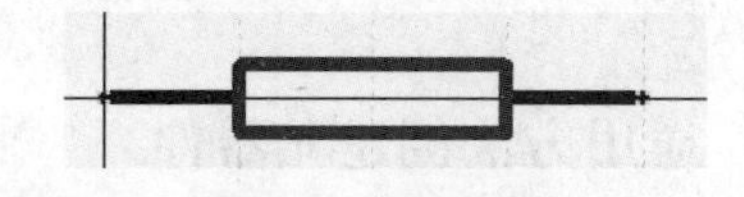

图 9-13　电阻封装

9.3.4　利用向导器创建元器件

在设计原理图符号的时候,往往会遇到拥有很多封装引脚的芯片,特别是以 BGA 类型封装的芯片,其引脚数量可以达到成百上千个。如果用手工的方式,一个一个地放置引脚,然后编辑引脚名称和编号,这样会显得非常烦琐。

这里以创建一个 STM32F103C8T6 芯片为例,介绍 Symbol Wizard 功能。

① 先新建一个 STM32F103C8T6 元器件,步骤同上文。

② 根据 ST 官方的 STM32F103C8T6 数据手册(可登录 ST 官网,获得相关手册,这里不再提供),明确其封装引脚。

③ 执行“工具”→“Symbol Wizard”命令，弹出向导对话框。

④ 对于 STM32F103C8T6 而言，其拥有 48 个引脚，因此在 Number of Pins 处，输入 48，然后选择 Layout Style（布局样式），可以选择 Quad side（四边形），如图 9-14 所示。

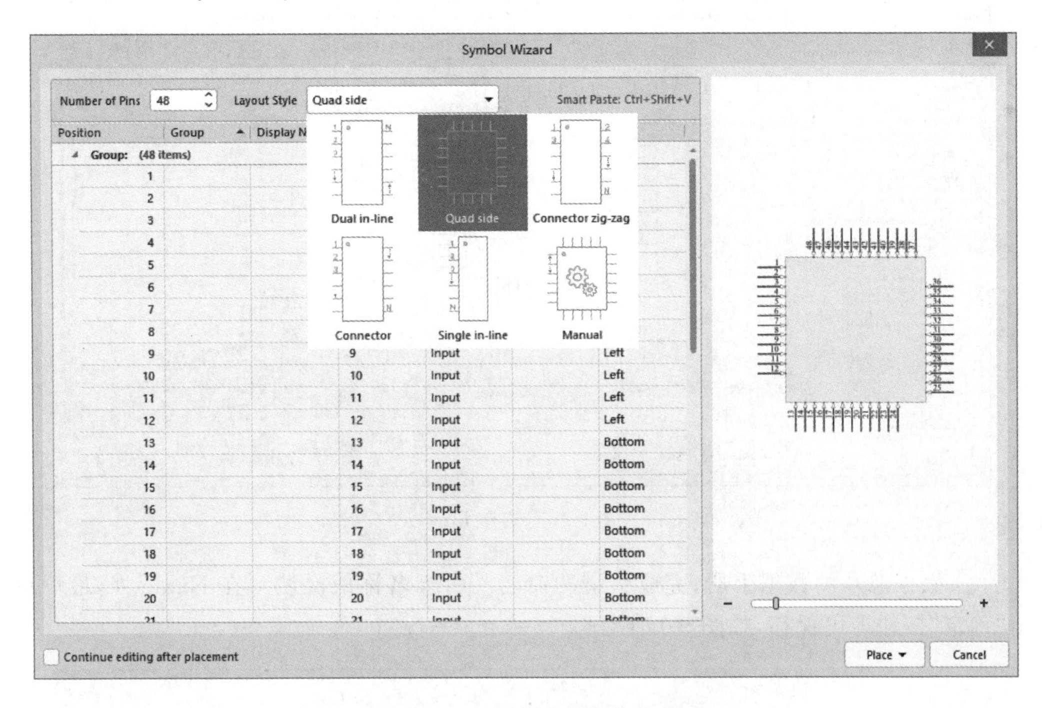

图 9-14 选择创建封装的样式

⑤ 根据 STM32F103C8T6 数据手册，完成对每一个引脚的修改。修改完成后，单击图 9-14 右下角“Place”按钮，放置在图纸的合理位置，完成创建，如图 9-15 所示。

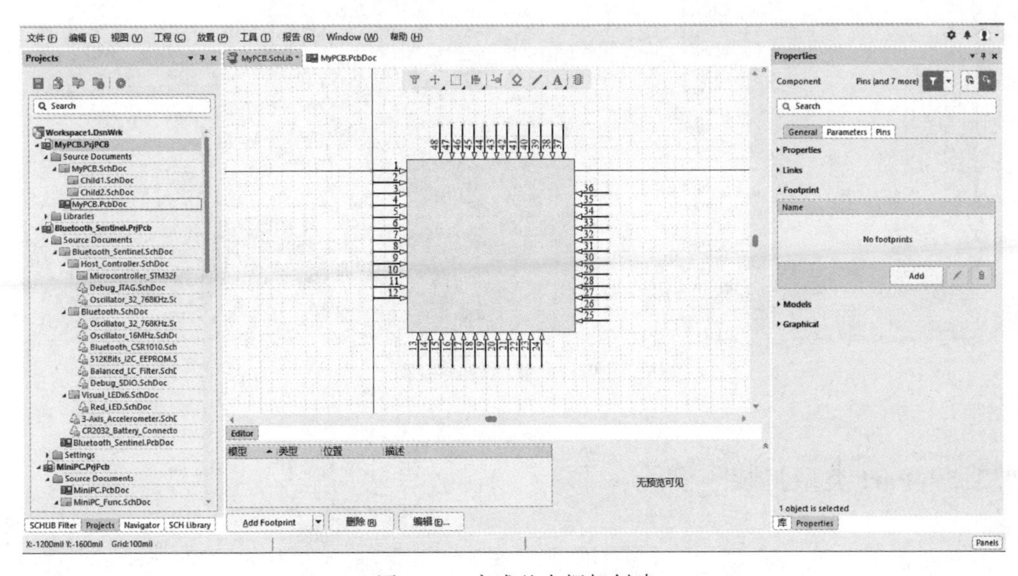

图 9-15 完成基本框架创建

⑥ 对引脚进行批量修改。在元器件的 Properties 面板内,选择 Pins,随意双击其中一个 Pin,即可打开批量修改界面,如图 9-16 所示。

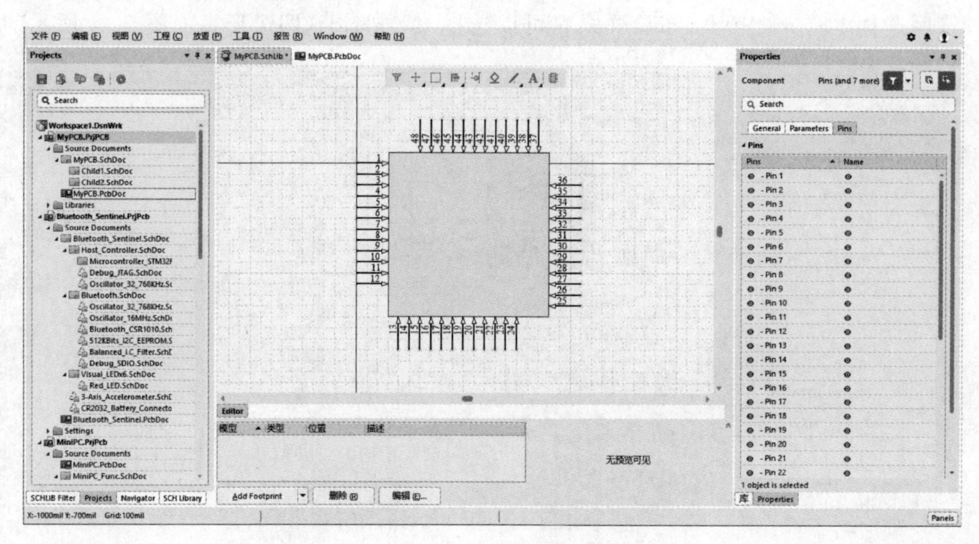

图 9-16　选择 Pins

⑦ 根据芯片的数据手册,完成引脚的命名。引脚名称依次填写在 Name 处,最后单击“确定”按钮即可保存,如图 9-17 所示。

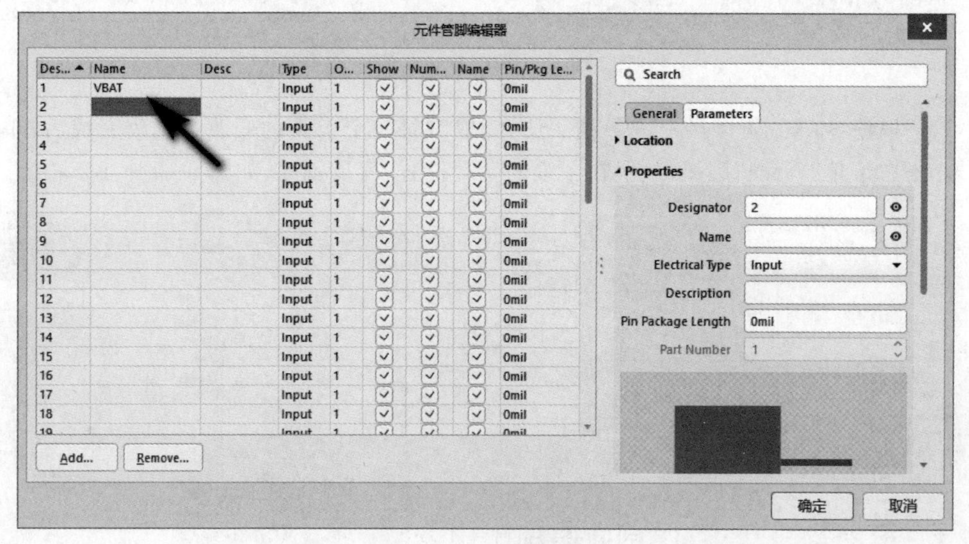

图 9-17　批量修改引脚

9.3.5　Part 类型封装

在绘制原理图的时候,会经常遇见在一些芯片上有些部分是重复的,如一些 AD 转化芯片。还有一些芯片的引脚数量特别多,如 CPU,其引脚数量可能达到 1 千个左右,如果将其放在一个元器件封装库中,引用起来非常不方便,这个时候就可以利用 Part 功能,为一个元器件创建多个 Part。

这里以 LM393 为例，创建一个以 Part 类型封装的元器件。需要注意，在原理图的封装中，Part 的数量不受限制。

在 LM393 的数据手册中，可以得到该芯片的基本信息，该芯片的引脚示意图如图 9-18 所示。从图中可以看出，从功能上可以分成两个功能一致的部分，因此在进行绘制封装库的时候就可以绘制两个 Part 部分，而每一个 Part 部分的功能一致。

创建步骤：

① 按照上文的方式，创建一个元器件。

② 右键单击图纸的空白区域，弹出菜单栏，执行"工具"→"新部件"命令，如图 9-19 所示。部件的数量至少是 2 个。

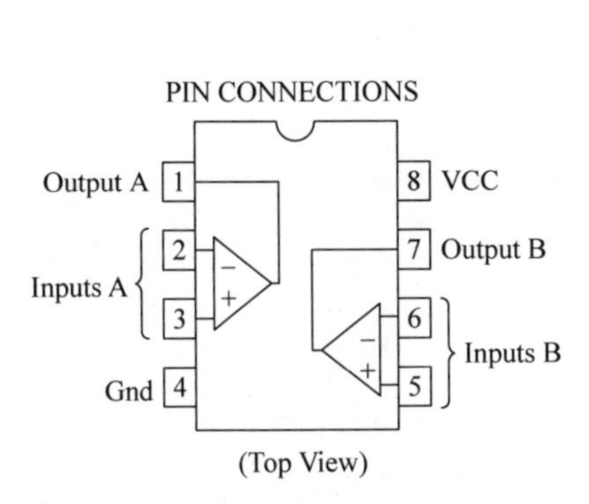

图 9-18　Pin Connections

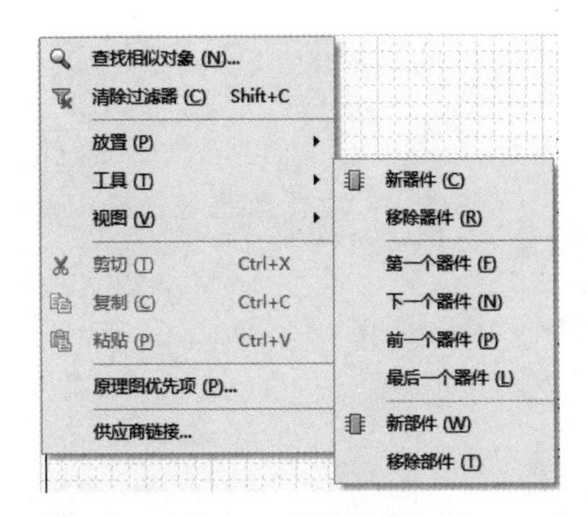

图 9-19　添加 Part

③ 选择启动一个 Part，例如 Part A，在其内绘制一个元器件符号，创建完毕之后，可以在 Part B 中再次创建第二个。正常情况下，元器件的封装不允许出现两个引脚编号相同的情况，但在 Part 设计中，在不同的 Part 里，允许出现相同的引脚标号，如图 9-20 所示。

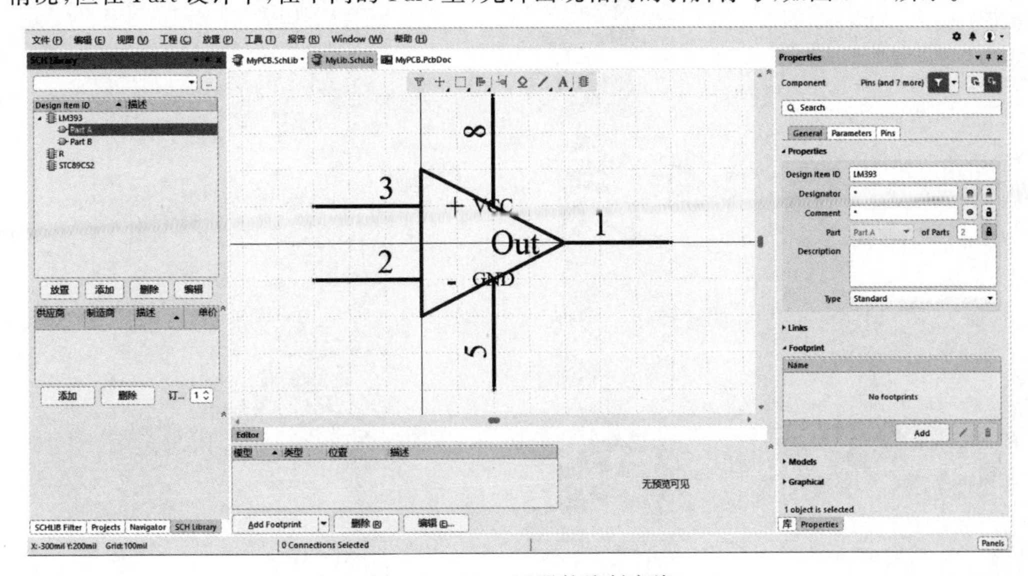

图 9-20　Part 元器件绘制完毕

9.4 本章小结

通过本章的学习,你已经基本掌握了创建一个原理图元器件符号的技巧,在后续学习和工作中,只需要稍加练习,此技能便可以得到提升。

在绘制原理图封装库时,应当善于使用一些特殊专用符号来描述具体所绘制的元器件,做到见图知意的效果。

第10章 PCB封装库

PCB 封装往往对很多人而言是一件非常烦琐的事情，如果手上没有现成的 PCB 封装库，则需要自己手动一个一个地创建，那将令人非常头疼，尽管如此也不能一味地希望别人帮助自己创建相关的封装，万一别人为你提供的封装和你所需要使用的元器件不相符合，那将是一件非常麻烦的事情。通过本章的学习，你将掌握几种常见的 PCB 封装库的创建方法，因此请务必掌握最基本的操作。

视频讲解

10.1 集成库概念的延续

一个 PCB Layout 工程师主要的精力还是集中在 PCB 的相关设计中，无论是在公司专门从事 PCB 设计还是接收外包项目，一般都是由设计者为你提供相关的原理图，指明具体元器件的封装，由你来完成剩下的 PCB 设计任务，因此 PCB 的封装库是设计一个良好的 PCB 主板最基本的单元。

上文我们已经详细介绍了相关集成库的概念。本章将继续学习集成库中另一重量级“库”——PCB 封装库，也称 Footprint 库。原理图元器件库的设计在实际操作中随意性比较大，只要保证引脚的正确性，基本上不会有什么严重问题，但 Footprint 的设计要严格遵守相关标准，只要设计上出现些许差错，很可能会导致整块 PCB 主板报废掉，而现在主流的 PCB 封装库的参考标准是 IPC 标准。

10.1.1 IPC 标准

所谓封装是把集成电路装配为芯片最终产品的过程，简单地说，就是把 Foundry 生产出来的集成电路裸片(Die)放在一块起到承载作用的基板上，把引脚引出来，然后固定包装成一个整体。

为了让每一个芯片生产厂家生产的芯片能够遵循一定的规范，而不是各自按照各自标准生产，国际电子工业联接协会(IPC)制定了相关规范，以此进行统一约束。IPC 主要提供行业标准、认证培训、市场调研和政策宣传,并且通过支持各种各样的项目来满足这个全球产值达15000亿美元的行业需求。

10.1.2 常见PCB封装

封装按照不同的分类标准可以划分出多种不同的类型,例如可以分为贴片类型(SMT)和插脚类型等。贴片类型的封装库种类数量比较繁多,但市面上绝大多数的元器件采用贴片类型封装,少数的连接器、特殊元器件等则采用插脚类型封装。

常见贴片类型(因篇幅有限,省略参考图,可以自行从网上查找):BGA、CAPAE、CFP、CGA、CHIP、CHIPARRAY、CQFP、CRYSTAL、DFN、DIOSC、LCC、LGA、MELF、MELF(resistor)、MLD、Oscillator-Corner Lead、Oscillator-Side Lead、PLCC、QFN、QFP、SOD、SODFL、SOIC、SOJ、SON、SOP、SOT143、SOT223、SOT23、SOTFL、TO。

10.2 封装库设计界面基本功能

在正式绘制一个封装库之前,需要简单了解一下与绘制封装库相关的一些命令及属性。

10.2.1 放置焊盘

首先需要了解焊盘的作用是用于焊接元器件的,在具体焊接操作时,在焊盘上涂上锡膏,然后将器件的引脚与之贴合,加热后即可完成焊接。

焊盘的类型通常有两种,一种叫表贴焊盘,另一种叫插脚焊盘。从字面意思上就可以理解它们的各自用途。

(1) 放置表贴焊盘

表贴焊盘和插件焊盘均可以利用属性面板进行切换,下面看一下属性面板各个参数,如图10-1所示。

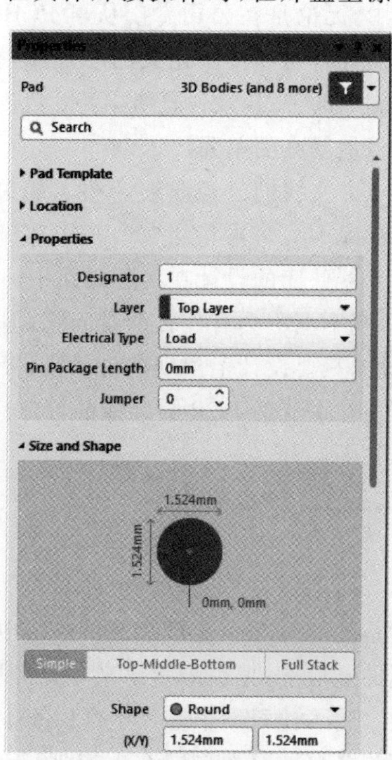

图10-1 属性面板

• Pad Template(焊盘模板)

建议使用默认模板,模板提供了创建焊盘的快捷参数配置,也可以自行定义一种模板。

• Location(位置)

这里指的是焊盘的中心点位于左边原点的相对位置,Rotation可以设置焊盘的旋转角度。当单击后面的锁型按钮之后,当前焊盘则锁定在指定位置而无法移动。

• Properties(属性)

Designator(编号):这里指引脚编号,需要注意,Footprint中的焊盘编号需要和上文中SCH元器件中的封装引脚标号含义和位置一一对应，不能有差错，否则将会出现严重问题；

Layer(层)：设置当前焊盘的所属层，这里的层种类很多，但有一个明显的区别，当设置为 Multi-Layer 时，焊盘被设置为插件焊盘，而当设置为其他层时，例如 Top Layer，则表示表贴。同时，其他参数也会随该选项编号的变化而变化；

Electrical Type(电气类型)：请选择 Load 类型；

Pin Package Length(引脚封装长度)：默认选择 0。

• Size and Shape(大小和形状)

这个属性类型在设计的时候使用频率最高，这里只针对表贴焊盘类型的焊盘进行介绍。表贴焊盘无过孔设置，因此只需要设置焊盘的尺寸和形状，如图 10-2 所示。

Shape：选择焊盘类型，共支持 Round(圆形)、Rectangular(矩形)、Octagonal(八边形)、Rounded Rectangle(圆角矩形)；

(X/Y)：用于设置焊盘的 X 和 Y 方向长度，可以根据示意图进行设置；

Corner Radius：如果选择形状为 Rounded Rectangle(圆角矩形)，这里可以设置圆角倒角比率；

Offset From Hole Center(X/Y)：指元器件偏离中心位置。

• Paste Mask Expansion

用于设置 Paste Mask 的值，这里建议使用默认值，焊盘会自动根据模板中的层宽度进行相关配置。

• Solder Mask Expansion

同上。

• Testpoint

测试点，如果需要作为测试点，则可以选择这个选项。

(2) 放置插件焊盘

插件类型的焊盘和上面的表贴焊盘的设置内容基本一致，不同的是在 Properties 中的 Layer 层应设置为 Multi-Layer 类型。

• Hole information

根据不同的加工需求，可以将过孔做成 Round、Rect 和 Slot 3 种类型，很多的加工板厂支持 Round 类型，如图 10-3 所示。

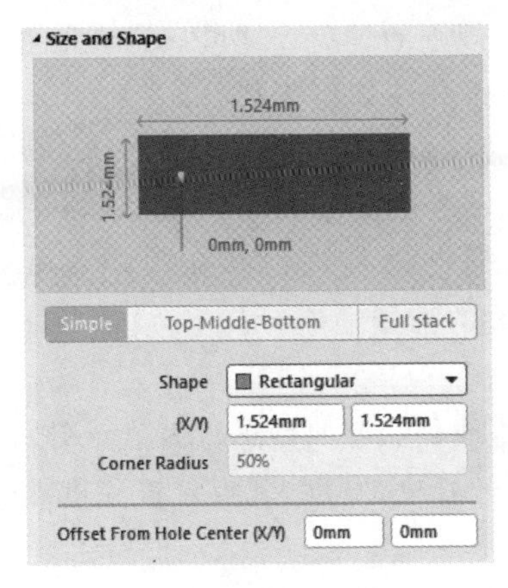

图 10-2　焊盘形状

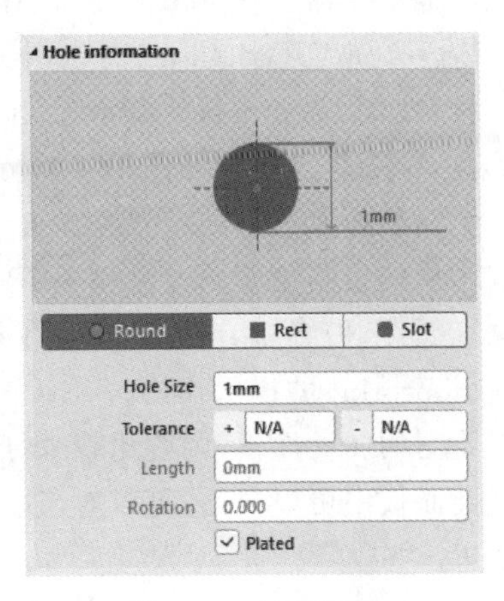

图 10-3　过孔形状

Hole Size：表示孔径大小；

Tolerance：公差；

Length：只有当过孔类型为 Rect 或 Slot 类型时才支持长度值；

Rotation：旋转角度，只有当过孔类型为 Rect 或 Slot 类型时才支持旋转角度；

Plated：表示是否镀铜，如果镀铜，则该过孔具有导电性，否则没有；在很多的设计中要求不能镀铜，例如一些元器件的定位孔等。

(3) Size and Shape

基本定义同上文的表贴焊盘。支持 3 种焊盘类型，即 Simple、Top-Middle-Bottom 和 Full Stack 类型，如图 10-4 所示。

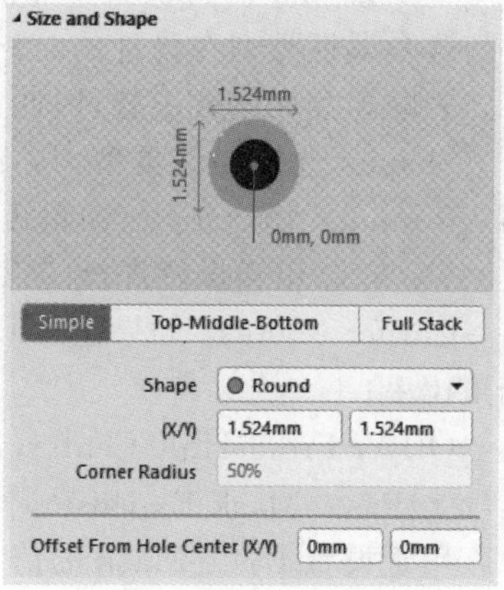

Simple：基本简单类型，支持形状选择，同上文表贴类型，只是最终中间会有一个过孔；

Top-Middle-Bottom：增强了 Simple 类型，可以自定义 Top 层、Middle 层和 Bottom 层的不同样式，每一层都可以归为 Simple 类型，同 Simple 类型的设置方法一致；

Full Stack：全栈类型，支持 Top 层和 Bottom 层两层自定义类型焊盘，定义焊盘的方式同 Simple 类型。

图 10-4　焊盘类型选择

插件类型的剩下内容和上文的表贴焊盘内容一致。

注意：当过孔的尺寸比焊盘的尺寸大时，该过孔焊盘就变成了一个没有电气连接属性的过孔。通常情况下可以利用该特性设置无电气属性的安装孔。

10.2.2　放置文字和绘图

在 Footprint 制作过程中，放置文字的情况非常少见，只有极少数的 Footprint 会使用此功能。而绘图命令在 Footprint 制作阶段使用非常频繁，可以用于绘制丝印层(Top Overlay 或 Bottom Overlay)，还可以用于绘制不规则的焊盘。这里只简单介绍一下工具的使用过程，在 10.3.3 不规则焊盘绘制中，将详细介绍如何绘制不规则焊盘，标贴焊盘样式如图 10-5 所示。

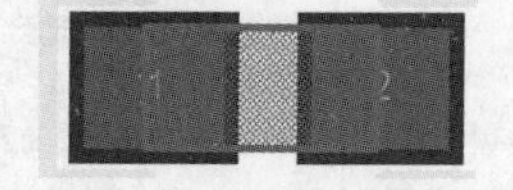

图 10-5　标贴焊盘样式

为一个封装添加丝印层，如图 10-6 所示，此图为电阻添加丝印层。丝印层的绘制也应当遵循相关 IPC 标准，但它并不实际影响相关电气属性，最终在 PCB 主板上将会有相关的油墨喷漆，用于对当前 Footprint 的提示作用。

对于绘图的属性面板，内容比较少，这里以直线的一些属性进行简单介绍。

从属性面板中可以看出，可以对当前绘制线的长度、宽度、起点位置和重点位置等参数进行设置。

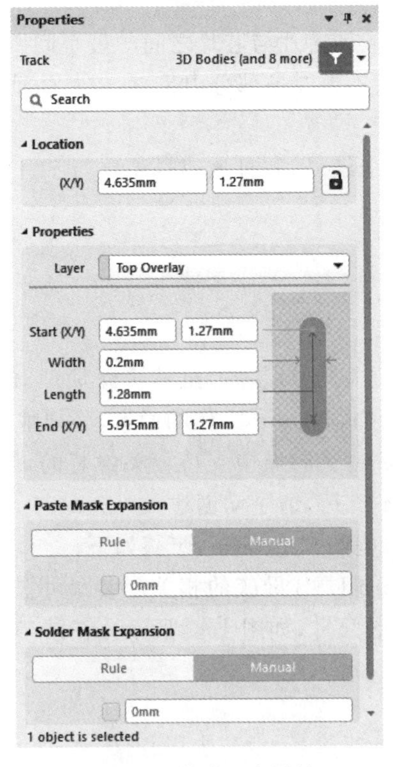

图 10-6 修改丝印属性

10.3 封装库的制作

PCB 封装库(Footprint)一般包括以下几个基本要素：(1)焊盘，要求和实物的焊盘数量对应，要求和原理图封装库的引脚编号对应；(2)丝印，用于描述封装库类型或描述封装库尺寸、位置、形状或 1 脚位置；(3)封装库尺寸边框，也可以称为边缘尺寸，可以绘制，也可以不绘制，用于描述封装库在 PCB 中应该占有的空间尺寸；(4)实物尺寸，用于描述具体实物尺寸所占据的空间尺寸，可以绘制，也可以不绘制。如果是更加丰富的元器件，则可能还包含 3D 模型等。

• 焊盘

严格意义上，一个芯片或者元器件最终需要和 PCB 主板连通，焊盘是最基本的，如果对于一些标识类型的封装，则不一定需要该要素。焊盘还需要包括阻焊层和助焊层等信息。在绘制不规则焊盘时，应当手动添加这些信息。

• 丝印

丝印主要用于对一个芯片的基本轮廓或形状进行描述，它是设计 Footprint 时必不可少的要素，虽然丝印并不在 DRC 中起作用，但没有丝印的 PCB 将会是混乱不堪的。

• 1 脚

1 脚并不是所有芯片都需要，例如电容、电阻则不需要标识脚，但对于必须要进行 1 脚标识的芯片，则 1 脚必不可少，否则无法确定芯片方向。

• 轮廓或芯片所占空间

主要用于对芯片所在区域和芯片与芯片之间的最小间距进行定义，一般在设计 PCB 的时候，建议芯片与芯片之间不要在该部分内重叠，但具体情况视实际情况而定。

• 引脚编号

每一个焊盘都应该有一个编号，并且该编号需要与 SCH 封装的编号一一对应，绝不能有错。

10.3.1 一般封装绘制

用一般封装库的创建方法创建封装库，虽然步骤烦琐，但其是创建封装库的最基本步骤，因此要求将来要从事 PCB Layout 工作的读者，必须掌握该方法。

在日常工作中，如果 IPC 封装向导中支持相关封装的，则可以选择 IPC 向导工具进行创建，如果 IPC 向导工具不支持，请手动创建。

绘制一款 Micro USB 母座的 Footprint，步骤如下。

① 获得您所购买的 Micro USB 母座的相关封装尺寸。一般情况下，销售商会为每一款所售元器件提供相关封装尺寸，如图 10-7 所示。在图 10-7 中，右上角的焊盘尺寸图就是需要绘制的 Footprint。

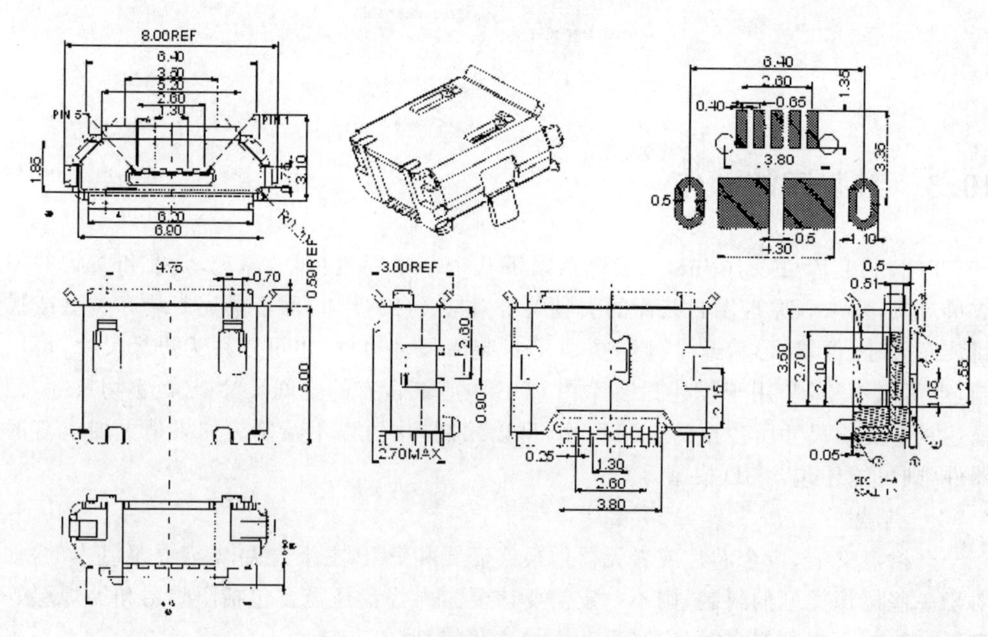

图 10-7 USB座尺寸(仅供参考)

② 分析元器件封装，特别是不规则元器件的封装尺寸，其中元器件可能包含的焊盘或者安装孔的种类比较多，但是最重要的是引脚焊盘的编号问题，对于 Micro USB 而言，其需要使用的是 5 个引脚，其中有 4 个引脚是需要工作的，因此编号需要和 SCH 封装库中的编号保持一致。

③ 为其添加 5 个引脚焊盘，其引脚编号从左向右依次为 1～5，如图 10-8 所示。

④ 为其添加中间加固焊盘，如图 10-9 所示。注意，这两个焊盘并不是引脚焊盘，因此在引脚命名的时候，可以选择命名为 0 或者为空。

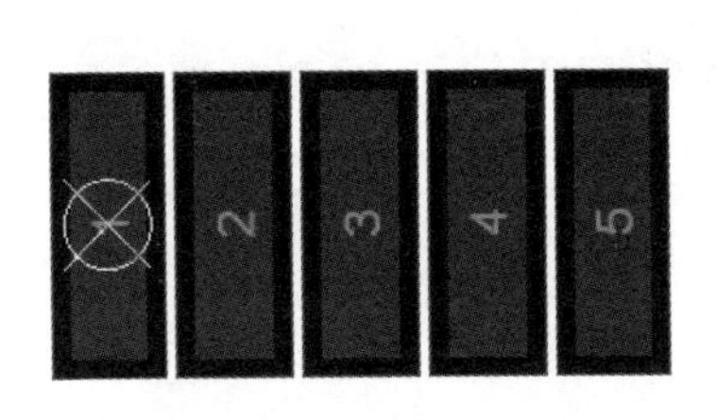

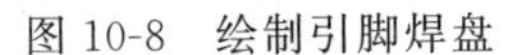
图 10-8　绘制引脚焊盘

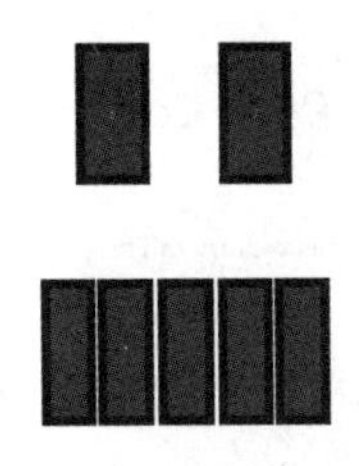
图 10-9　绘制底部焊盘

⑤ 为其添加引脚焊盘左右两侧安装孔，如图 10-10 所示，一般我们可以放置一个过孔，使其无电气属性，这样它就成为一个安装孔。引脚命名可以选择命名为 0 或者为空。

⑥ 为其添加适当丝印，如图 10-11 所示。以上相关操作，在上文的相关属性设置中均已介绍，请详细参考属性值对每一个对象属性进行详细设置。最后完成 USB 封装的创建。

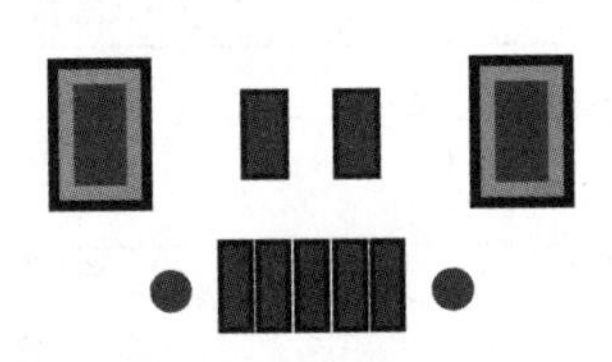
图 10-10　绘制焊接孔焊盘

图 10-11　绘制丝印

10.3.2　IPC 封装向导绘制

相比于其他方式创建 Footprint，IPC Footprint 方式在创建速度上明显快于其他方式，同时其创建的效果也比其他方式好很多。不足之处，IPC Footprint 方式只支持常见几种标准封装的创建，而无法创建不规则类型的封装。

无论采用哪种方式创建封装，都需要严格参考具体元器件数据手册中所提供的封装尺寸，只有与之相符的封装才可用于设计生产。

下面以创建一个 PQFP 32 类型封装为例，为大家讲述以 IPC Footprint 向导工具创建封装的步骤。

① 工具→IPC Compliant Footprint Wizard 启动向导，单击“Next”按钮进入下一步，单击“Cancel”按钮取消，如图 10-12 所示。

② IPC Footprint 向导工具，支持的 Footprint 类型很多，例如 QFP、BGA、QFN 等烦琐封装，这里选择 PQFP 类型，单击“Next”按钮进入下一步，单击“Cancel”按钮取消，单击“Back”按钮返回上一步。

当选中具体的封装类型之后，在向导工具的右侧就会显示出其具体的实物图用于参考，如图 10-13 所示。

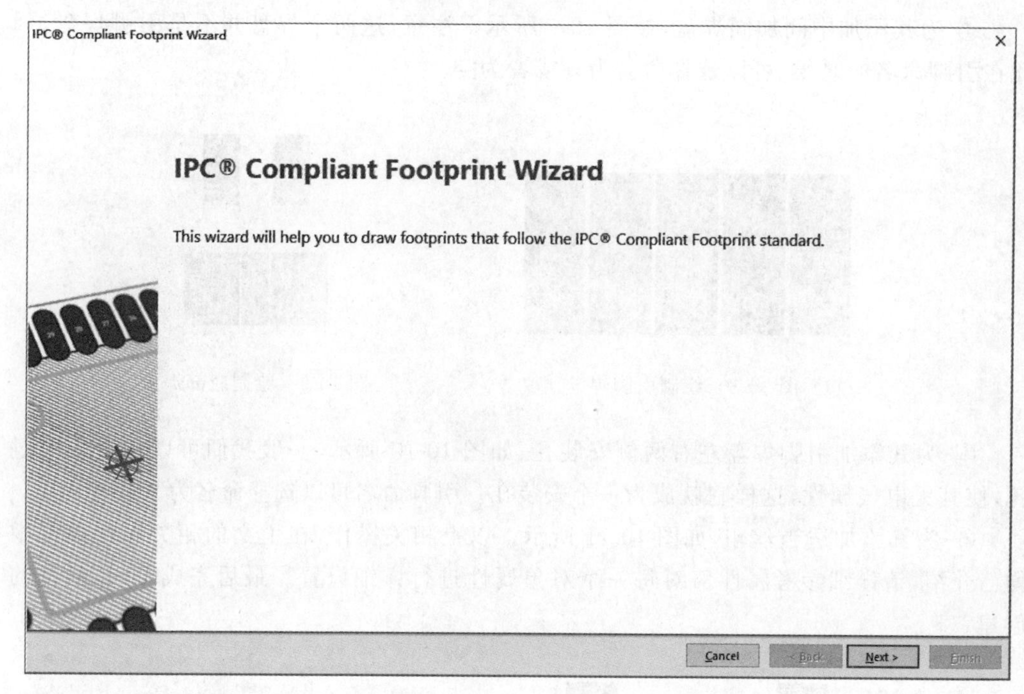

图 10-12　启动 IPC 封装向导器

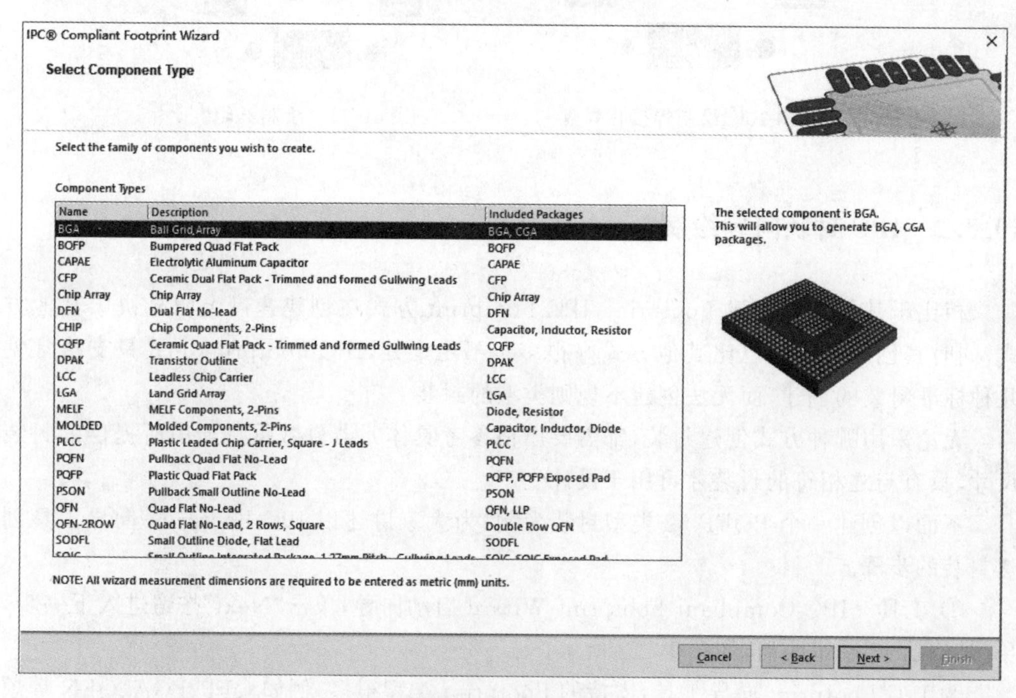

图 10-13　类型选择

③ 根据数据手册的封装尺寸，修改相关参数。例如，这里需要设计的是 STM32F103C8T6 所使用的封装，根据该芯片的数据手册，可以获得其相关数据，然后填入向导工具的参数中，如图 10-14 所示。这里在选择 Pin 1(俗称 1 脚)的时候，请选择左

上角位置，这里通常被作为1脚，单击"Next"按钮进入下一步，单击"Cancel"按钮取消，单击"Back"按钮返回上一步。

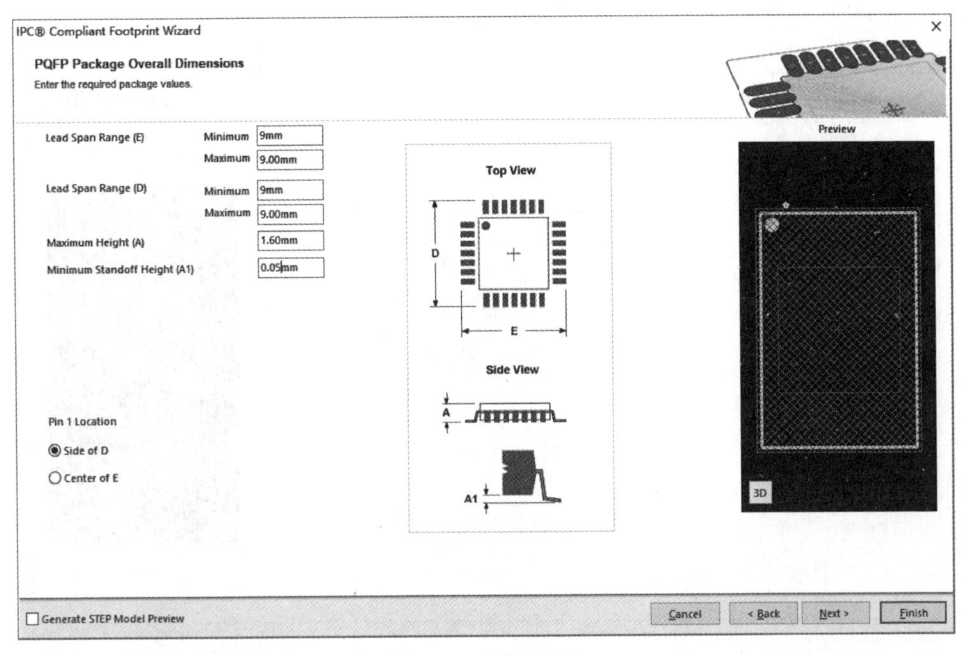

图 10-14 设置参数

④ 继续根据数据手册上的参数进行设置，如图10-15所示。当该向导页面参数被设置完之后，我们可以看到右图基本封装样式显示出来了，单击"Next"按钮进入下一步，单击"Cancel"按钮取消，单击"Back"按钮返回上一步。

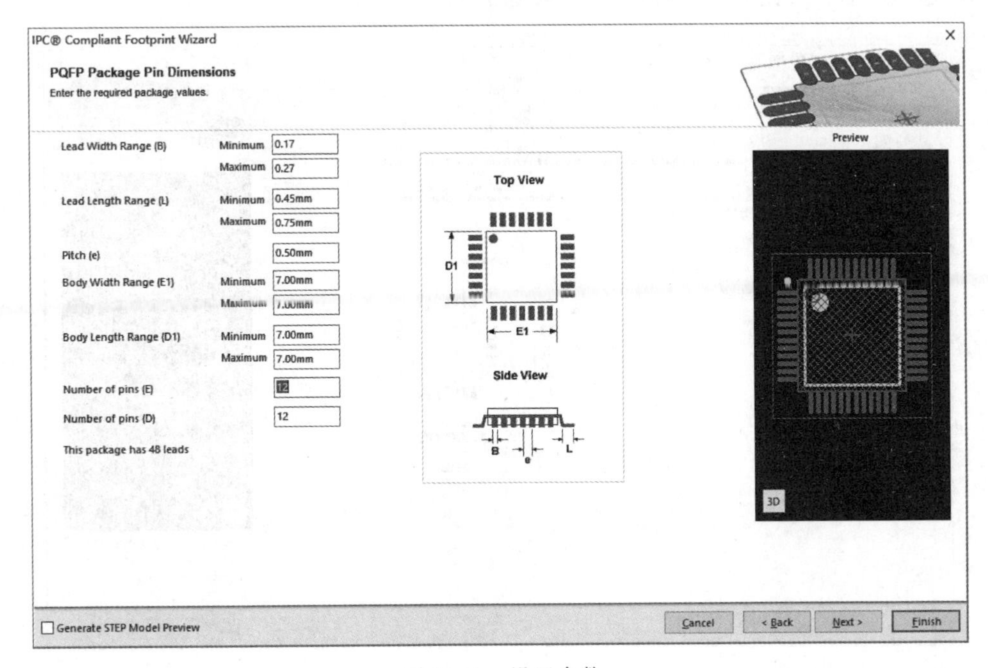

图 10-15 设置参数

⑤ 对于一些QFP类型的芯片,中间有接地焊盘,但是STM32F103系列的芯片中间是不需要加焊盘的,所以这里不用选择,如图10-16所示。单击"Next"按钮进入下一步,单击"Cancel"按钮取消,单击"Back"按钮返回上一步。

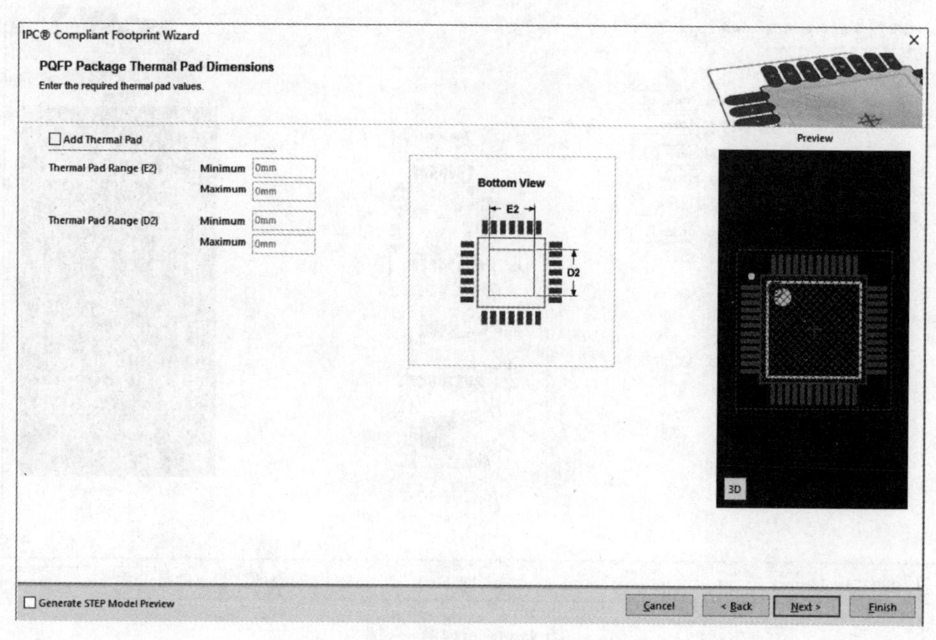

图10-16　选择底部是否需要焊盘

⑥ IPC向导工具还支持设计引脚间的间距,一般芯片生产厂按照标准封装对芯片进行生产,这里可以不用设置,采用默认值,如图10-17所示。单击"Next"按钮进入下一步,单击"Cancel"按钮取消,单击"Back"按钮返回上一步。

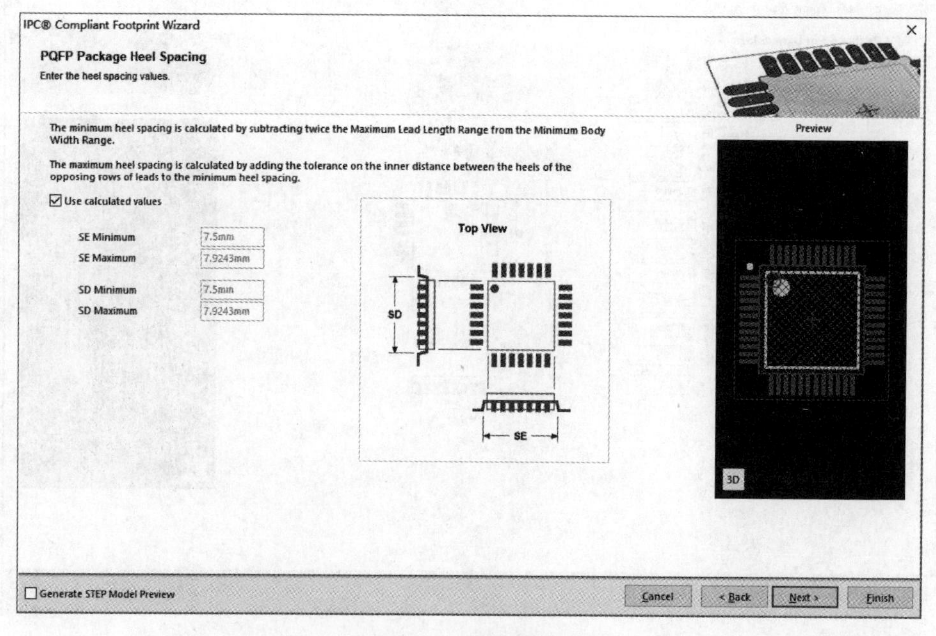

图10-17　选择1脚位置

⑦ IPC 向导器还考虑到了封装在焊接时的锡膏凝固因素，因此还可以根据锡膏特点进行相关配置，这里请选择默认情况，基本适用于市面上的多数加工厂家的生产加工工艺要求，如图 10-18 所示。单击“Next”按钮进入下一步，单击“Cancel”按钮取消，单击“Back”按钮返回上一步。

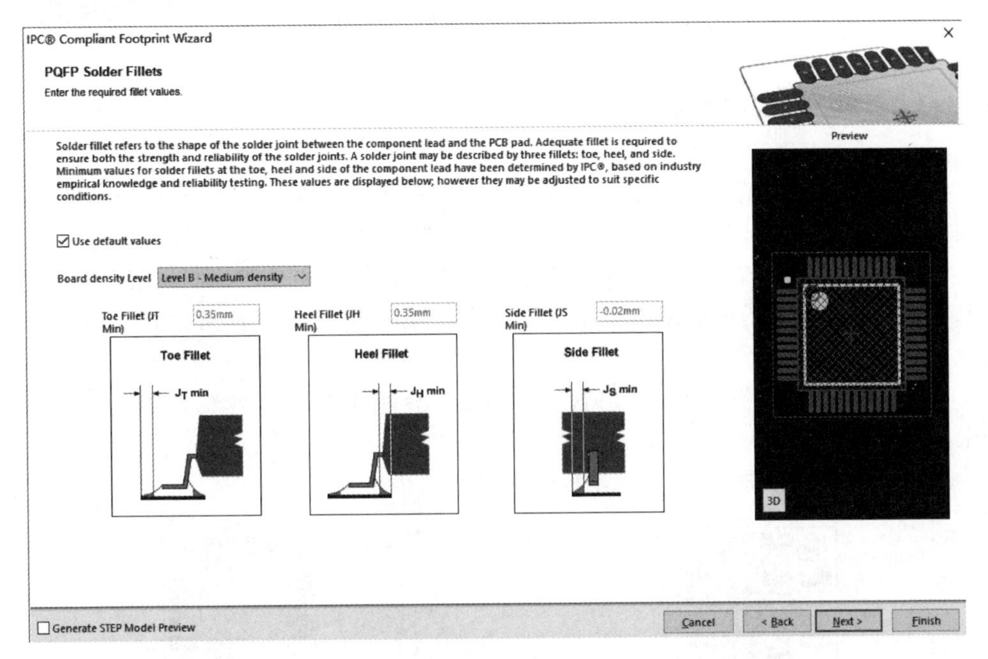

图 10-18　焊盘焊接类型

⑧ 封装公差，请选择默认值，如图 10-19 所示。

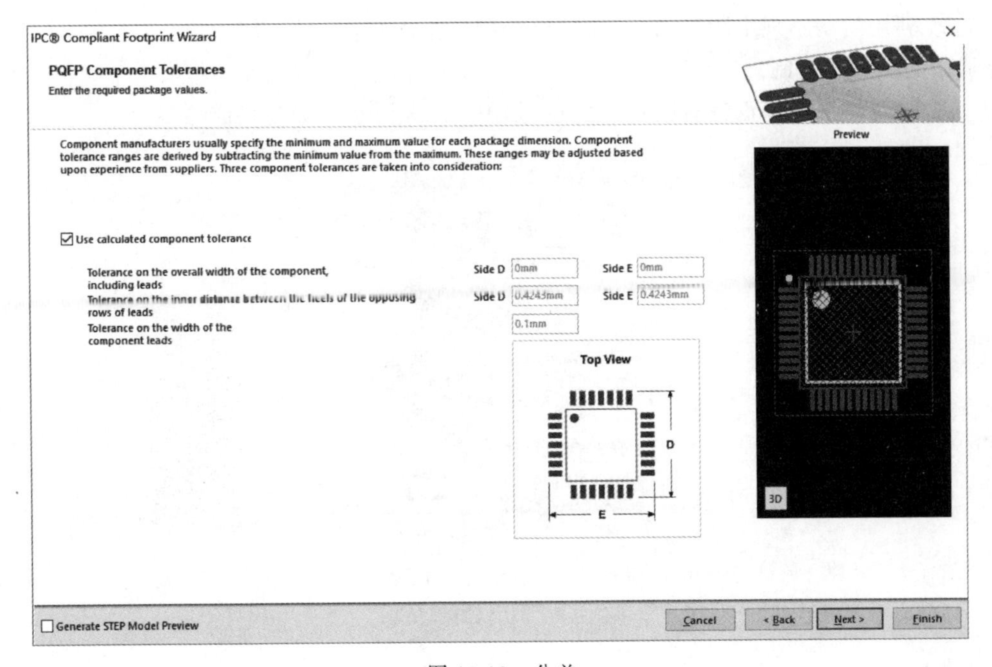

图 10-19　公差

⑨ 余下的相关尺寸配置均选择默认值,当创建完成之后,我们可以看到,此时一个 QFP 类型的封装已经创建,如图 10-20 所示,该封装可用于相关芯片的 PCB 设计。

虽然这个封装已经被创建了,但是我们还应该仔细看一下封装的相关层所代表的含义,以及一个完整封装应该必须的几个要素。

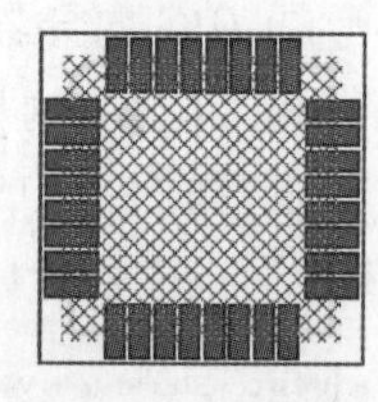

图 10-20　完成绘制

10.3.3　不规则焊盘绘制

所谓不规则焊盘就是除放置焊盘命令可以直接放置的形状以外的其他形状焊盘,例如天线可以利用不规则焊盘进行绘制,一些增强连接强度的焊盘可以利用不规则焊盘进行绘制。绘制不规则焊盘的思路:①先利用规则焊盘和一般绘制封装库的步骤完成基本结构的绘制;②再绘制不规则图形,将已经绘制好的焊盘覆盖,完成不规则焊盘绘制。

下面以一个带底部焊盘的 QFN 封装为例,介绍不规则焊盘的绘制,如图 10-21 所示。

① 先绘制规则焊盘,完成基本结构绘制,如图 10-22 所示。

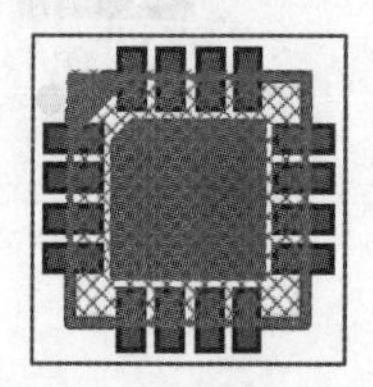

图 10-21　不规则焊盘绘制

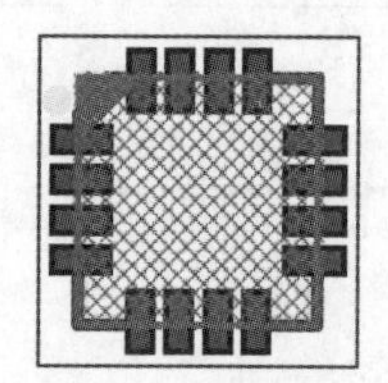

图 10-22　先绘制基本规则部分

② 利用绘制不规则图形命令,在表层绘制一个不规则区域,尺寸应该按照芯片数据手册中的尺寸来定制。

③ 设置不规则焊盘带有阻焊层信息,如图 10-23 所示。最终完成绘制。

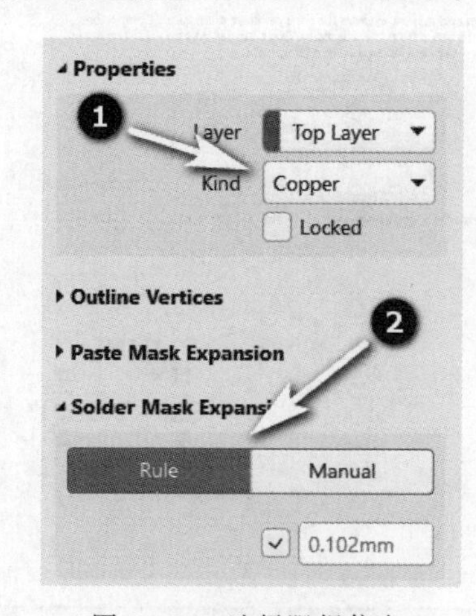

图 10-23　选择阻焊信息

在不规则焊盘中，需要选择 Layer 层为 Top Layer 或 Bottom Layer，而 Kind 应该设置为 Copper，并且应该添加 Solder Mask，所以选择 Rule 方式，它会根据默认规则自动添加 Solder。

10.3.4 放置 3D 模型

Altium Designer 支持放置 STEP 格式的 3D 模型，Footprint 配置 3D 模型可以绘制出接近实物的完整 PCB 主板，其外观优美、实用性极强，对验证当前 Footprint 和 PCB 布局是否合理起到很大的作用。这里以上文创建的 PQFP-32 封装为例。

使用视图→切换到 3D 模式，可以查看 3D 视图，利用上文的 IPC 自动生成的 Footprint，可以看到其为我们自动生成了一个默认的 3D 模型，但其外观并不是非常符合实物，我们可以先利用三维建模软件设计好 3D 模型，然后生成 STEP 格式文件，再将其导入。

① 先删除原有 3D 模型。选择 3D 模型，按下 Delete 键，直接删除。

② 单击“放置”按钮进入下一步，单击“Cancel”按钮取消，单击“Back”按钮返回上一步 3D 元器件体，并按下 Tab 键，切换至属性修改面板，选择 Generic 类型，然后在 Source 中，单击“Choose…”按钮，如图 10-24 所示，选择一个 3D 模型文件，当然，这里还可以选择 $X/Y/Z$，以及调整 3D 文件的高度，最终使你导入的 3D 模型文件可以完美匹配当前的封装。

③ 调整后的 3D 模型封装，可以看到它基本接近实物效果，如图 10-25 所示。

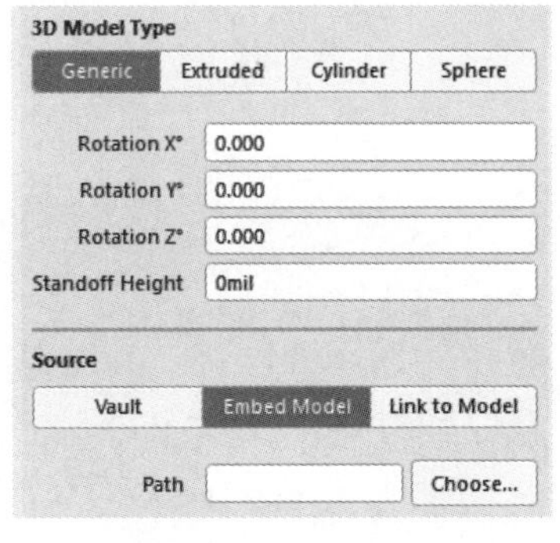

图 10-24 加载 3D 模型

图 10-25 3D 模型显示效果

10.4 本章小结

本章对在 Altium Designer 下如何创建一个元器件的封装流程进行了详细介绍，但现在已经存在的元器件的种类成千上万，对于不同的元器件的封装创建，都遵循相关设计标准。在日后的相关工作中，只需要稍加练习，就能掌握相关技巧。

高 级 篇

第11章 PCB高速电路

最新版本的 Altium Designer 为高速电路的设计带来了很多新的特性，并且官方宣传最新版本在高速 PCB 设计中表现不凡。

11.1 扇出功能

扇出功能在复杂的 PCB 设计中应用得非常频繁，特别是对带有 BGA 封装芯片的 PCB 主板来说，扇出操作是必不可少的。

元器件能够正常扇出的必不可少的条件：(1)为满足元器件内部的引脚间距与网络、过孔之间的最小间距要求，必须将元器件内部的线宽和间距调整到合适的大小，目前主流的 BGA 芯片，其焊盘间距最小可以达到 0.65mm 左右，因此内部线宽应该在 4/5mil 才能满足正常的扇出走线；(2)扇出过孔，内径和外径必须满足芯片内部焊盘与焊盘之间的最小间距，目前主流的 BGA 芯片的扇出，可能要求过孔应该满足内/外直径达到 8/12mil。

芯片的扇出操作可以分为两种：(1)手动自行扇出；(2)利用扇出命令，快速扇出。对于引脚数量较少，并且需要适用于不同网络走线的时候，应该采用第一种扇出方式。

11.1.1 自动扇出功能

这里以一个 BGA 的扇出为例，演示几种扇出效果。通常情况下，BGA 的内部引脚密度较高，按照绝大多数的 PCB 板厂 6mil 的最小线宽生产加工工艺无法满足要求，需要将 BGA 内部的线宽和间距修改至 4mil，然而很多 PCB 主板除了 BGA 以外，其他的元器件内部密度并不高，采用 6mil 的加工工艺即可以满足 PCB 主板设计要求。故此，只有 BGA 等高密度芯片的局部部位要求更高的加工工艺，为满足不同区域不同的线宽(等规则)的要求，可以混合使用 Room 规则来满足相关要求。

(1) 为 BGA 芯片创建合理的 Room 区域，并设置该 Room 区域只关心过孔和走线对象。操作步骤：

① 为BGA绘制一个合理的Room区域；②双击打开所绘制的Room区域，为其修改名称为相应名称，例如RM_CPU，如图11-1所示。

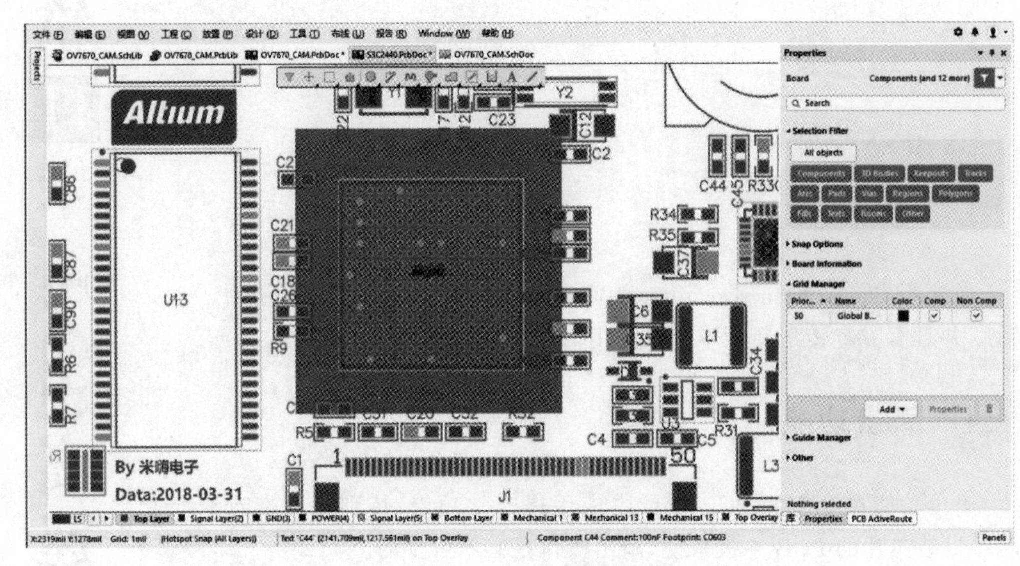

图11-1　Room效果

② 双击打开所创建的Room，添加相应的规则约束，目的是只关注Room区域内的走线和过孔。这里使用Custom Query语法，规则为(IsVia Or IsTrack)And OnTopLayer，如图11-2所示。

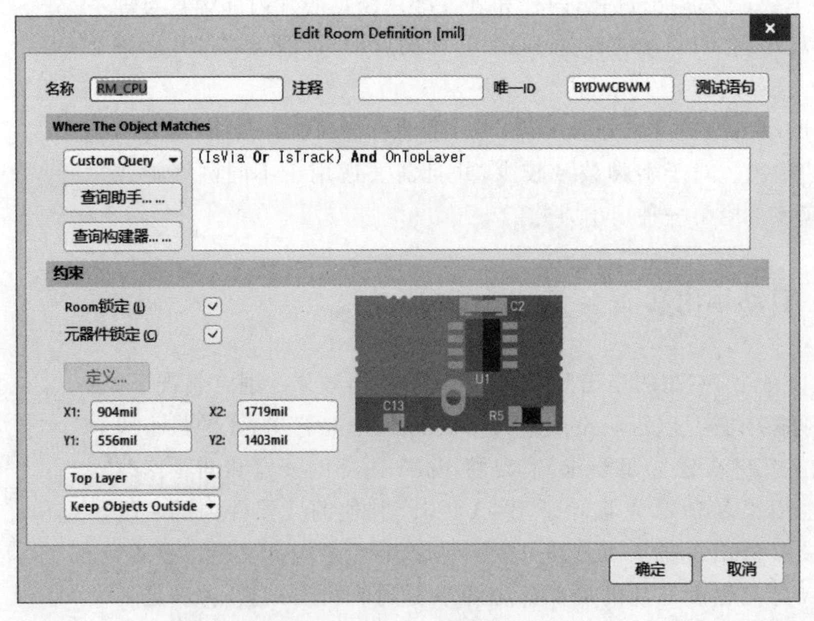

图11-2　Room参数配置

(2) 为当前Room的线宽和间距分别添加两个规则。

① 为Clearance_BGA，Custom Query语法使用WithinRoom('RM_CPU') AND

(IsTrack OR IsVia),表示在指定的 Room 内的过孔与走线到其他任意对象的间距,设置为 4mil,如图 11-3 所示。

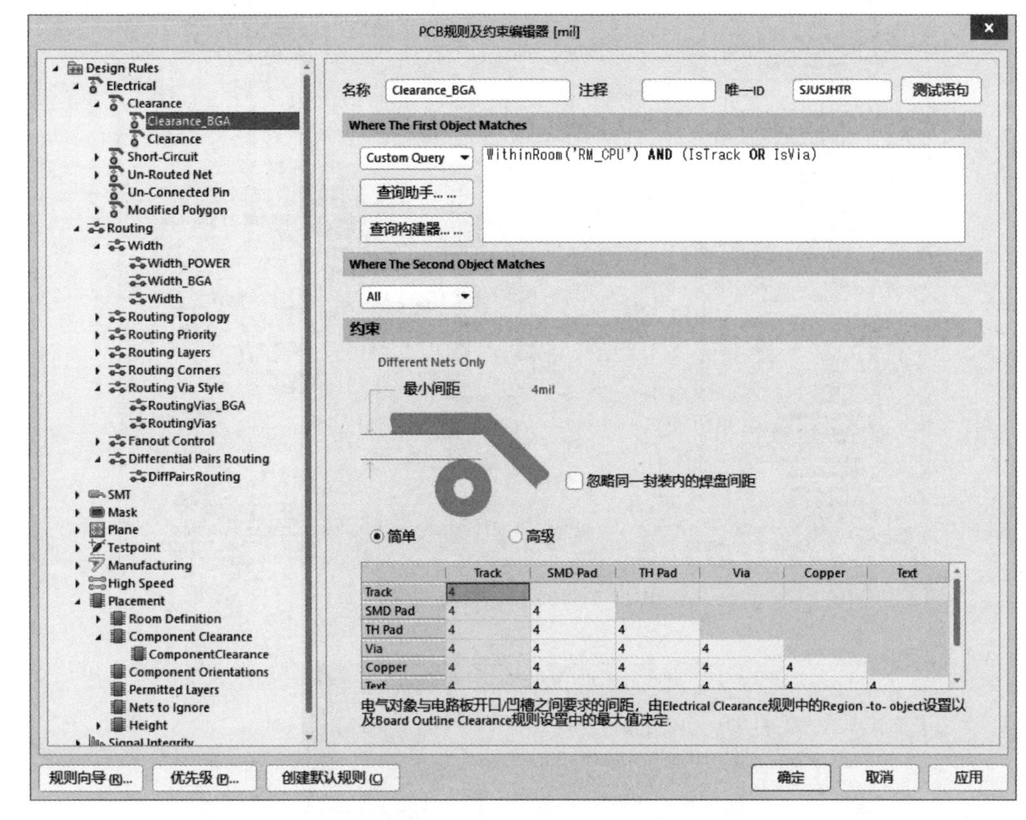

图 11-3　Room 内间距规则

② 为 Width_BGA,Custon Query 语法使用(WithinRoom('RM_CPU') AND IsTrack)　And OnTopLayer,表示指在指定 Room 内的走线的线宽为 4mil,如图 11-4 所示。

(3) 当约束规则设置好之后,启动自动扇出命令,布线→扇出→器件,弹出“扇出选项”对话框,如图 11-5 所示。内部有多种可选方案,通常情况下,建议不要扇出无网络的焊盘,并且在扇出完成后尽量不要包含逃逸线。自动生成逃逸线的结构,可以参考下文。

(4) 单击“确定”按钮,选择需要删除的元器件,进行自动扇出。可以看出,扇出之后,所有网络按照一种十字开花的方式,向四周进行自动连线和打过孔,如图 11-6 所示。

注意:如果扇出操作不成功,往往是因为最小线宽和最小间距规则不满足扇出条件,目前 4mil 最小加工工艺基本上属于板厂的最小加工极限。建议优先采用 4mil 或者 5mil 对 BGA 类型进行扇出,同时建议采用 Room 方式,约束局部线宽和间距,为 PCB 主板设计成功增加相应的保险。

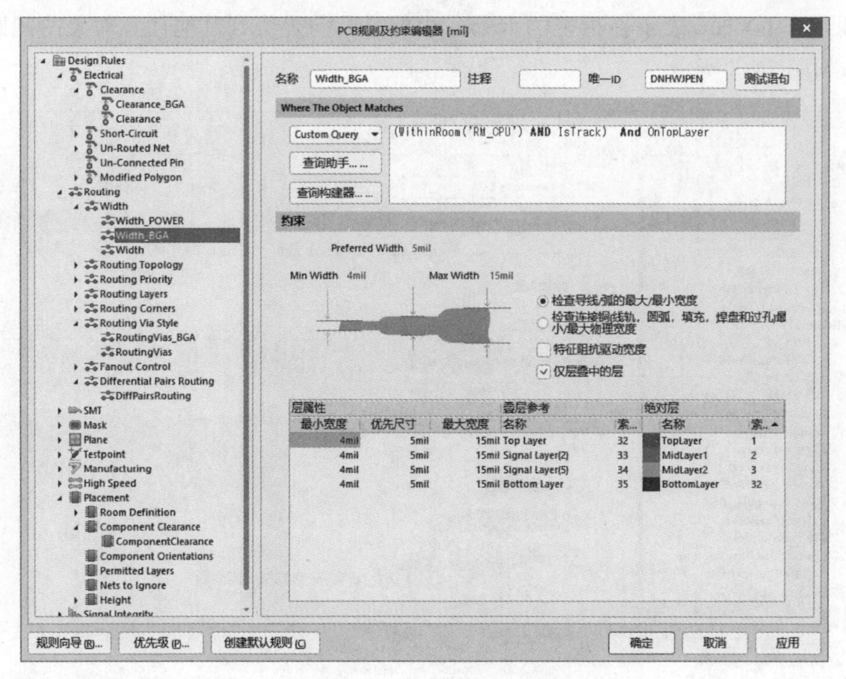

图 11-4　Room 内线宽规则

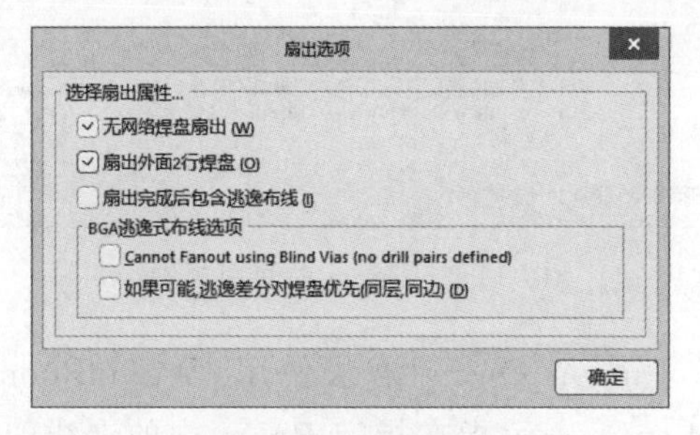

图 11-5　扇出选项

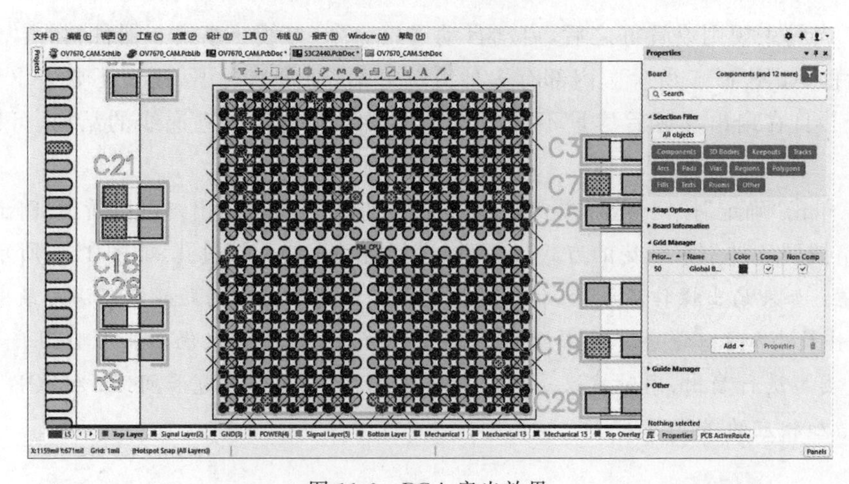

图 11-6　BGA 扇出效果

11.1.2 扇出操作中的其他效果

（1）自动生成逃逸线：当在选择扇出时，如果在扇出的结果中勾选了自动生成逃逸线，则在扇出之后，会在相应走线层中引出一些网络走线，这些走线往往是非常规则的，如图11-7所示。

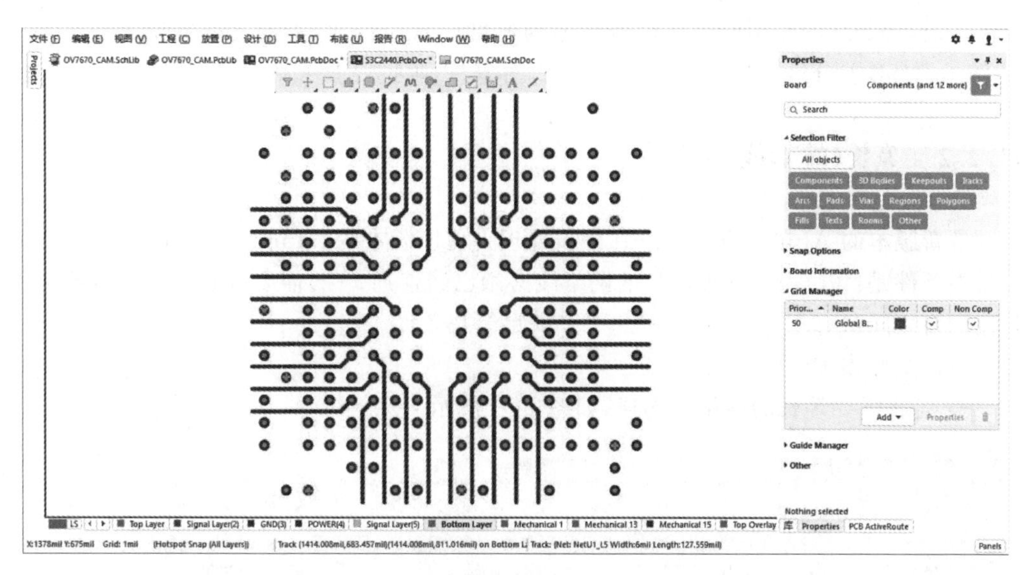

图11-7 BGA扇出逃逸线效果

（2）扇出时，不自动扇出最外两层焊盘。需要注意：如果最外层焊盘中有电源网络，并且已经添加了相关内电层，则同样会自动扇出最外两层，如图11-8所示。

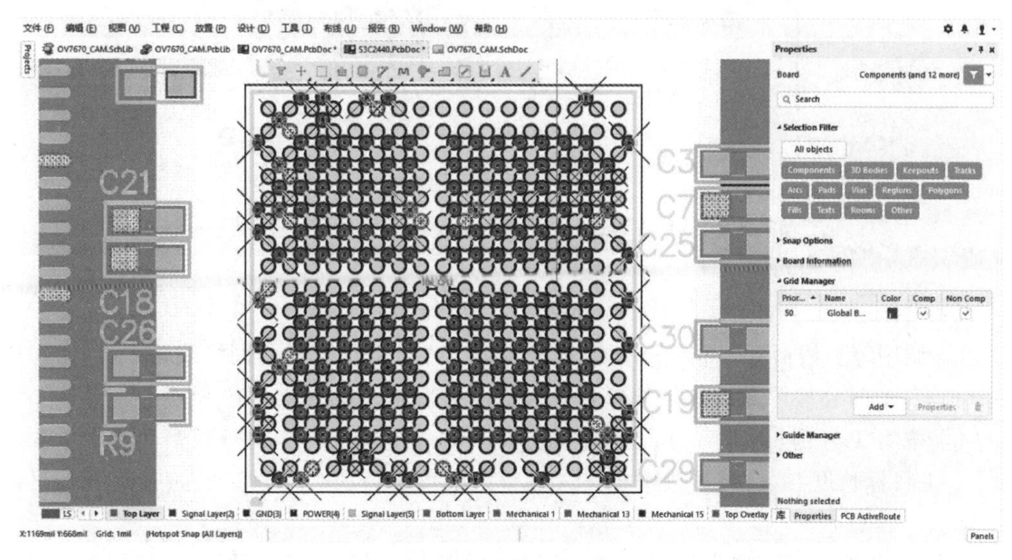

图11-8 BGA不扇出最外两层

11.2 等长线

11.2.1 等长线基本概念

等长布线是为了减少信号相对延时,常用在高速存储器的地址、控制线和数据线上,简单来说,等长线的作用就是让信号传输的速度一致。目前,主流上需要做等长处理的有 DDR、USB 差分等信号。主频速度越高,对等长、阻抗等要求则越严格。

11.2.2 等长(蛇形线)方法

最新版本的 Altium Designer 在等长处理上比旧版本的 Altium Designer 方便很多,但前提条件是:(1)需要处理等长的网络线必须已经连通;(2)需要等长的网络线必须与其他网络之间留有相应的间距,以此可以满足等长条件。

等长线操作步骤:

① 先将需要等长的网络线连通,如图 11-9 所示。

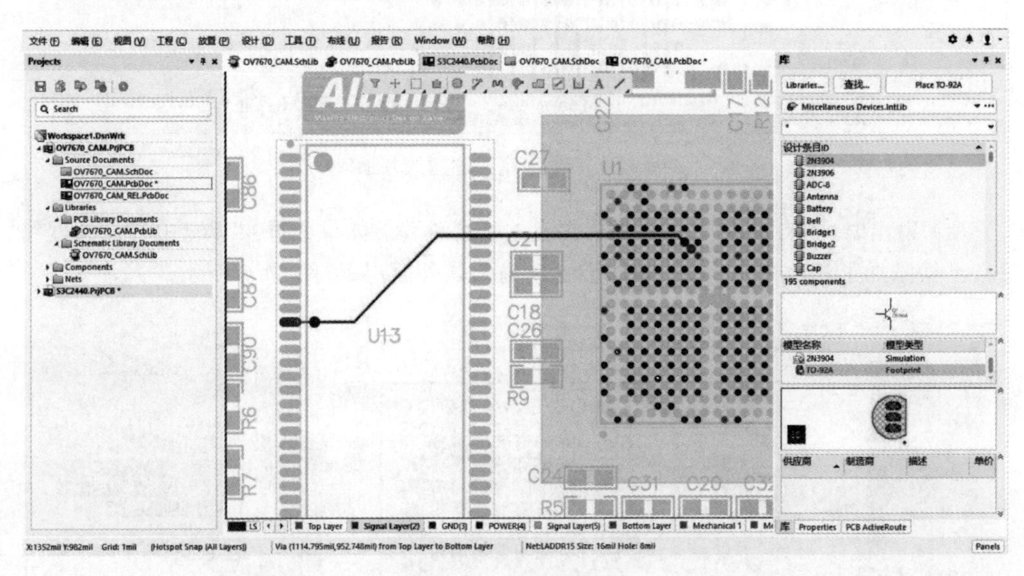

图 11-9 连通网络线

② 调用等长线命令。布线→网络等长调节。点选需要等长的网络线,并沿网络拉伸一定距离,此时会按照默认的等长参数进行自动蛇形走线,如图 11-10 所示。

③ 按下 Tab 键,调出 Properties 面板,如图 11-11 所示,可以对等长参数进行设置。

(a) 目标长度参数,该参数用于在调整布线长度时,提供一个参考,越接近该长度的网络线,则越良好。

(b) 等长线参数调整,可以看到共有 3 种类型。但无论选择哪种类型,基本上包括几个基本参数:步长、振幅和拐角大小。

④ 下图是圆弧形走线的一种参考图,如图 11-12 所示。

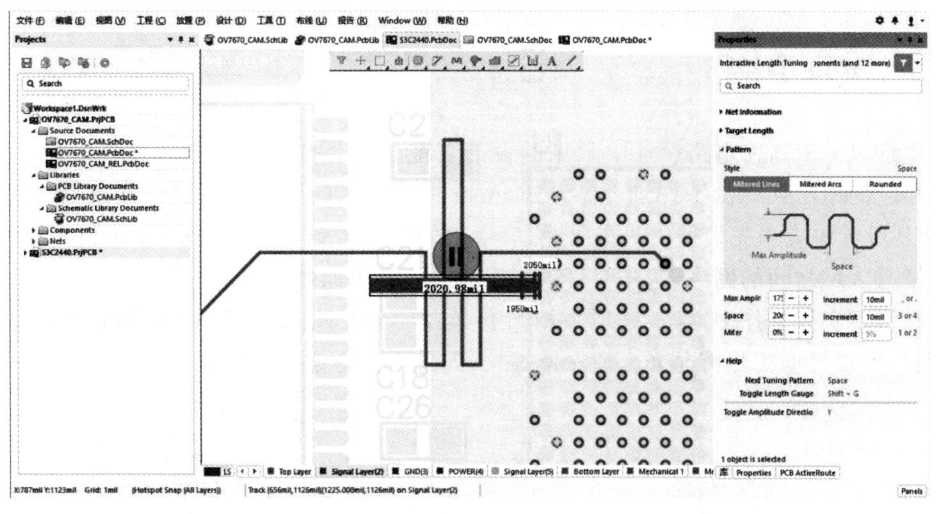

图 11-10　等长调节

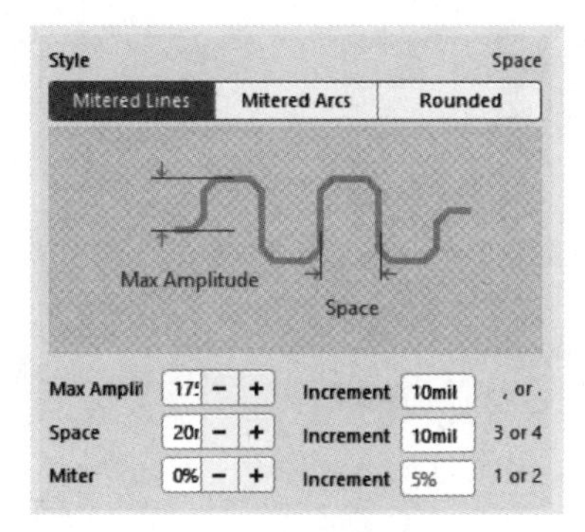

图 11-11　等长类型

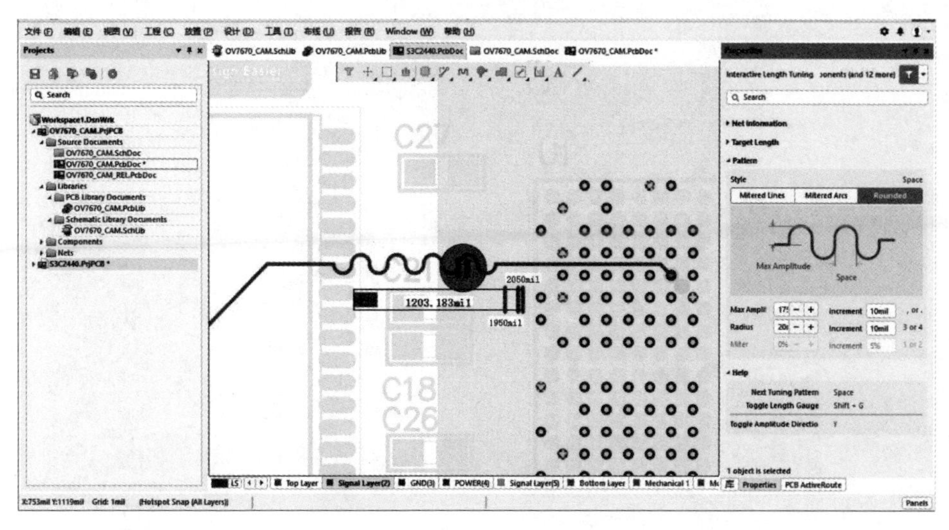

图 11-12　圆弧形等长

11.3 本章小结

本章对一般高速电路设计中常见的设计功能进行了介绍，对于高速、高密度的芯片进行相应的扇出处理做了详细介绍。BGA 或其他芯片的扇出是为了方便和优化走线，在 PCB 设计中应当先根据模块布局，然后扇出相应的外设网络，再利用整体走线思路走完区域与区域之间的网络，这样就可以实现有条不紊的布线。

在很多实际工作中，等长处理是相当有必要的，但并非需要绝对等长或者分毫不差的等长，可以根据实际情况来合理安排等长，因此不要为了等长而等长。

第12章 层叠与阻抗

随着电子技术的不断发展，在高速和射频电路中，对 PCB 产品的设计要求也越来越高，产品质量的把控也逐渐地转移到对 EMC 的品控之上。其中，在高速多层 PCB 设计上，因阻抗不连续或不匹配而导致的反射等现象是影响高速信号不稳定的主要因素，为了能够尽量减小因阻抗不匹配导致的反射等信号完整性缺失问题，有必要在设计高速或射频电路上进行阻抗计算和匹配。

12.1 阻抗

12.1.1 阻抗的概念

阻抗的概念：在具有电阻、电感和电容的电路里，对电路中的电流所起的阻碍作用叫作阻抗。阻抗常用 Z 表示，它是一个复数，实部称为电阻，虚部称为电抗，其中电容在电路中对交流电所起的阻碍作用称为容抗，电感在电路中对交流电所起的阻碍作用称为感抗，电容和电感在电路中对交流电引起的阻碍作用总称为电抗。

阻抗的单位是欧姆。阻抗的概念不仅存在于电路中，在力学的振动系统中也有涉及。

根据阻抗的类型，可以分成如下几种：

(1) 特性阻抗　在计算机，无线通信等电子信息产品中，PCB 线路中传输的能量是一种由电压与时间所构成的方形波信号(square wave signal，称为脉冲 pulse)，它所遭遇的阻力则称为特性阻抗。

(2) 差动阻抗　驱动端输入极性相反的两个同样信号波形，分别由两根差动线传送，在接收端这两个差动信号相减。差动阻抗就是两线之间的阻抗 Z_{diff}。

(3) 奇模阻抗　两线中一线对地的阻抗 Z_{oo}，两线阻抗值一致。

(4) 偶模阻抗　驱动端输入极性相同的两个同样信号波形，将两线连在一起时的阻抗 Z_{com}。

(5) 共模阻抗　两线中一线对地的阻抗 Z_{oe}，两线阻抗值一致，通常比奇模阻抗大。

其中,特性阻抗和差动阻抗是常见类型,其他类型遇到得不多。

阻抗的表达式,它是一个复数:

$$Z = R + i\left(\omega L - \frac{1}{\omega C}\right)$$

说明:负载是电阻、电感的感抗、电容的容抗3种类型的复物,复合后统称"阻抗",其中R为电阻,ωL为感抗,$\frac{1}{\omega C}$为容抗。

(1) 如果$\left(\omega L - \frac{1}{\omega C}\right) > 0$,称为"感性负载";

(2) 反之,如果$\left(\omega L - \frac{1}{\omega C}\right) < 0$称为"容性负载"。

12.1.2 特性阻抗

特性阻抗是一种特殊的阻抗,在高速电路设计中,特性阻抗和差动阻抗在设计过程中类似,这里只介绍特性阻抗。

特性阻抗,又称"特征阻抗",它不是直流电阻,属于长线传输中的概念。在高频范围内,信号在传输过程中,信号到达的地方,信号线和参考平面(电源或地平面)间由于电场的建立会产生一个瞬间电流,如果传输线是各向同行的,那么只要信号在传输,就始终存在一个电流I;如果信号的输出电平为V,在信号传输过程中,传输线就会等效成一个电阻,大小为$\frac{V}{I}$,把这个等效的电阻称为传输线的特性阻抗Z。

如果在信号传输过程中,因介质或其他因素导致阻抗不连续,就会引起反射现象,反射是信号完整性分析中非常重要的一个因素,它将会导致高速或射频电路中信号的失真,因此研究阻抗的目的就是进行阻抗匹配。只有进行阻抗匹配,信号才不会出现反射等现象。

特性阻抗的推导可以来自电报方程(因篇幅有限,推导过程可参考一些射频方面的书籍)。

12.1.3 PCB阻抗设计

影响特性阻抗的因素有很多,其中重要的是层叠设计,在下文的层叠内容中将重点介绍层叠的相关知识。

通常USB、DDR等电路都要求进行阻抗匹配,这时需要利用一些软件如Si9000等进行阻抗设计计算,最终根据PCB的层压结构,得到PCB布线时的线宽、间距等数据,然后再利用规则约束进行布线。

需要特别强调,特性阻抗需要进行匹配的那一层,一定要在上下层上有一个完整的参考面,参考面可以是GND,也可以是VCC。关于阻抗更多的知识,可以参考米嗨教育推出的《阻抗与阻抗计算》课程。

12.2 PCB层叠

理解特性阻抗产生的原因，就能明白，在高速板设计中，层叠是至关重要的。如果需要某网络有阻抗，并且该阻抗需要精确计算，则应当给它选择合理的参考平面，并且参考平面应当连续。

此外，在设计PCB电路之前，还应当先根据电路的规模、电磁兼容(EMC)等要求确定电路板结构，也就是确定采用4层、6层还是更多层结构。PCB层叠结构是影响PCB EMC性能的一个重要因素，也是抑制电磁干扰的一个手段。

12.2.1 PCB层结构与参数

这里以6层板为例，在PCB的最外层，分别是Top Overlay和Top Solder，可以认为是绿油层，该层在EMC性能分析中属于弱干扰因素。

从第1层到第6层，层与层之间夹杂的绝缘材质通常有Prepreg和芯板类型，分别简称为PP材料和Core材料。在PCB的生产工艺中，通常由基材、PP材料和铜板等组成，芯板材料就是表面均含铜皮的合成材料，可以理解为一个2层主板。如果是多层板结构，可以由多个芯板通过PP材料胶粘在一起，外表面再贴上铜皮组成。不同的板厂有不同的生产工艺，建议参考具体的板厂生产参数。

PP材料的种类有很多，常见的有7628、2313、2116等，不同的介质材料具有不同的介电常数，一定要结合厂家的具体生产工艺进行处理。

在Altium Designer层叠管理器中，启动层叠管理器，然后选择Presets→Six Layer模式，软件会自动帮助设计者生成6层PCB结构，但从生成的结构上可以明显看到，其中层1和层2之间的绝缘介质默认使用Core，而不是Prepreg，如图12-1所示。可以在Material一栏中切换不同的介质。这个默认配置可能和板厂提供的生产工艺略有不同，例如某PCB生产厂家的6层阻抗层压结构，1.2mm板的生产工艺参数，如图12-2所示。

		Layer Name	Type	Material	Thickness (mil)	Dielectric Material	Dielectric Constant	Pullback (mil)	Orientation	Coverlay Expansion
	✓	Top Overlay	Overlay							
	✓	Top Solder	Solder Mask/C...	Surface Material	0.4	Solder Resist	3.5			0
1	✓	Component Side	Signal	Copper	1.4				Top	
	✓	Dielectric 1	Dielectric	Core	12.6	FR-4	4.8			
2	✓	Ground Plane (GND)	Internal Plane	Copper	1.417			20		
	✓	Dielectric 3	Dielectric	Prepreg	5		4.2			
3	✓	Inner Layer 1	Signal	Copper	1.417				Not Allowed	
	✓	Dielectric 6	Dielectric	Core	10		4.2			
4	✓	Inner Layer 2	Signal	Copper	1.417				Not Allowed	
	✓	Dielectric 5	Dielectric	Prepreg	5		4.2			
5	✓	Power Plane (VCC)	Internal Plane	Copper	1.417			20		
	✓	Dielectric 4	Dielectric	Core	10		4.2			
6	✓	Solder Side	Signal	Copper	1.4				Bottom	
	✓	Bottom Solder	Solder Mask/C...	Surface Material	0.4	Solder Resist	3.5			0
	✓	Bottom Overlay	Overlay							

图12-1 6层板层叠结构

其中层1和层2之间选择的是Prepreg材料，而中间采用Core材料。

在层叠结构中，对阻抗计算有影响的参数如下：

层别	叠层	各介质层厚度	
顶层线路1		0.035mm	
压合PP(Prepreg)	2313*1	0.1mm	
中间线路2		0.0175mm	
芯板	core	0.365mm	0.4mm(含铜芯板)
中间线路3		0.0175mm	
压合PP(Prepreg)	2116*1	0.127mm	
中间线路4		0.0175mm	
芯板	core	0.365mm	0.4mm(含铜芯板)
中间线路5		0.0175mm	
压合PP(Prepreg)	2313*1	0.1mm	
底层线路6		0.035mm	

图 12-2　板厂参数示意

(1) 铜厚,即走线层铜皮厚度,通常使用单位盎司(Oz,$1Oz \approx 28.3g$)。它的含义是:一平方英尺的面积上铺上 $1Oz$ 铜后的厚度,就是 $1Oz$。虽然 Oz 是重量单位,但这里采用了归一化方案,变成了厚度单位。常见的有 $0.5Oz$、$1Oz$ 和 $2Oz$ 等。

因铜皮存在厚度,因此在具体加工时,每一根网络线并不是方方正正的,而是从横截面上看过去是一个梯形,铜皮厚度越大,这个梯形的上底和下底的长度之差越大。

(2) 线宽,该参数与特性阻抗呈反比,线宽越大特性阻抗值越小。

(3) 线间距。

(4) 介质厚度。

(5) 介电常数。

(6) 其他影响因素,除上述影响因素以外,还有绿油层的厚度等。

12.2.2　常见层叠设置

为了方便进行多层板层叠结构设计,这里列出了几种常见的多层板层叠方案,可供参考。

表 12-1　4 层层叠结构

层叠	方案 1	方案 2	方案 3	方案 4
Layer 1	Signal	VCC	GND	Signal
Layer 2	GND	Signal	Signal	GND
Layer 3	VCC	Signal	VCC	GND
Layer 4	Signal	GND	Signal	Signal

表 12-2　6 层层叠结构

层叠	方案 1	方案 2	方案 3	方案 4
Layer 1	Signal	Signal	GND	Signal
Layer 2	GND	Signal	Signal	GND
Layer 3	Signal	VCC	VCC	Signal
Layer 4	Signal	GND	Signal	VCC
Layer 5	VCC	Signal	GND	GND
Layer 6	Signal	Signal	Signal	Signal

表 12-3 8 层层叠结构

层叠	方案 1	方案 2	方案 3
Layer 1	Signal	GND	Signal
Layer 2	VCC	Signal	GND
Layer 3	GND	GND	Signal
Layer 4	Signal	Signal	GND
Layer 5	Signal	Signal	VCC
Layer 6	GND	VCC	Signal
Layer 7	VCC	Signal	GND
Layer 8	Signal	GND	Signal

其他更多层的层叠结构这里就不再列出了，可以从上述层叠结构进行对比设计。

虽然不同的设计师有不同的层叠方案，最终采用哪一种方案是需要结合实际开发情况来决定的，但可以简单地通过以上几种方案进行对比。

方案 1 是最常见的一种层叠处理方案，这种方案可以很好地处理特性阻抗，但同时会相应地增加 EMI 的影响，这种影响可以从信号完整性分析上得出结论。

其余几种方案在这里就不再进行分析了，对于 Altium Designer 技能设计方面只需要了解到如何正确设计层叠关系即可。

12.3 本章小结

特性阻抗在信号完整性分析中是一个长盛不衰的话题，也是高速电路中无法避免的影响因素之一。

对于一般的简单 PCB 主板，如单片机等，阻抗的影响因素较小。如果在日后的设计和工作中遇到了高速电路或者应当做相应处理的，应当考虑阻抗因素，本章只做简单介绍。如果你还需要更多信号完整性方面的知识，可以持续关注我们。

如果你还想学习更详细的阻抗知识，可以联系我们，购买阻抗设计课程，对具体的阻抗学习非常有帮助。

第13章 USB 3.0设计

USB 3.0 是新一代的 USB 接口，特点是传输速率非常快，理论上能达到 5Gbit/s，比常见的 480Mbit/s 的 High Speed USB（简称为 USB 2.0）快 10 多倍，全面超越 IEEE 1394 和 eSATA。外形和普通的 USB 接口基本一致，能兼容 USB 2.0 和 USB 1.1 设备。

USB 3.0 是较新的 USB 规范，该规范由 Intel 等大公司发起。USB 2.0 已经得到了 PC 厂商普遍认可，变成了硬件厂商接口必备。

USB 3.0 接口可以向下兼容 USB 2.0 的接口，因此它在网络定义上有和 USB 2.0 接口一致的地方。在有些情况下，USB Host 主机接口并非直接连接到 CPU 上，而是需要借助中间的 USB 转码芯片。

在 USB 的走线中，最需要注意的是 USB 的差分对，但在 Altium Designer 的帮助下，差分对的设计变得简单轻松。

13.1 USB 3.0 原理图

常用 USB 3.0 的原理图设计，如图 13-1 所示，其中 D+和 D−是在 USB 2.0 中经常出现的一对差分对，而对于 USB 3.0 而言，还多出了 SSTX−和 SSTX+、SSRX−和 SSRX+这另外两组差分对。其中 SSTX−和 SSTX+分别接 100nF 电容再与转码芯片连接。

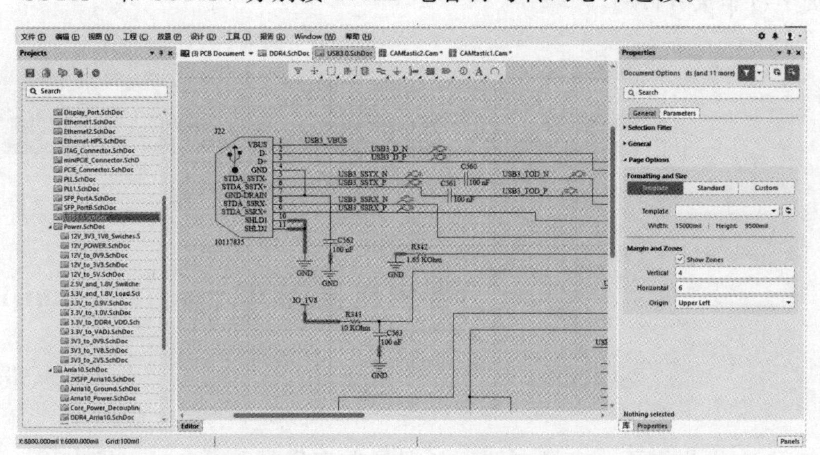

图 13-1　USB 3.0 原理图

13.2 差分对走线

在 PCB 设计中,先创建相应的差分对网络。

① 先启动 PCB 面板,然后选择“Differential Pairs Editor”,在类型名称中创建并添加 USB3_85 类,如图 13-2 所示。

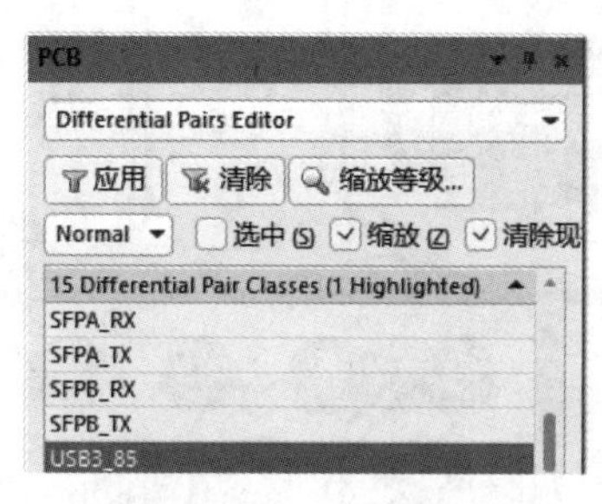

图 13-2 USB 差分对类

② 添加 USB 的 4 组差分对,虽然差分对网络线是 3 组,因为 SSTX－和 SSTX＋分别接 100nF 电容,所以变成了 4 组。以添加 USB 3_D 差分对为例。

(a) 单击 Differential Pairs 中的“添加”按钮,如图 13-3 所示。

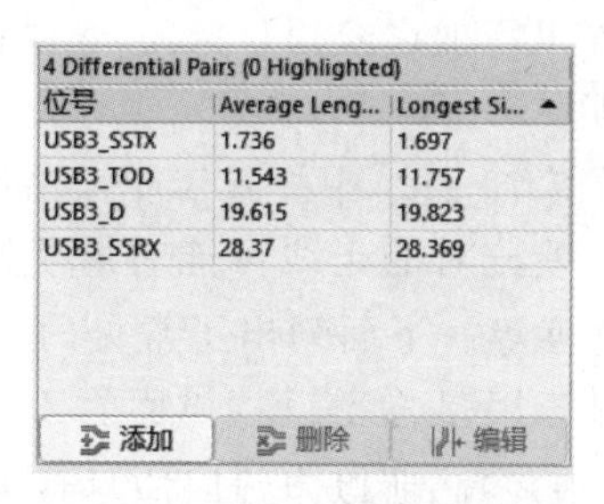

位号	Average Leng...	Longest Si...
USB3_SSTX	1.736	1.697
USB3_TOD	11.543	11.757
USB3_D	19.615	19.823
USB3_SSRX	28.37	28.369

图 13-3 添加 USB 的差分对

(b) 分别设置正网络和负网络,并将名称命名为 USB 3_D。单击“确定”按钮后保存,如图 13-4 所示。

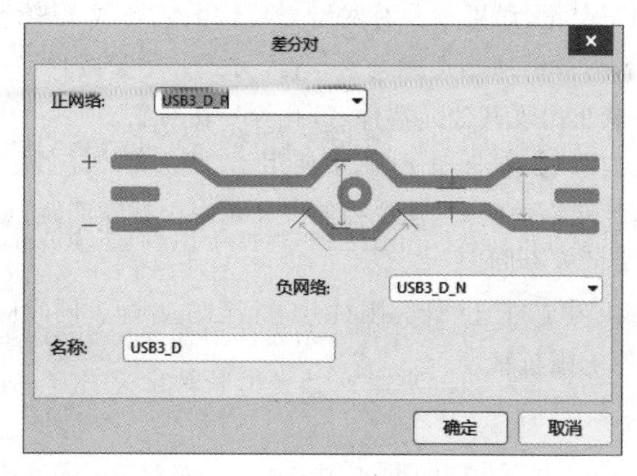

图 13-4 创建 USB_D 差分对

③ 4 组差分对创建好之后,便可以利用交互式差分对布线命令,进行逐一走线。如图 13-5 中箭头所指的位置为差分对的布线情况。

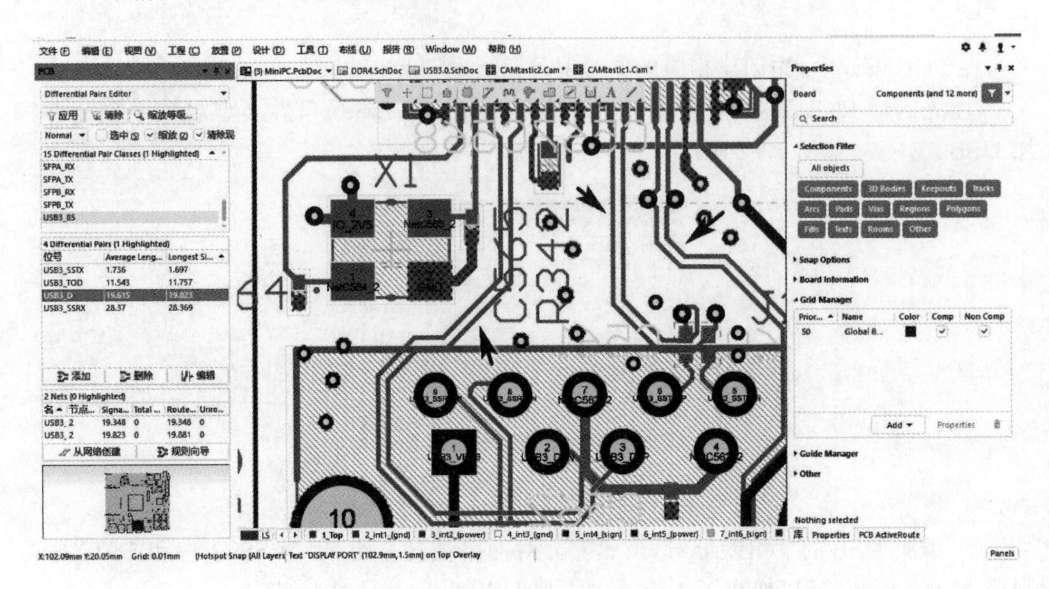

图 13-5 USB 3.0 差分对布线效果

13.3 差分对注意事项

根据不同的芯片、协议等,差分对的走线可能有所不同,但设计思路与要求基本一致,包括等间距、等长度和等宽度等。下面列出了常见的一些注意事项,可用于参考,另外需要注意阻抗匹配。

(1) 因差分对信号频率一般较高,所以走线时应尽量采用不走折线、不打孔、少打孔等操作,若无法避免打孔操作,可以尽量将孔内径缩小,同时应减少打孔数量。

(2) 对齐方式,若差分对在走线过程中出现过孔、元器件(如电容、电阻等),则应当采用对齐方式并排摆放,避免错位布局。

(3) 局部线宽间距变化,如果差分对网络需要进入芯片或 USB 引脚,往往会出现网络间距发生变化的情况,此时应当遵循均匀、直入方式并尽量减少不均匀分布。

(4) 差分对中间禁止出现其他元器件、过孔等一切对象。

(5) 差分对走线应避免 90°折角出现,可使用 45°或圆滑型走线。

(6) 差分对和其他网络的间距,建议控制在 4 倍以上线宽间距,如果周围的网络是高频网络,则应保存更大的安全间距。

(7) 根据 PCB 板厂生产工艺,计算阻抗并进行阻抗匹配。同时应当考虑相邻层的铺铜完整性,尽量避免影响阻抗精度。

13.4 本章小结

USB和差分对在实际PCB设计中会经常遇到，掌握基本的差分对布线技巧有助于提高PCB布线的准确性，从而减少研发时间，加快产品上市速度。

通过本章的学习，你了解到USB 3.0的基本差分对网络类型，以及走线方式，同时还了解到USB 2.0的差分对布线情况，USB 3.0向下对USB 2.0兼容，因此可以利用USB 3.0的布线技巧，完成USB 2.0的设计。

第14章 DDR4高速PCB设计

随着新一代DDR芯片的发布，DDR4逐渐成为DDR的主流芯片，无论在工作主频率、速度，还是功耗等方面均有显著提升。针对PCB布局设计而言，DDR4和DDR3在布局布线有诸多相似之处，只需介绍其中一个即可。针对更早的DDR2等芯片，其布局布线与DDR4略有差异，建议根据实际情况进行处理。

14.1 DDR4介绍

DDR4 SDRAM(Double Data Rate Fourth SDRAM)：DDR4提供比DDR3/ DDR2更低的供电电压，其工作电压仅为1.2V，以及更高的带宽，DDR4的传输速率目前可达2133～3200MT/s。DDR4新增了4个Bank Group数据组，各个Bank Group具备独立启动并可操作读、写等动作特性，Bank Group数据组可套用多任务的概念来理解，亦可解释为DDR4在同一频率工作周期内，至多可以处理4组数据，效率明显好过DDR3。另外DDR4增加了DBI(Data Bus Inversion)、CRC(Cyclic Redundancy Check)、CA parity等功能，让DDR4内存在更快速与更省电的同时亦能够增强信号的完整性、改善数据传输及提高储存的可靠性。

14.2 DDR4原理图设计

这里以两片DDR4为例，对DDR4芯片上的注意事项进行介绍。

DDR4从引脚类型上可以划分为地址线、数据线、控制信号线、DQS，以及电源网络等。

其中，可以将类型进行分类，对于多片DDR的设计，地址线和控制信号线(除片选信号)属于共享网络，可将其归为一类，其中CK_T和CK_C网络是一组差分对。数据线和DQS差分对可以归为数据线类，其中LDQS_T和LDQS_C是一组差分对，UDQS_T和UDQS_C是一组差分对。数据线属于非共享网络，其中LDQS和HDQS分别对应各自芯片的低8位数据线和高8位数据线，在布线时应当将其划分到各自管理的数据线中一起走线，如图 14-1 所示。

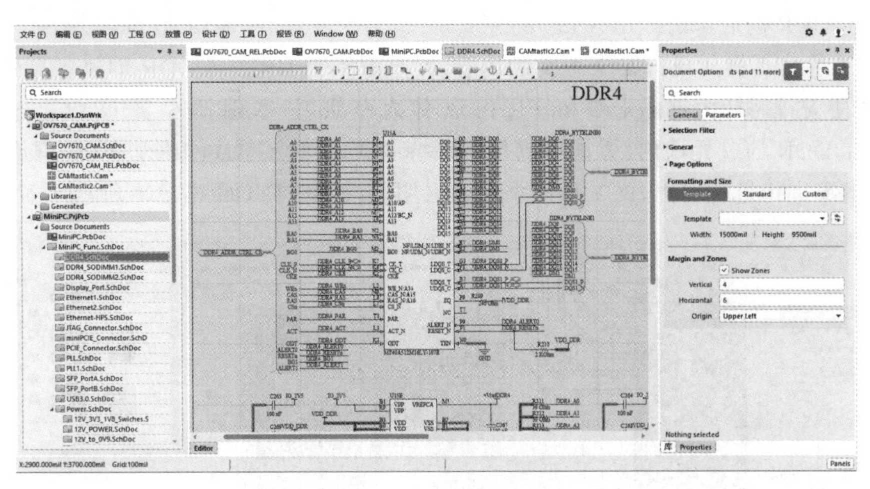

图 14-1　DDR4 原理图

14.3　DDR4 PCB 设计

DDR 系列在 PCB 布局和走线时，需要十分注意的是时序问题，因为 DDR 的速度比其他芯片的速度高，应当尽量避免其他信号对它的干扰。在进行等长匹配、阻抗计算时，如果 DDR 的数量只有一片，则比较容易处理，如果是多片，则需要根据情况进行处理。

14.3.1　布局

合理的布局对 DDR 性能的影响至关重要，为减少布线长度，应尽量将 DDR 芯片靠近 CPU，并且根据 DDR 飞线提示，选择靠近 CPU 出线的一侧。如本案例中使用到的两片 DDR4 就靠近 CPU 的右侧部分，如图 14-2 所示。

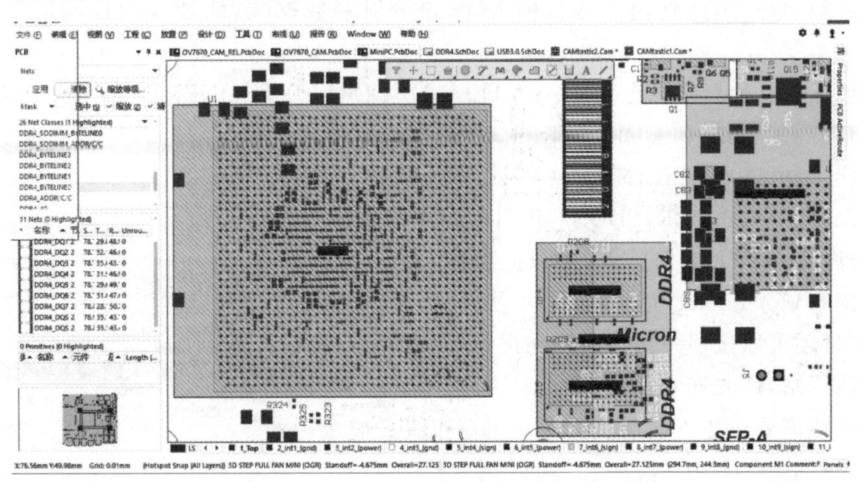

图 14-2　DDR 布局

此外,在 DDR 芯片外围的电容或者电阻,可以根据实际情况靠近 DDR 摆放,也可以直接放在 DDR 的底部(Bottom Layer 层)。

BGA 的扇出操作可以参考上文的内容,并且分别为 CPU 和 DDR 创建各自的 Room 区域,方便安排芯片内部的走线和打过孔,具体内容参考上文。

两片 DDR 的过孔扇出,方向可以尽量保持一致,其中 GND 网络和 VCC 网络可以根据实际情况进行过孔扇出,而其他网络建议采用相同的方向,如图 14-3 所示。

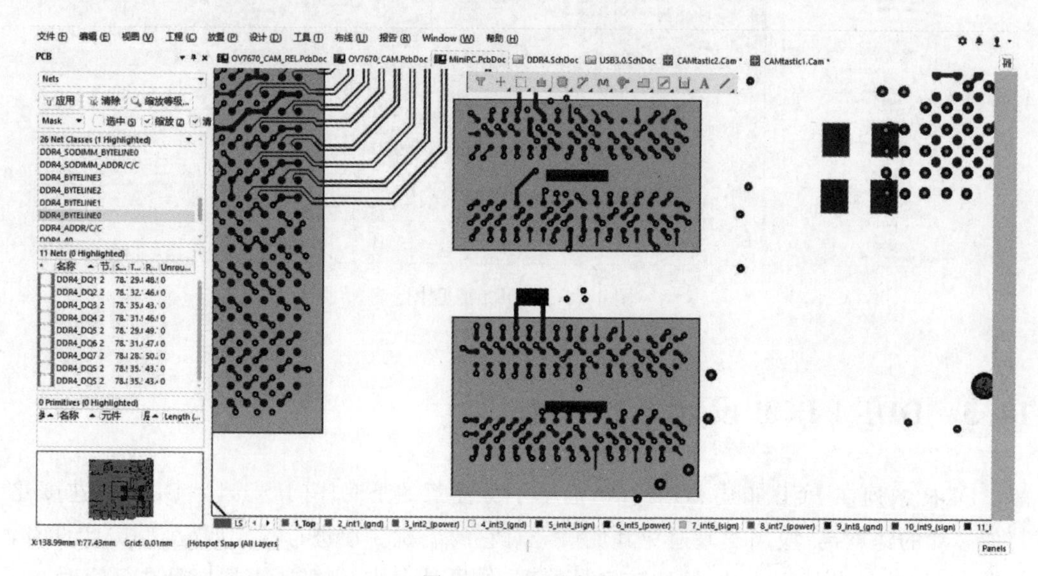

图 14-3　DDR 扇出

14.3.2　网络分类

从上文的原理图设计便可以知道,DDR4 内部的网络类型数量很多,为了方便进行布线,可以先创建几组 Net 类型,将不同的网络分别添加到相应的 Net 类型中。将数据线 8 位化为一组,每一组分别包括各自的 DQS 差分对和数据线,地址线和控制信号线归为一组。

共创建 5 组 Net,分别是 DDR4_BYTELINE0、DDR4_BYTELINE1、DDR4_BYTELINE2、DDR4_BYTELINE3 和 DDR4_ADDR/C/C。

其中 DDR4_BYTELINE0 包含 DDR4_DM0、DDR4_DQ0～DDR4_DQ7、DDR4_DQS0_P 和 DDR4_DQS0_N 等网络,如图 14-4 所示,其他 Net 类以此类推。

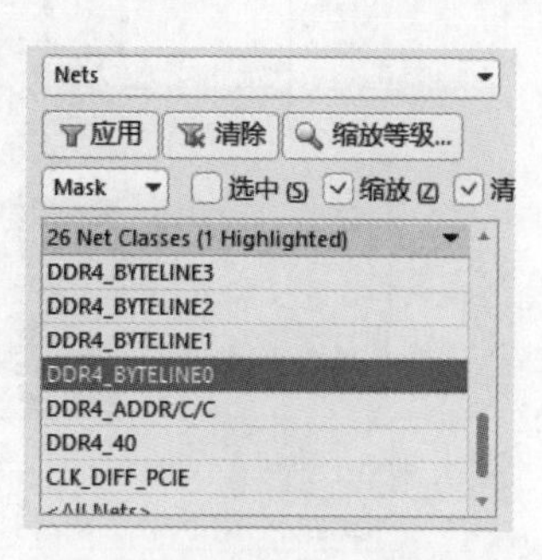

图 14-4　DDR Nets 网络分类

为网络划分好 Net 类之后,便可以按照组的方式进行走线,并且还可以按照一组内的网络进行等长,并且建议每一组内的网络,优先布在同一层内,不同网络组的网络,可以根据布线需要放在不同层。其中一组在布线完成之后的整体效果,如图 14-5 所示。

在 DDR4 的布线操作中,数据线一般比较好处理,只需

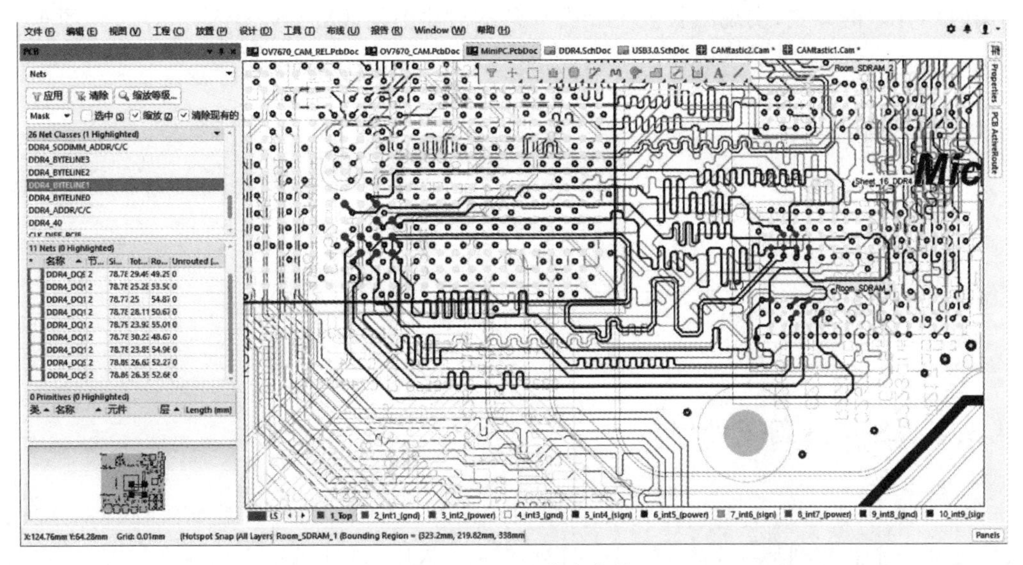

图 14-5　Nets 分类布线

要注意其中的每一组差分对，并建议优先布线差分对，差分对的布线方式可以参考第 13 章 USB 3.0 设计。此外，同一组中的数据线长度应该做等长处理，长度误差建议小于 50mil。如果数据线有多组，如本例中共有 4 组，建议组与组之间的平均长度误差应在 150mil 左右(有的可以不用处理组间等长)。如 DDR 芯片有其他特殊要求，则可以适当调整长度误差。

因 DDR4 的地址线和控制信号线、时钟信号线等属于共享类型的网络，因此需要采用一些特殊的画法，完成布线，详见下文。

14.3.3　Fly-By 布线

在 DDR4 或 DDR3 之前，DDR2 芯片的地址和控制信号线通常采用 T 型拓扑关系连接，这种连接方式如图 14-6 所示。

要求 CPU 到每一个 DDR2 的地址线长度 L 都相等，那么就应该采用 T 型连接方式，先保证 $L_2=L_3$，然后调节每一个地址线的 L_1 的长度即可实现所有的地址线长度都为等长。

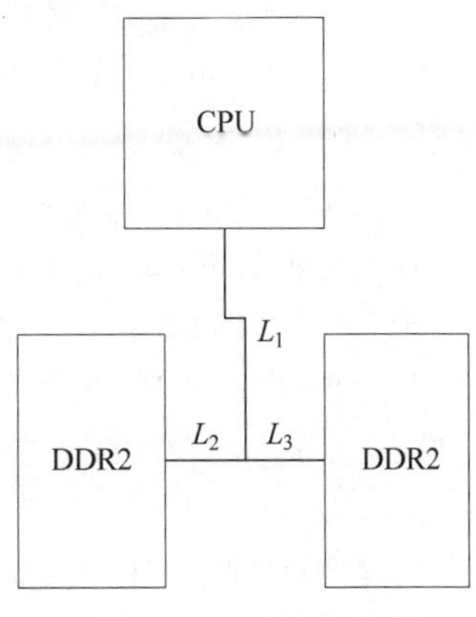

图 14-6　T 型拓扑关系

随着 DDR3 和 DDR4 新技术的到来，这种 T 型拓扑连接方式已经逐渐被替代了，取而代之的是 Fly-By 拓扑关系(飞翔式拓扑)，可以简单理解为信号线从 CPU 引出之后，先经过第一个 DDR，然后再经过第二个 DDR……这种连接方式可以简化走线。虽然看上去所有的网络线已经不等长了，但是依然要求从 CPU 到每一个芯片的相同网络线应当等长，不同 DDR 的芯片再处理等长。虽然不同 DDR 之间地址线已经不等长了，但是芯片内部可以利用时序补差的方式,实现因长度不相等导致的时序差问题。Fly-By 连接方式如图 14-7 所示。

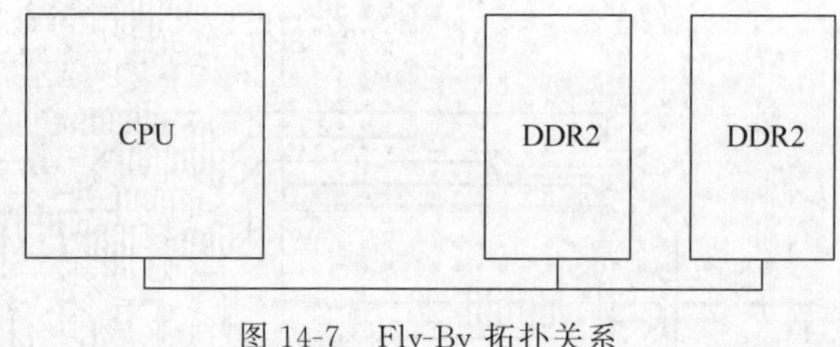

图 14-7　Fly-By 拓扑关系

14.3.4　xSignals 等长处理

在上文中,无论是 T 型拓扑关系还是 Fly-By 拓扑关系,如果像数据线这种网络线,只需要从一个芯片到另一个芯片,不牵扯到第三个芯片,则很好处理其网络长度,直接可以利用 Net 类的方式即可完成长度处理,但是对于像地址信号线这一类网络线,因为多个芯片与芯片之间实现了网络共享,则 Net 类在计算网络长度的时候,就不再仅考虑一个芯片到另一个芯片的长度,而是考虑整个网络长度。因此 Altium Designer 引入了 xSignals 功能,用于计算一个芯片到另一个芯片的网络长度,而非总的网络长度。

对于 DDR4,要求 CPU 到每一个 DDR 的地址线长度相同,不同 DDR 之间的长度可以不同,因此只需要保证第一个 DDR 到第二个 DDR 之间的每一个地址线长度等长,第一个 DDR 到 CPU 的地址线等长,即可满足设计所需的要求。

下面介绍如何利用 xSignals 的方式,保证这种特殊的网络等长性。这里以创建从 CPU 到第一片 DDR4 的 xSignals 为例。

① 调用:工具→xSignals→创建 xSignals 命令。启动 xSignals 的创建。xSignals 的创建必须是两片有网络连接的元器件才可以创建。这里的 Source Component 可以选择 CPU,Destination Components 可以选择第一片 DDR4,而网络选择地址信号线和控制信号线、时钟信号线等共享网络。单击"分析"按钮,如图 14-8 所示。

② 分析结束之后,会将所选中的网络的连接对象关系列出,此时可以为其创建一个 ClassName,然后单击"确定"按钮保存,如图 14-9 所示。

③ 打开 PCB 的 xSignals,可以看到所创建的一组 xSignals,如图 14-10 所示。

④ 完成网络布线之后,就可以根据 xSignals 上的网络长度进行等长调节。等长调节完成后的显示效果,如图 14-11 所示。

⑤ 第一片 DDR 到第二片 DDR 的长度可以采用相同的方式完成,如图 14-12 所示。

上述步骤对 DDR4 地址线的 xSignals 网络设置做了详细介绍,需要注意,在布线时,应当优先布其中的差分对网络,在做等长调节的时候,等长误差应当保证在 50～150mil。

⑥ 在进行阻抗匹配时,应当和 USB 的阻抗处理类似,需要保证相邻层在切割的时候,它的铺铜的完整性,尽量避免中间有断续的切割现象出现。

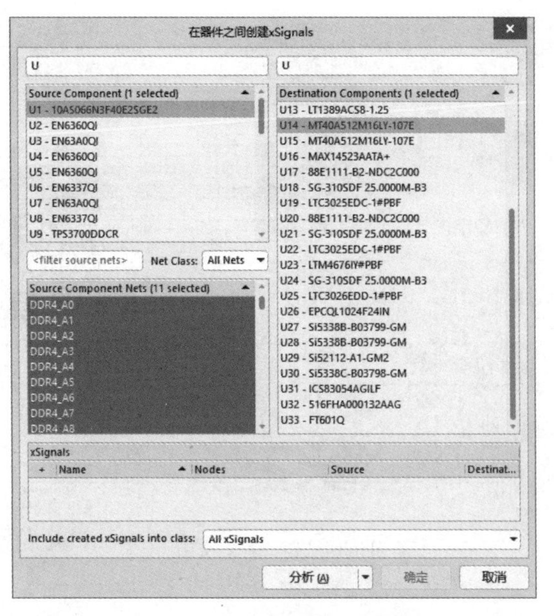

图 14-8　xSignals 配置

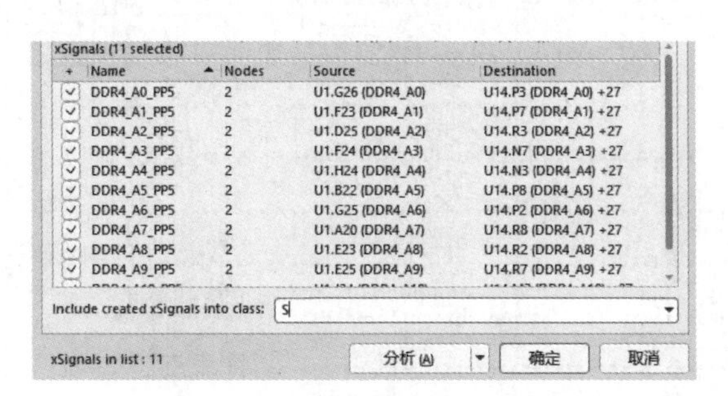

图 14-9　分析结果

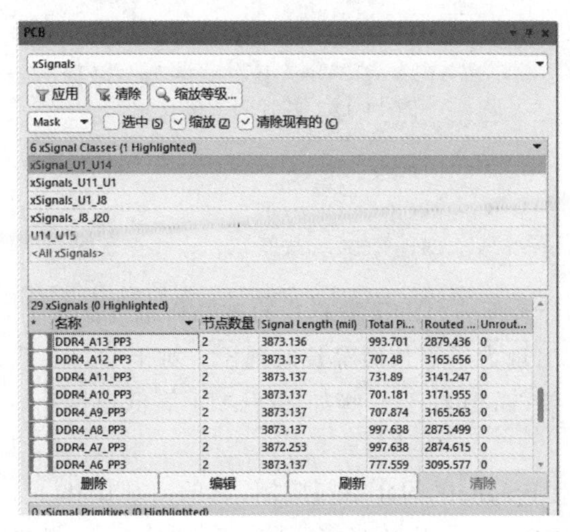

图 14-10　创建一组 xSignals

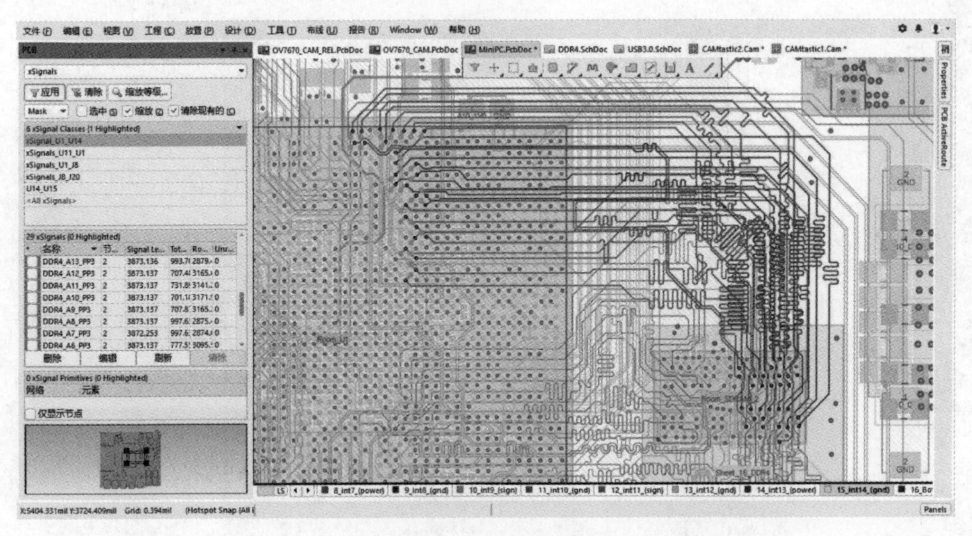

图 14-11　等长效果

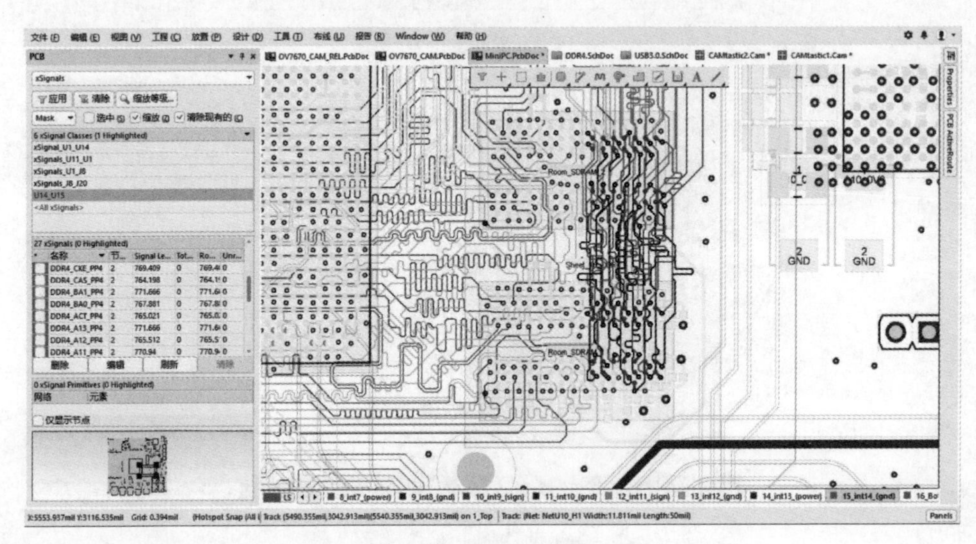

图 14-12　芯片间的等长

14.4　本章小结

对于很多PCB设计者而言,DDR类芯片的布局和布线被认为是PCB设计中最难的部分,有的时候经常会出现为了等长而等长的现象。对于DDR3或DDR4这类的芯片做等长处理是非常有必要的,但对于一些如SDRAM等低速网络,可以选择不进行等长处理。

本章的重点在于对xSignals的介绍与应用,它的出现优化了DDR这一类复杂网络的布线方式,在后续的学习中,还应该多多实践,体会xSignals强大的功能。

本书重在对基础知识进行讲解,如果你想掌握更高端的操作技能,可以联系我们。

实 战 篇

第15章 OV7670摄像头

通过前面基础课程知识的学习，我们有必要尝试设计一款入门级别的PCB主板，体会一下PCB设计的基本流程，提升自身在PCB设计中的实战水平。本章将以一个OV7670摄像头设计为例，详述整个PCB主板的设计过程。通常，完成一个PCB项目，需要经历过以下几个步骤：

① 项目需求分析，明确项目目标；

② 为项目设计做准备工作，例如芯片选型、尺寸定型等；

③ 根据项目需求，完成原理图绘制，并校验所设计的原理图是否准确无误；

④ 导入PCB尺寸、导入网表；

⑤ 布局；

⑥ 布线；

⑦ 铺铜、DRC错误检查；

⑧ 其他调整，如丝印、装配等；

⑨ 导出各种文档，如Gerber、PDF等。

但在实际的设计过程中，出于项目需求的变更、产品设计可能存在相关缺陷等情况，往往需要对上述步骤进行重复操作，直至最终的设计方案完全满足要求，这样才会进行批量生产。

15.1 项目需求

在公司和企业内部，进行项目开发之前，总是需要对当前项目的方方面面进行汇总分析，而项目需求和开发文档一般在项目正式开发前必须创建，它代表了整个项目的研发方向，如果没有一个明确的项目目标，接下来的项目开发将会是一盘散沙。

对于本项目而言，其目的是完成一个OV7670摄像头设计，其支持以下几个主要功能：

(1) 摄像头传感器采用OV7670；

(2) 采用FIFO数据缓存方案；

(3) 支持SCCB数据传输协议，可支持一般单片机对其进行数据读取。

PCB主板外观使用设计方案生成的DXF文件,设计最终产品样图,如图15-1所示。

图15-1 OV7670 3D效果图

除以上基本功能需求以外,完整的项目需求书还应该包括其他详细的信息,例如设计人员名单、设计版本、开发周期等,最终做到项目分工明确、责任落实到人的效果。

15.2 准备工作

15.2.1 芯片型号选型

根据项目需求,所需要的核心芯片包括图像传感器、FIFO芯片、晶振、稳压电源、电容和电阻等其他辅助元器件。分析相关芯片选型之后,应当从对应的供货商处获得所有电子元器件的数据文档,这一点是必须的。

(1) 图像传感器:OV7670。

从数据手册中,可以获得该芯片由OV公司设计生产,支持SCCB通信协议,最大支持30fps采样等基本信息。另外,最重要的还是应该获取其在设计PCB主板时,相关的注意事项与该芯片所对应的封装尺寸图和装配图。

装配图如图15-2所示(尺寸列表因篇幅有限,不再列出)。从装配图上可以获知其封装类型为BGA、其焊点个数和焊接球尺寸等信息。

从数据手册中还可以得知,其要求2.8V供电电压等重要信息,这些信息也是为选型其他元器件提供了重要参考,例如,整个模组的默认供电电压是3.3V,而OV7670的电压要求只有2.8V,因此应当为其提供2.8V的稳压电源。如果想获得其他相关信息,请参考OV7670的数据手册。

(2) FIFO:AL422B。

当前的设计采用FIFO数据缓存方案,目前市面上主流的FIFO数据缓存芯片有很多,其中AL422B的应用较为广泛。

在AL422B的数据手册中可以看到,其要求在10脚和19脚分别添加一个滤波电容进行滤波。这里也就为下文设计原理图做了一下参考,如图 15-3 所示。

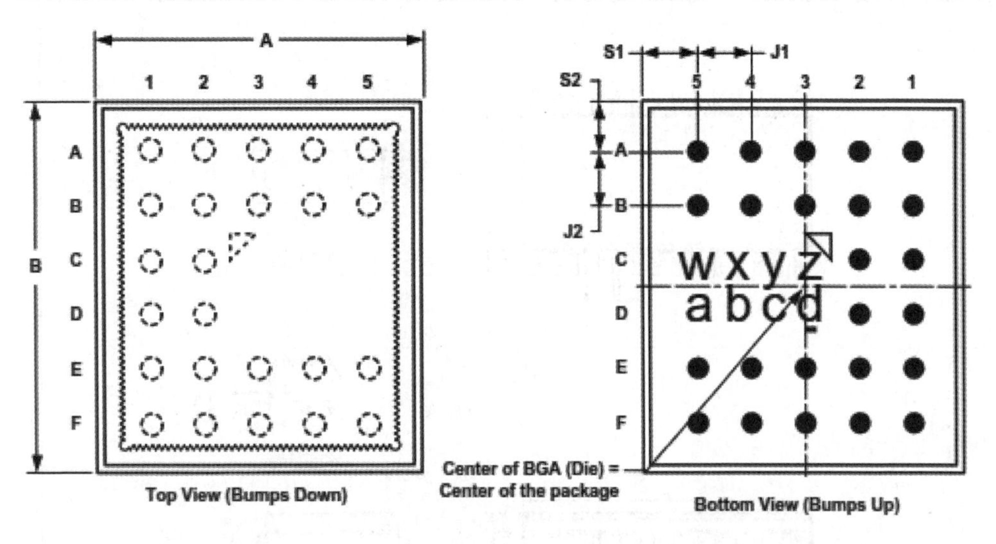

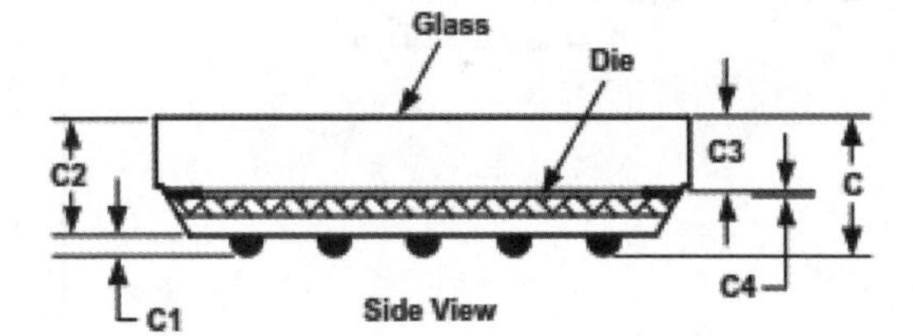

Part Marking Code:

w - OVT Product Version
x - Year the part is assembled
y - Month the part is assembled
z - Wafer number
abcd - Last four digits of lot number

图 15-2 OV7670 芯片封装

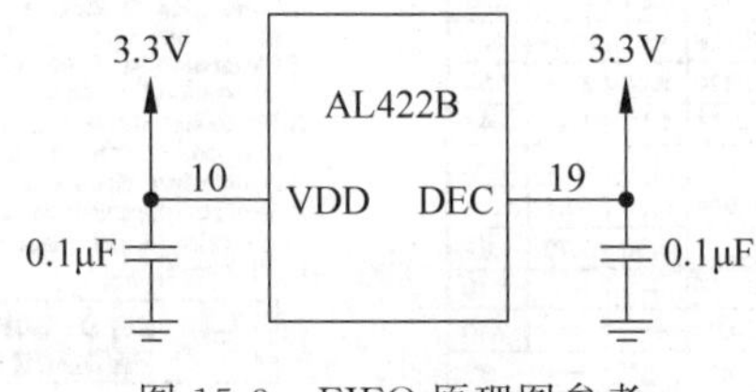

图 15-3 FIFO 原理图参考

同时,在数据手册中,还可以找到与之相关的封装尺寸图,如图 15-4 所示。

(3) 稳压芯片：2.8V 稳压。

市面上 3.3V 转 2.8V 的稳压芯片有很多,并且有专门的经销商经营此类芯片,从市场上也可以很方便地购买,因此项目所需要的元器件在选型的时候应当选择市场上能买到的,并且价格、性能要求都较为合理的芯片。这里采用 PAM3101DAB28,其封装型号为 SOT23-5 封装。

(4) 其他元器件。

电阻和电容采用 0603 封装；连接器采用 2×10pin 90°弯脚封装；OV7670 所需晶振采用 3225 贴片有源晶振。如还有其他所需元器件,可以参考上述元器件选型方案进行匹配。

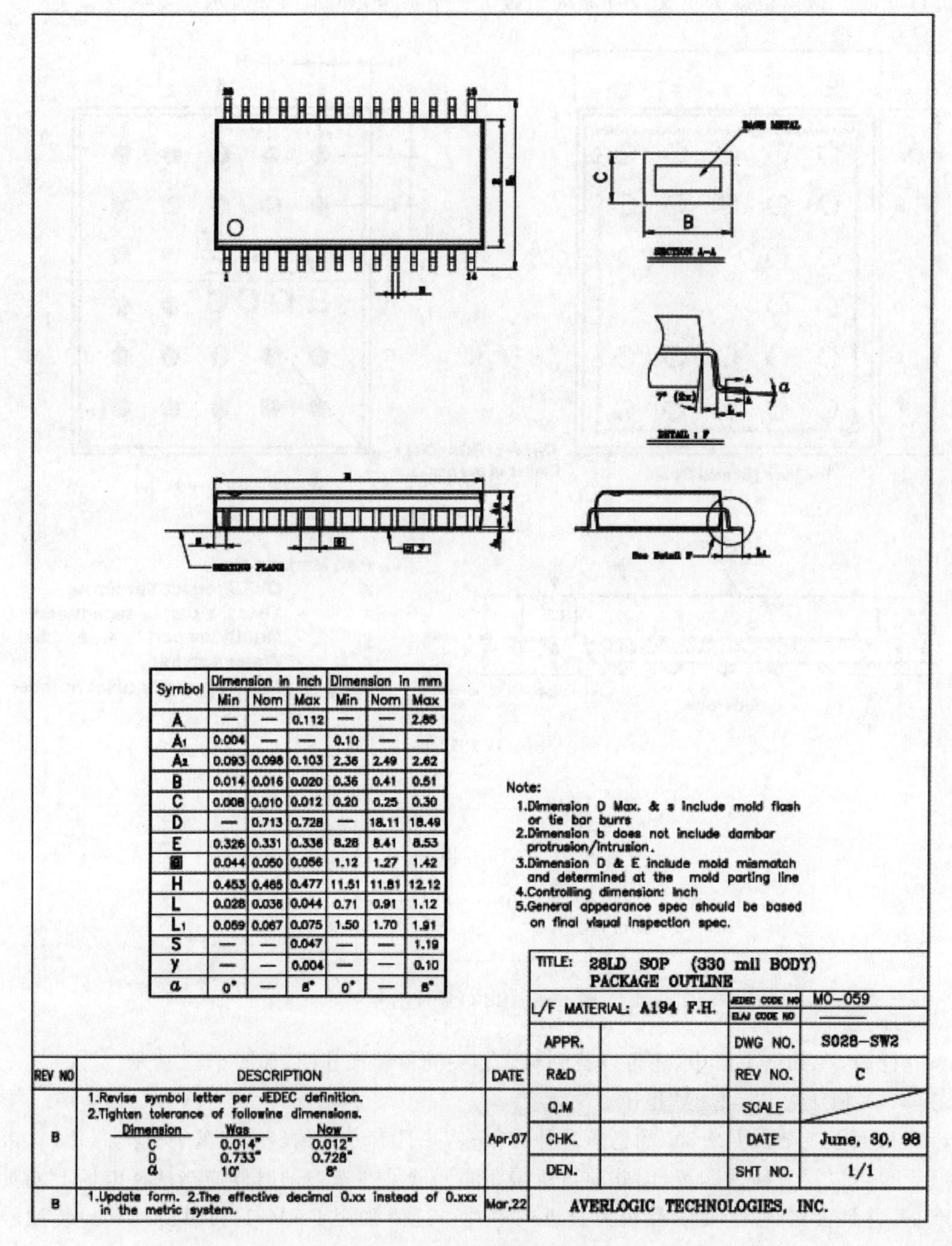

Symbol	Dimension in inch			Dimension in mm		
	Min	Nom	Max	Min	Nom	Max
A	—	—	0.112	—	—	2.85
A_1	0.004	—	—	0.10	—	—
A_2	0.093	0.098	0.103	2.36	2.49	2.62
B	0.014	0.016	0.020	0.36	0.41	0.51
C	0.008	0.010	0.012	0.20	0.25	0.30
D	—	0.713	0.728	—	18.11	18.49
E	0.326	0.331	0.336	8.28	8.41	8.53
[illegible]	0.044	0.050	0.056	1.12	1.27	1.42
H	0.453	0.465	0.477	11.51	11.81	12.12
L	0.028	0.036	0.044	0.71	0.91	1.12
L_1	0.059	0.067	0.075	1.50	1.70	1.91
S	—	—	0.047	—	—	1.19
y	—	—	0.004	—	—	0.10
α	0°	—	8°	0°	—	8°

图 15-4　FIFO 封装尺寸

15.2.2　工程与封装库的准备工作

在上文中,已经详细介绍了有关封装的创建过程,这里只介绍一下核心器件 OV7670 的封装创建过程,因为该芯片在封装尺寸上有些注意事项。

① 为当前项目创建工程。

一般情况下，应当为整个工程创建合理的目录，以便能有效地管理整个项目。在计算机磁盘的任意路径下创建一个文件夹，命名为 OV7670，该文件夹将用于存放所有与本项目相关的资料。在 OV7670 目录下再创建 3 个子文件夹，分别命名为 Doc、Datasheet 和 PCB，分别用于存放于本工程相关的项目文档、数据手册和 PCB 工程文件。

利用 Altium Designer 创建一个工程项目，命名为 OV7670_CAM，并保存在 PCB 目录下，接着分别添加一张原理图和一张 PCB 图纸，还需要创建一个原理图封装库和一个 PCB 封装库，如图 15-5 所示。

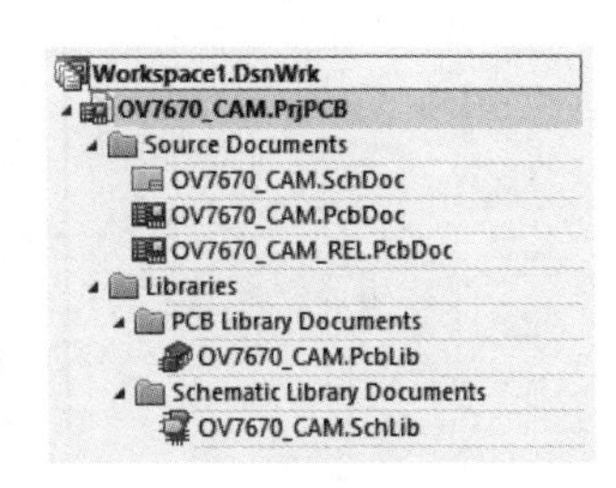

图 15-5　工程目录结构

同时，还需要创建一个 OV7670_CAM_REL. PcbDoc 文件，用于存放拼板工程。

② 根据数据手册，创建原理图封装库。这里以 OV7670 的封装创建为例，根据上文所述的创建步骤，先创建原理图封装库，如图 15-6 所示。

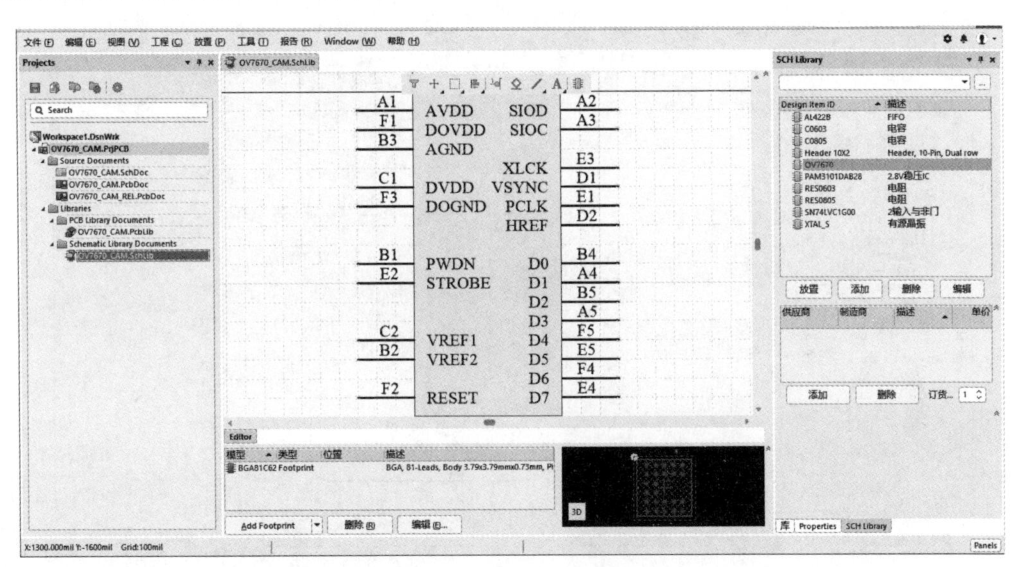

图 15-6　OV7670 封装

需要注意，在原理图封装库的创建过程中，如是以 BGA 类型封装的，可以使用 A1，A2……这种方式进行引脚标注，如果是其他类型的封装形式，请使用数字方式进行标注。

接着根据数据手册的尺寸图，创建 BGA 封装。根据数据手册上的封装尺寸提示可以得知，OV7670 的颜色采集区域与机械装配中心并不重叠，两者之间有一定的间距，而镜头的装配则需要对准颜色采集区域的中心，如图 15-7 所示。

③ 导入 PCB 主板的 DXF 文件到 PCB 设计文档中。一般情况下，如果是应用于产品的 PCB 主板，需要完全匹配产品的外观尺寸，故此，其板子边框应该由产品的外观尺寸决定。这个板子边框的文件可由企业内部的设计工程师提供。同时，在这些尺寸图中，还应该明确地标注元器件的尺寸。本工程图纸由 SolidWorks 3D 建模软件完成板子边框和相关定位孔的设计，如图 15-8 所示。

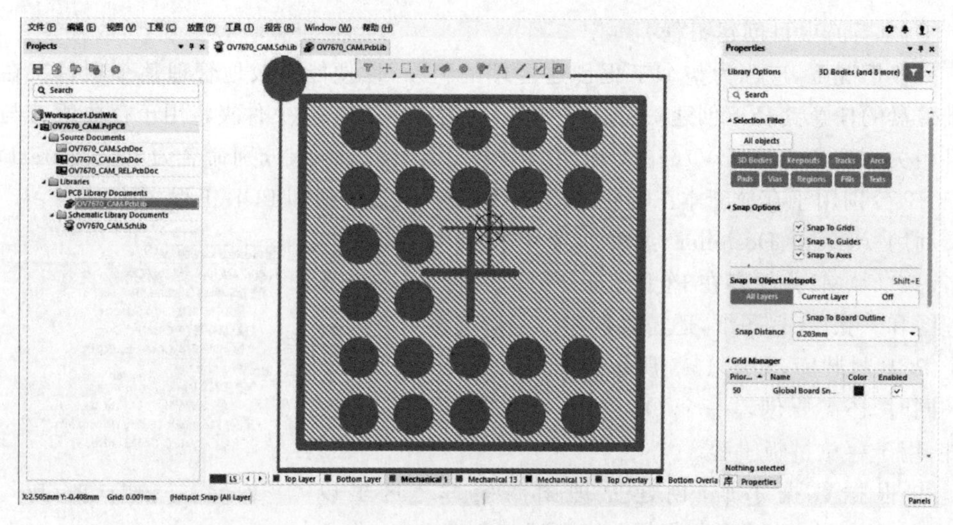

图 15-7　OV7670 PCB 封装

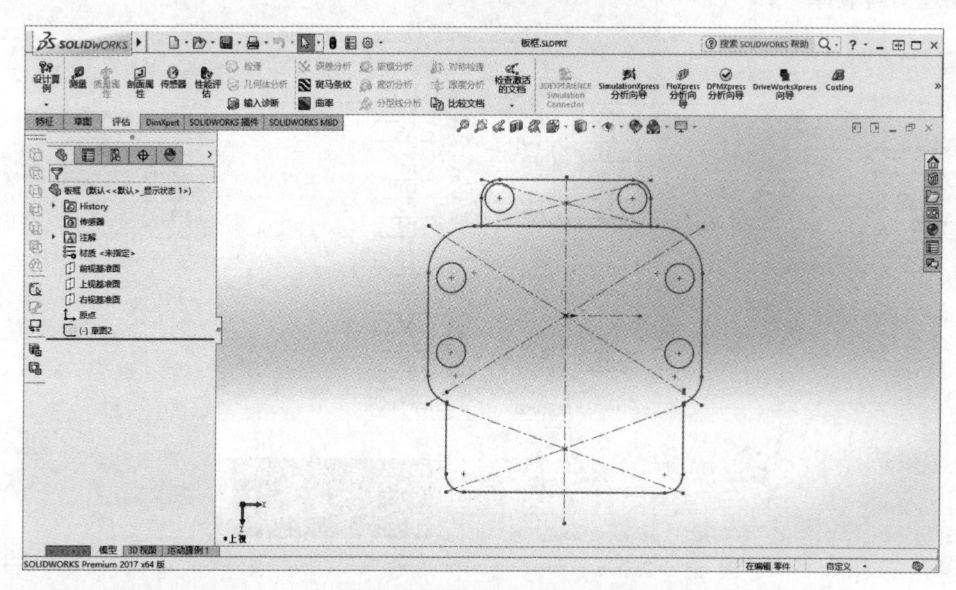

图 15-8　外壳尺寸

④ 导入相关文档到 PCB 图纸中,进行设计前的预处理,如图 15-9 所示。

先将 DXF 文件格式的板框导入到 PCB 文件中,然后将相应的机械安装孔挖除。利用已经绘制好的圆形孔,执行“工具”→“转换”→“从选择的元素创建板切割区域”命令,即可开安装孔。

注意:在旧版本的 Altium Designer 中,众多设计师喜欢利用 Keepout 这一层作为板框的机械层,但随着新版本的到来,已经不再支持使用 Keepout 这一层作为板框层了,因此在绘制板框的时候,请选择机械 1 层(Mechanical 1),取消 Keepout 层更加说明了 Altium Designer 正朝着更加规范的方向发展。如果使用 Keepout 作为板框的机械层而不是选择机械 1 层,有时候会导致 PCB 板厂在加工的时候,无法正确识别板子的边框,从而导致加工出错。

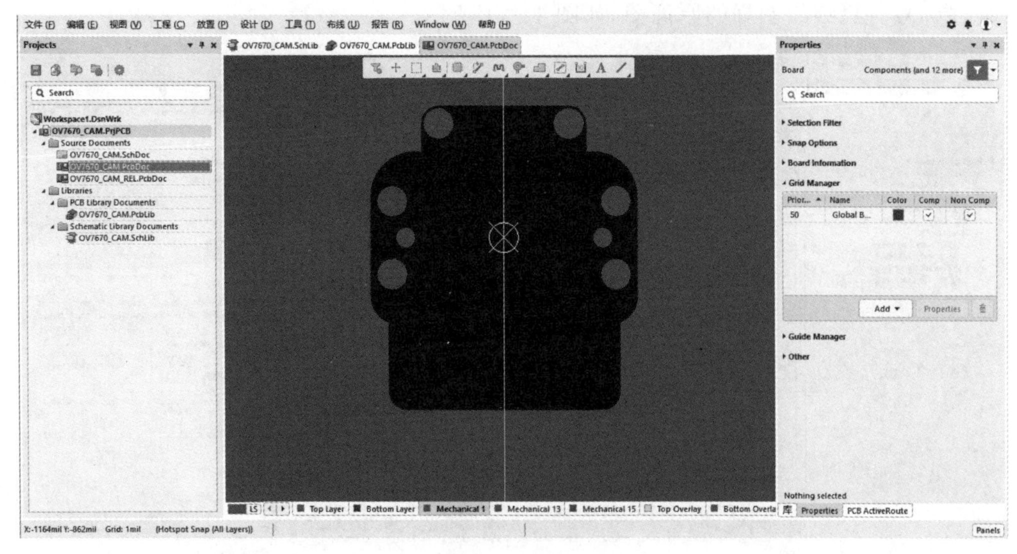

图 15-9　导入效果

15.3　原理图设计

项目框图代表了整个项目的业务逻辑关系，通常情况下，在还未形成完整的项目原理图之前，基本上需要使用项目框图，以此来代表这个项目中重要元器件的关系。项目越庞大，框图的复杂程度会越高，这里只简单明了地概述一下框图内容，如图 15-10 所示。

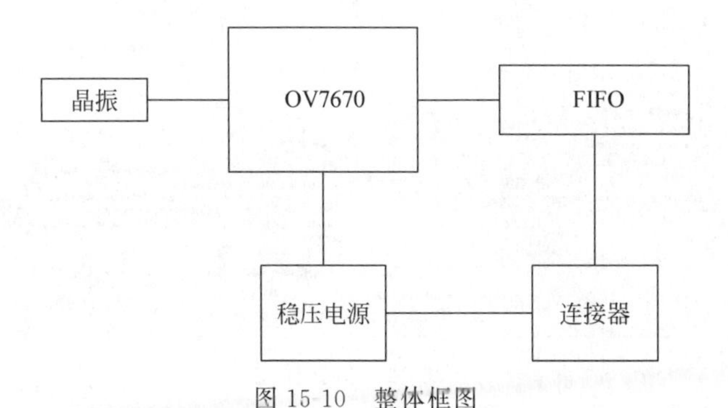

图 15-10　整体框图

OV7670 需要一个有源晶振才能工作，它采集的图像先缓存到 FIFO 中，然后单片机（或其他处理器）再从 FIFO 中读取采集的图像数据。OV7670 或者 FIFO 等芯片需要特殊电压，如 2.8V，因此需要经过稳压芯片提供稳定的电压。根据框图和每一个元器件的数据参考手册、通信协议，即可完成整张原理图的设计。

原理图的设计，并非一朝一夕能掌握的，还需要读者经过日积月累地学习，不断丰富自己的电子电路知识，才能熟练驾驭原理图的设计工作。

操作流程：①放置相关需要的元器件；②绘制网络线，并做好相关网络标签的标注；

③标注标号。最终绘制好的原理图,如图 15-11 所示。

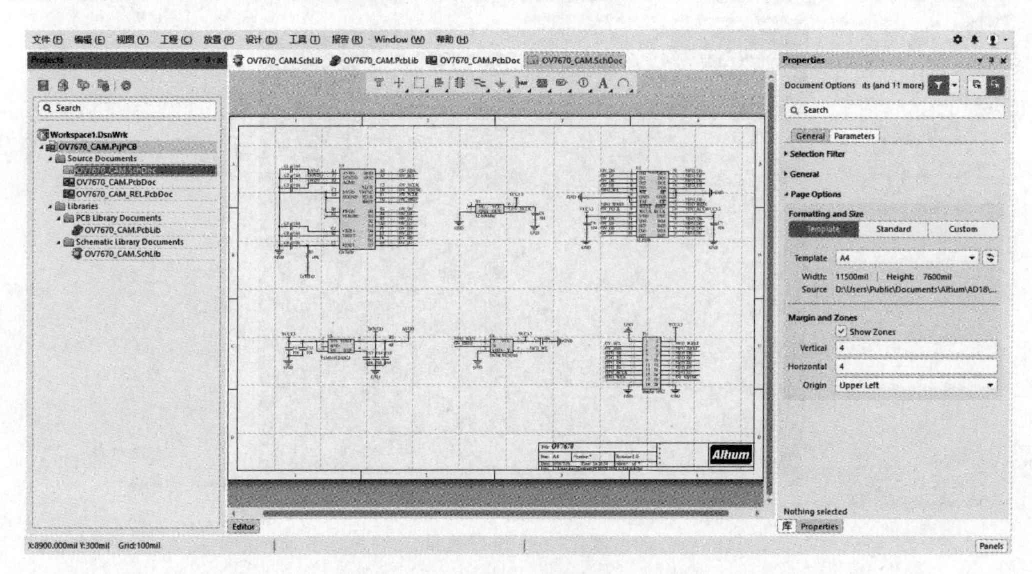

图 15-11 原理图

在原理图绘制完成之后,需要进行元器件标号。执行"工具"→"标注"→"原理图标注"命令,进入标注页面,如图 15-12 所示。

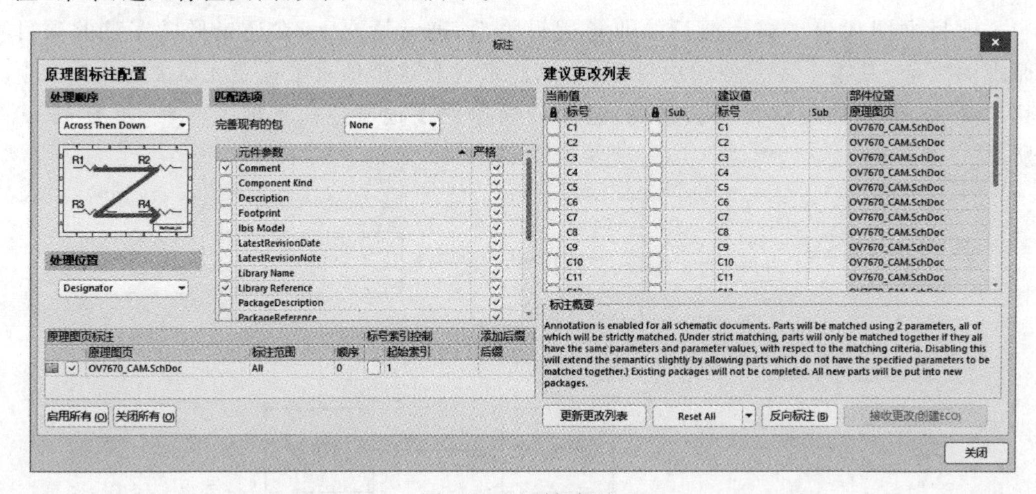

图 15-12 更新标注

选择处理顺序为先选择 Across Then Down 方式,然后再选择"更新更改列表",最后选择"接受所有",完成标注。

15.4 网表导入和规则设置

15.4.1 网表导入

在导入网表之前,请保证相关封装库与原理图的封装库的准确性。很多情况下,如果导入网表失败，往往是因为封装库缺失，或者是由所创建的封装不准确导致的。

导入过程：①打开 PCB 文件；②执行“设计”→“Import Changes From OV7670_CAM. PrjPCB”命令，如图 15-13 所示。

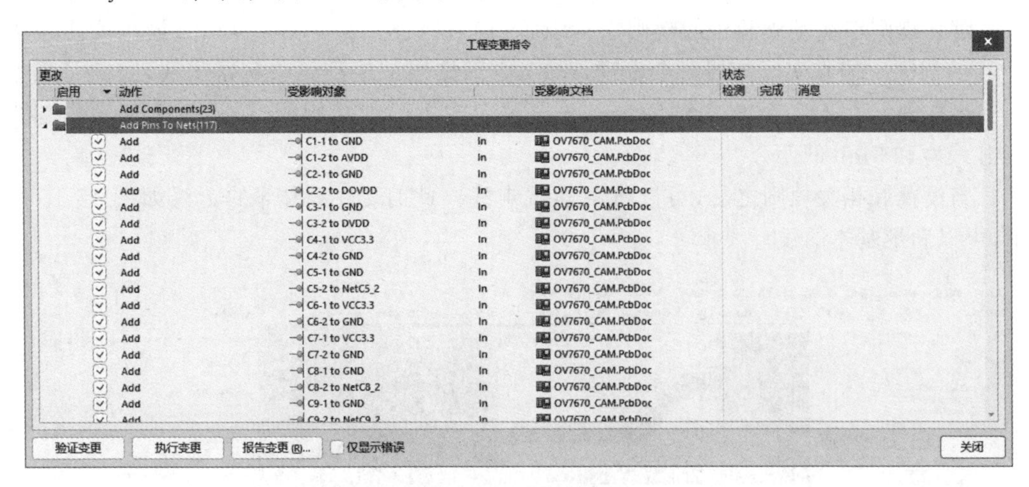

图 15-13　更新网表

在上文中已经介绍，导入的操作事实上属于导入改变的内容，当所设计的原理图或者封装库信息被修改了，则并不是重新导入，而只是导入改变的项目。

在弹出工程变更指令对话框时，可以将最后的两个选项都取消，一个是 Add Component Classes，另一个是 Add Rooms。通常情况下，几乎很少在原理图中创建相应的规则再利用导入网表的功能将相关规则导入。最后单击“执行变更”按钮变更。如果导入期间没有提示错误，则导入网表操作就完成了，如图 15-14 所示。

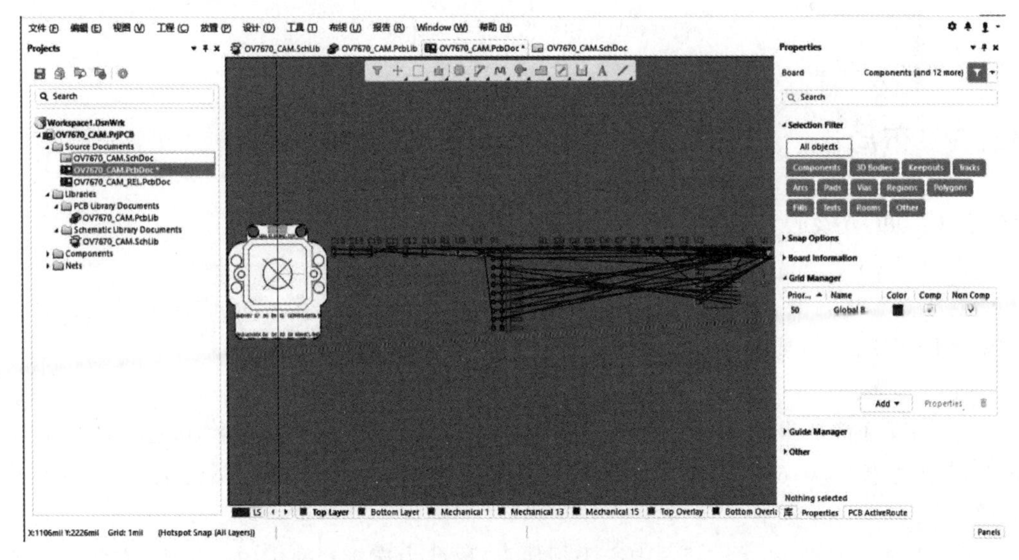

图 15-14　元器件导入效果

15.4.2 规则设置

默认规则按照基础篇中的规则进行设置,设置时使用最小线宽 6mil,最小间距也为 6mil 的规则。但在实际布线时会发现,BGA 内部按照该规则无法正常出线,因此可以增加局部规则,为 BGA 新增一个 Room,并按照上文 Room 规则所述,设置 Room 内部为 5mil 线宽和 5mil 间距。

当设置好相关规则之后,可以再次尝试走线。此时 BGA 内部的走线如图 15-15 所示,可以满足基本的设计要求。

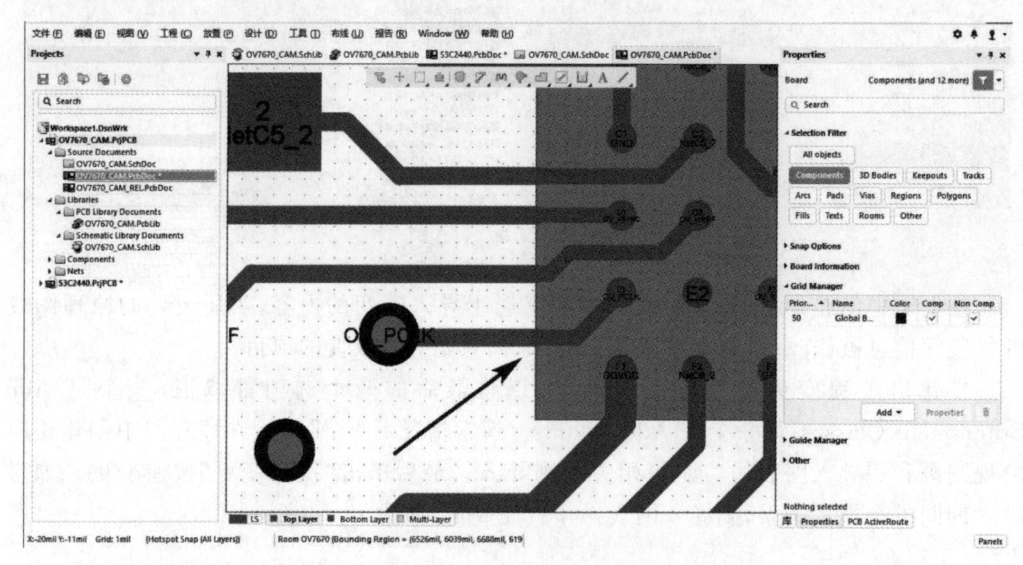

图 15-15 Room 布线效果

15.5 布局

15.5.1 布局核心元器件

对于这个项目而言,核心元器件是 OV7670 和连接器。连接器的位置可以进行稍微调整,但 OV7670 则要求被安装在主板的中心位置。

操作步骤:

① 为保证能够很好地对元器件进行定位,可以先将坐标原点设置到主板的中心位置。需要注意,OV7670 的采集区域的中心应该和 PCB 主板上镜头的安装中心保持一致。

② 添加一条 Guide 线,穿过中心坐标原点,以此为连接器提供中心位置,方便连接器定位,如图 15-16 所示。

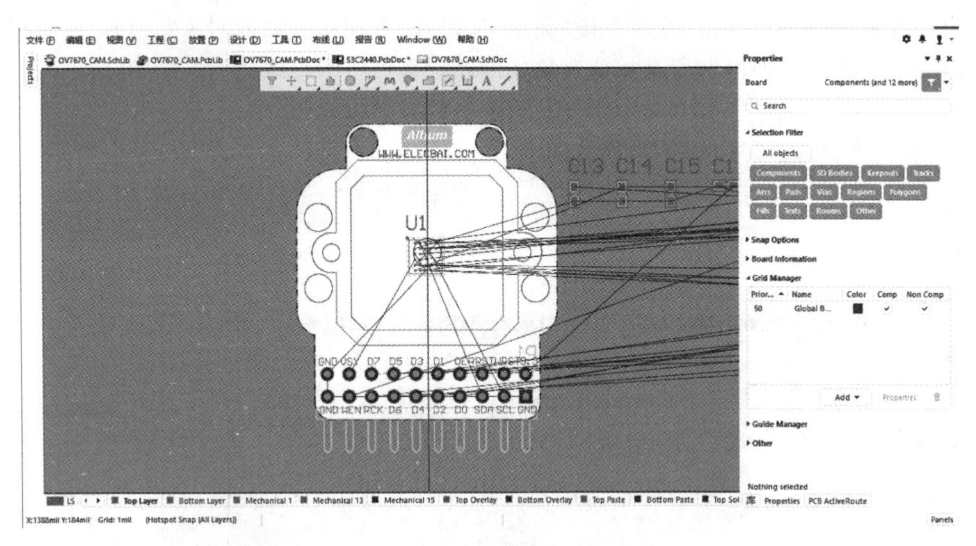

图 15-16　布局核心器件

15.5.2　交互式布局

交互式布局在实际项目中是主流的布局方案，利用原理图的设计思路，为PCB布局提供参考，可以很有效地进行布局。

在进行布局前，为避免丝印影响到布局，可以先将丝印进行修改。修改的方式为：

① 调用“编辑”→“查找相似对象”命令，选中其中一个编号丝印。

② 根据字符的高度相同、宽度相同、字体类型相同等属性，快速找到相似的对象，如图15-17所示。

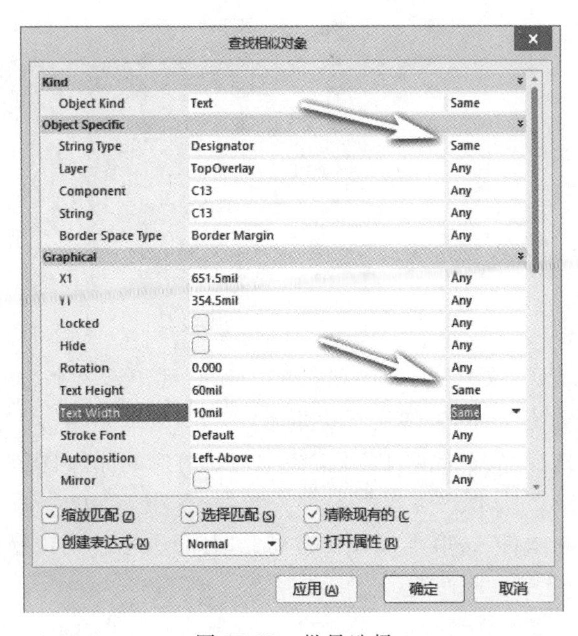

图 15-17　批量选择

③ 先单击“应用”按钮，然后单击“确定”按钮，所有相同类型的对象将被选中，此时打开 Properties 面板，即可对所有相似对象中的相同属性进行修改，如图 15-18 所示。

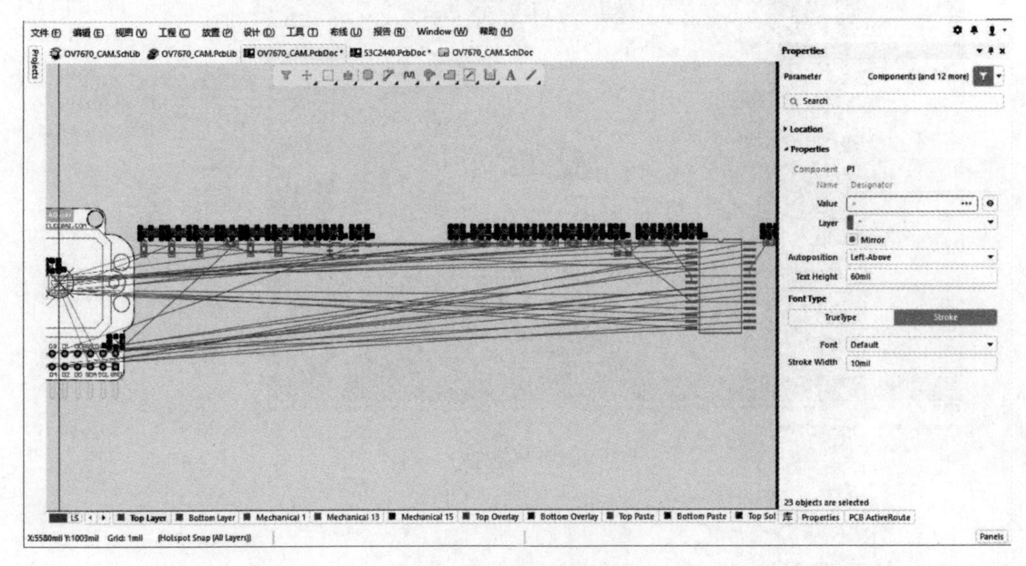

图 15-18　选择后的结果

④ 修改高度为 20mil，宽度为 4mil，此时的修改并非用于加工，而是为了方便观察。在后续完成所有工作之后，还会进行再次丝印调整，调整的步骤和此处类似。

⑤ 丝印大小调整完毕之后，全选所有元器件，然后单击右键，选择对齐，选择定位器件文本，以此将所有的文本定位到元器件的中心位置，如图 15-19 所示。

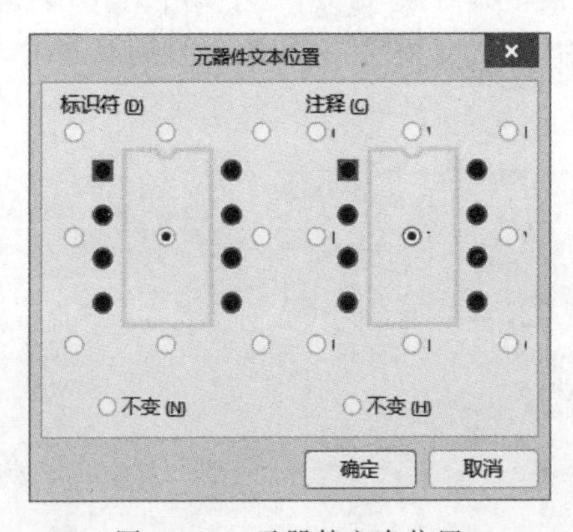

图 15-19　元器件文本位置

⑥ 将原理图和 PCB 文档进行垂直切割分布，右键单击文档标签，选择垂直切割方式，将两个文档进行左右分布，方便交互式布局，如图 15-20 所示。

⑦ 在原理图中选择晶振，此时 PCB 文档中与之对应的晶振将会被选中，将其拖放至合适的位置，如图 15-21 所示。

⑧ 其他元器件和组件，按照类似方式布局。FIFO 元器件可以摆放在 PCB 主板的背面，如图 15-22 所示。

布局的注意事项：禁止在镜头安装座内放置元器件，元器件的布局应当合理，方便走线。

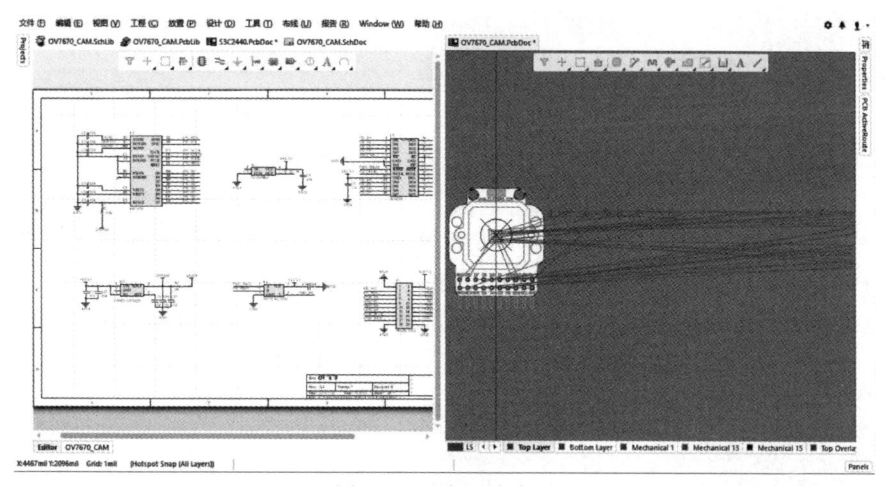

图 15-20　交互式布局

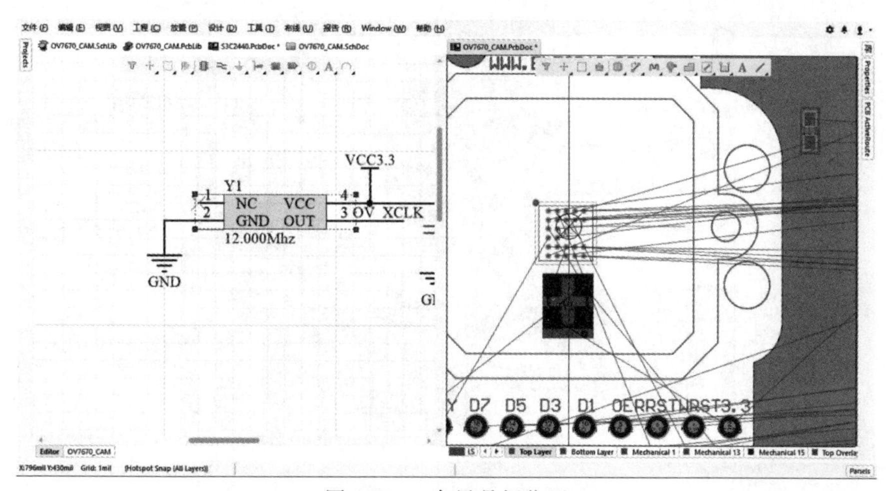

图 15-21　布局晶振位置

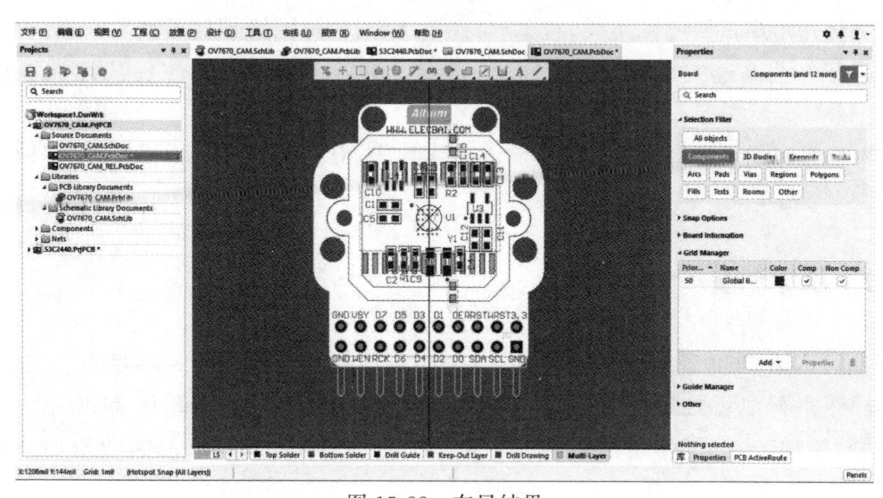

图 15-22　布局结果

15.6 布线与铺铜

15.6.1 布线

在对PCB进行布线的时候,可以采用先局部后整体,先布线密度高处后布线密度低处,先对重要网络布线后对其他网络布线等策略进行布线。对于很多简单的PCB主板而言,若可以在一层内走完的网络,尽可能在一层内走完,当出现网络交叉时,可以考虑走其他层。

(1) 先就近布线,如图15-23所示,先布局靠近OV7670的网络,在OV7670附近有滤波电容、上拉电阻等元器件,可以优先布线。

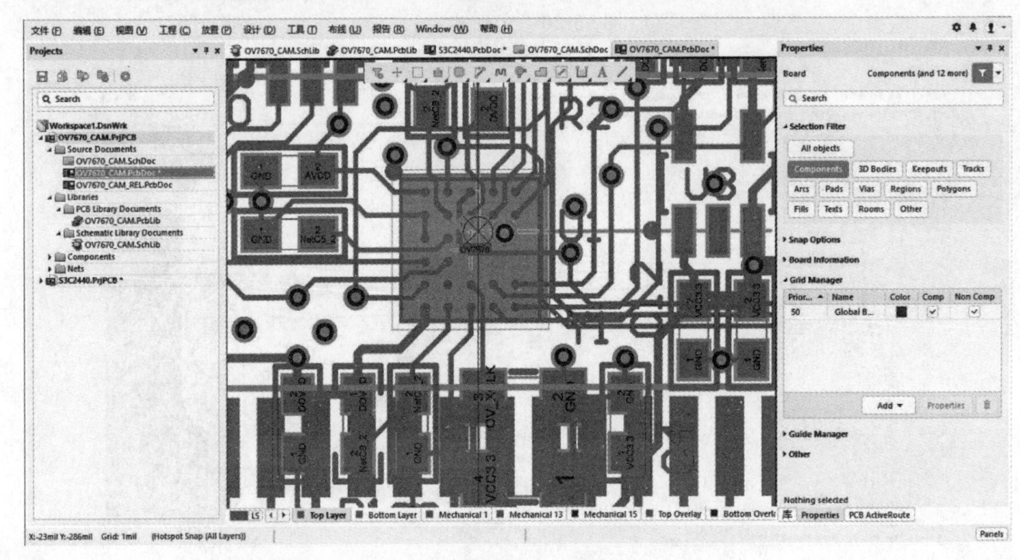

图15-23 布线

(2) 优先布局重要的网络线,在本PCB设计中,电源网络等属于重要网络,可以优先布线。对于一些高速主板,如带有DDR、USB、HDMI等网络的,建议优先处理这些网络线。

(3) 优先布局密度高的地方,在本PCB设计中,对于OV7670而言,其周围网络密度较高,可以优先布线。

15.6.2 添加泪滴

泪滴可以为PCB连线增加相应的强度,防止因外力导致的网络线断开。在Altium Designer下进行泪滴加持比较容易,执行"工具"→"泪滴"命令,如图15-24所示。

选择"添加",勾选"强制铺泪滴",单击"确定"按钮后,可完成泪滴的添加。添加效果,如图15-25所示。

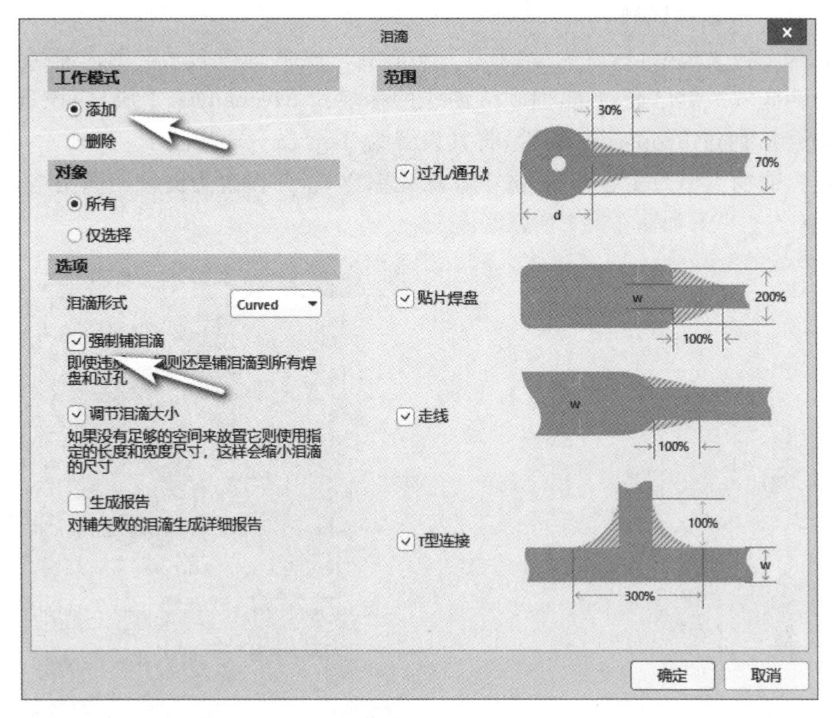

图 15-24　加泪滴

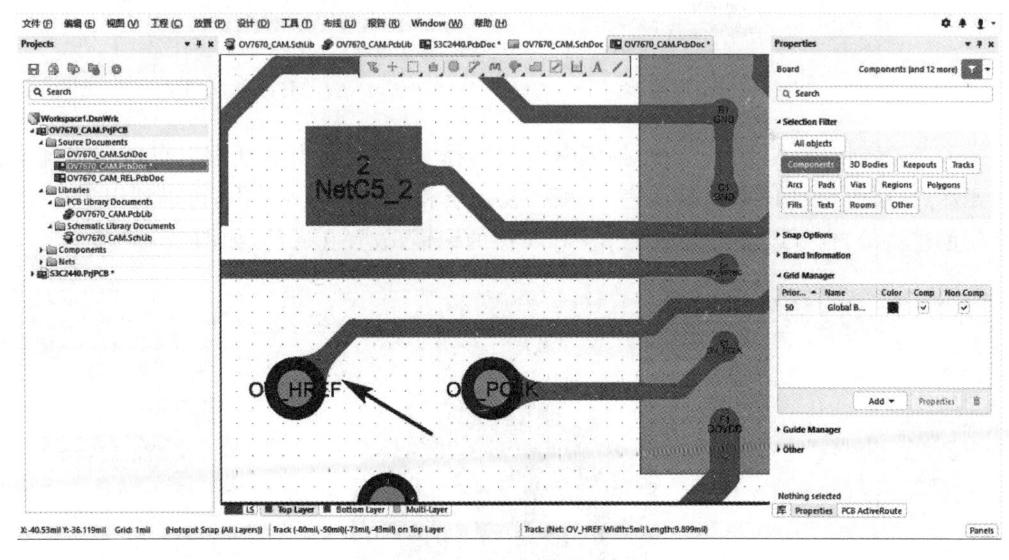

图 15-25　泪滴效果

15.6.3　铺铜

布线完成之后，一般会对 GND(地)网络进行大面积铺铜，铺铜的好处上文已经介绍。对于本 PCB 而言，板子边框属于不规则形状，因此可以按照上文所述，利用板子边框的方式，转化一个铺铜区域。

① 先选中板子边框，然后执行“工具”→“转化”→“从选中的元素创建铺铜”命令。

② 铺铜区域虽然已经创建，但默认创建的是属于 Mechanical 1 层，应该选中当前创建的铺铜区域，通过 Properties 属性，将其设置为 Top Layer，如图 15-26 所示。

③ 设置铺铜类型为实心铺铜，选中移除死铜方式，并设置为覆盖相同网络，最后需要将网络设置为 GND，如图 15-27 所示。

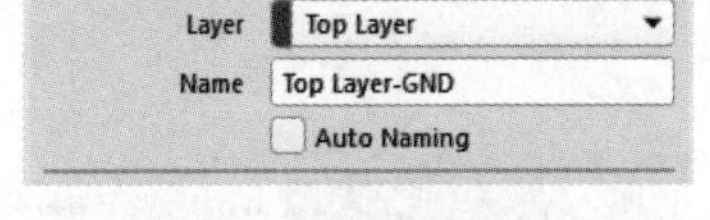

图 15-26　铺铜层修改

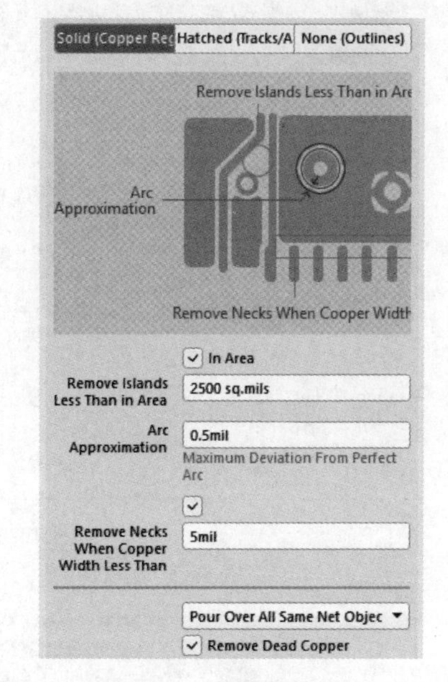

图 15-27　修改铺铜属性

④ 铺铜创建完成之后，选择“铺铜”，右键选择“重新填充所有铺铜”，可以完成铺铜。需要注意，对于两层 PCB 主板而言，一般需要顶层和底层均放置铺铜，可以利用上述步骤重新创建一份，也可以直接复制 Top Layer 层的铺铜，放置在底部，如图 15-28 所示。

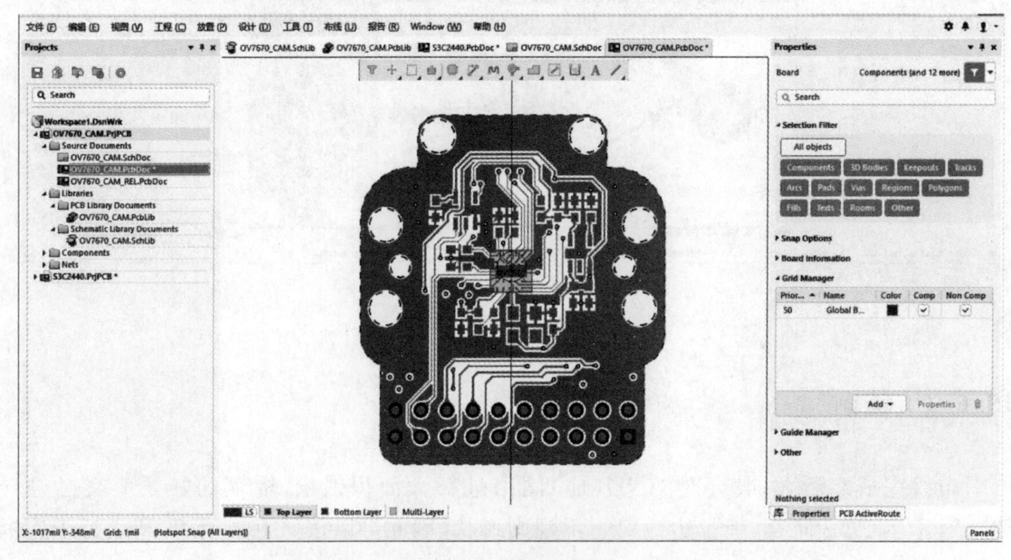

图 15-28　铺铜效果

15.7 优化与 DRC 检查

15.7.1 优化

经过上面几步的操作，虽然 PCB 主板的大体设计已经完成，但还有很多细枝末节的地方需要调整优化，一般需要优化的地方有：(1)检查网络线布局是否合理；(2)重新调整丝印；(3)添加其他信息标注丝印，如引脚标注、Logo 等；(4)移除或处理有天线效果的铺铜。对 PCB 主板进行优化应当严格地遵循芯片的数据手册、电源完整性。其他处理，有的还会建议利用板子边框生成 Keepout 层，让铺铜与板框有一定的距离。

下面对几种常见的调整进行简介，初学者应当掌握此知识。

(1) 调整丝印

为了方便布局，一开始将丝印设置成方便布局的状态，但这种状态对于加工生产是不方便的，应当合理调整丝印的位置，以便丝印发挥它的最大作用。建议丝印的方向相同，顺序相似，靠近自己的元器件，效果如图 15-29 所示。

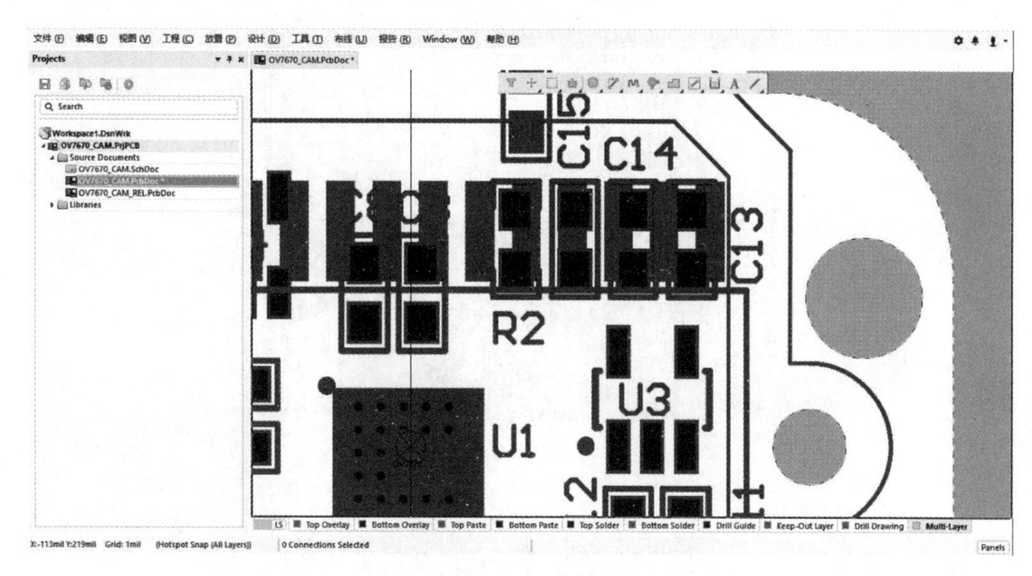

图 15-29　丝印效果

(2) 处理天线效果

天线效果在 PCB 铺铜之后会大量出现，如图 15-30 所示。如果有网络比较敏感，极有可能受到周围信号的影响，所以应当对天线效果进行处理。处理方式有两种：①在天线边缘打过孔；②创建铺铜禁止区域，禁止该天线区出现铺铜。

通过放置过孔的方式，这里就不再介绍了，和普通直接添加过孔方式一样。特别注意，一块 PCB 主板上应当在空白区域多放置一些过孔，让 GND 网络有良好的通透性。

在铺铜的一层，放上禁止铺铜区域，执行“放置”→“多边形铺铜挖空”命令，添加多边形之后，选择铺铜，右键选择重新填充铺铜，即可完成，如图 15-31 所示。

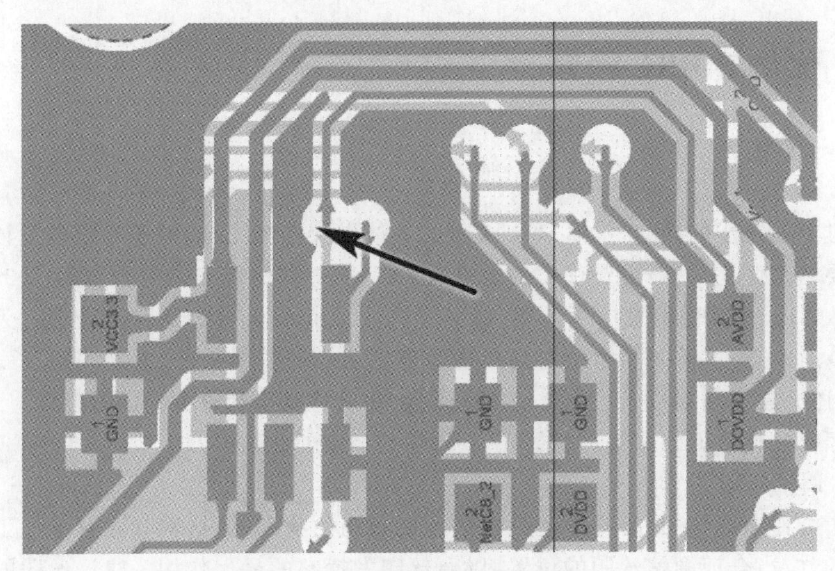

图 15-30　铺铜产生的天线效果

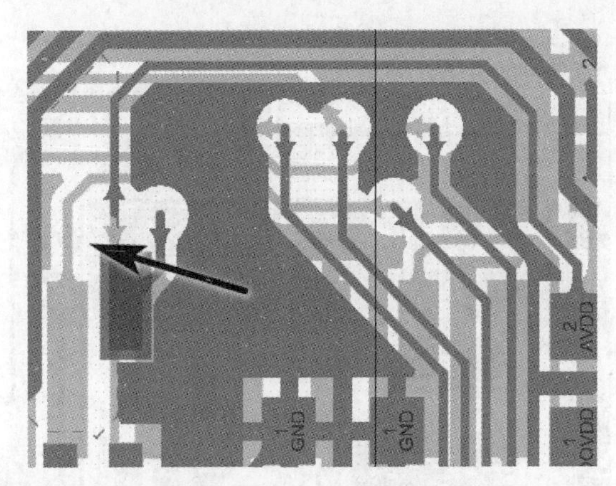

图 15-31　挖空铺铜

(3) 添加 Logo

Logo 的添加属于非必须的,可以根据个人或者公司的要求自行添加。添加 Logo 需要使用到 Altium Designer 提供的脚本文件。因 Altium Designer 脚本在最新版本中已经不被提供了,可以简单参考以下步骤,还可以从互联网下载这些脚本进行使用。

① 启动脚本文件。

② 脚本命令启动后,选择加载 BMP 图片,图片必须是灰度图。

③ 进行 BMP 图像转化,等待转化完成之后,一个符合 Altium Designer 规则的 Logo 图便可出现。有时候这个 Logo 图并不位于我们想要的设计层上,此时可以全选,修改这个层位置。

④ 复制当前生成的 Logo 到 PCB 文件中,将整个 Logo 图右键选择创建联合,将其组成一个整体。

⑤ 可以移动 Logo 整体或者调整 Logo 整体大小,直到大小合理即可。

15.7.2 DRC 检查

DRC 检查在 PCB 设计中尤为重要，通常一块 PCB 主板的规则有很多，但并不是所有的规则都需要参与检查。下面是对必要的 DRC 检查中的选项进行配置。

执行“工具”→“设计规则检查器”命令，在 Rules To Check 中，选择需要检查的地方。

(1) Electrical 内容，如图 15-32 所示。

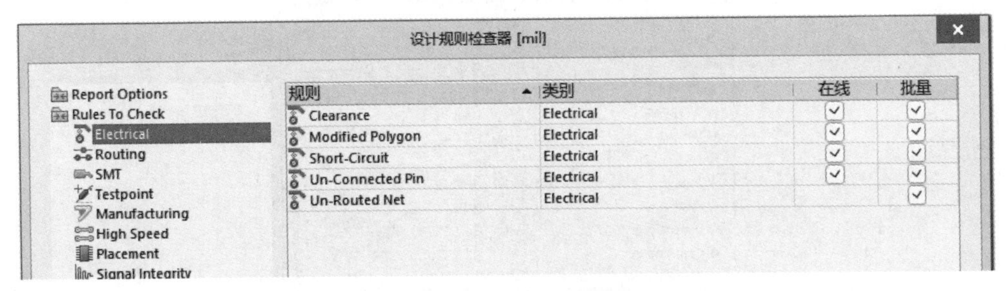

图 15-32 电气属性规则

(2) Routing 内容，如图 15-33 所示。

设计规则检查器 [mil]

规则	类别	在线	批量
Differential Pairs Routing	Routing	✓	
Routing Layers	Routing	✓	
Routing Via Style	Routing	✓	
Width	Routing	✓	✓

图 15-33 布线规则

其他规则均可以不参与检查，但需要注意的是，如果在你的 PCB 中有高速布线、等长线等设计要求，请在高速规则中勾选相应的选项，如图 15-34 所示。

图 15-34 SMT 规则

设置好需要配置检查的规则之后，选择执行 DRC 检查，检查结果一般会出现错误提示，可以根据相应的错误提示，重新改正相关的错误。

15.7.3 利用操作检查错误

先打开 View Configuration 面板，将所有图像设置为草图显示，如图 15-35 所示。

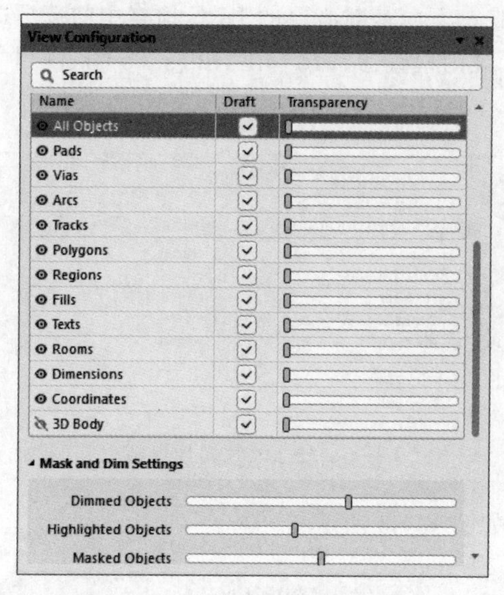

图 15-35　配置所有层为草图显示

观察 PCB 的草图图纸状态，看是否出现相应的连接虚段现象，如图 15-36 所示。

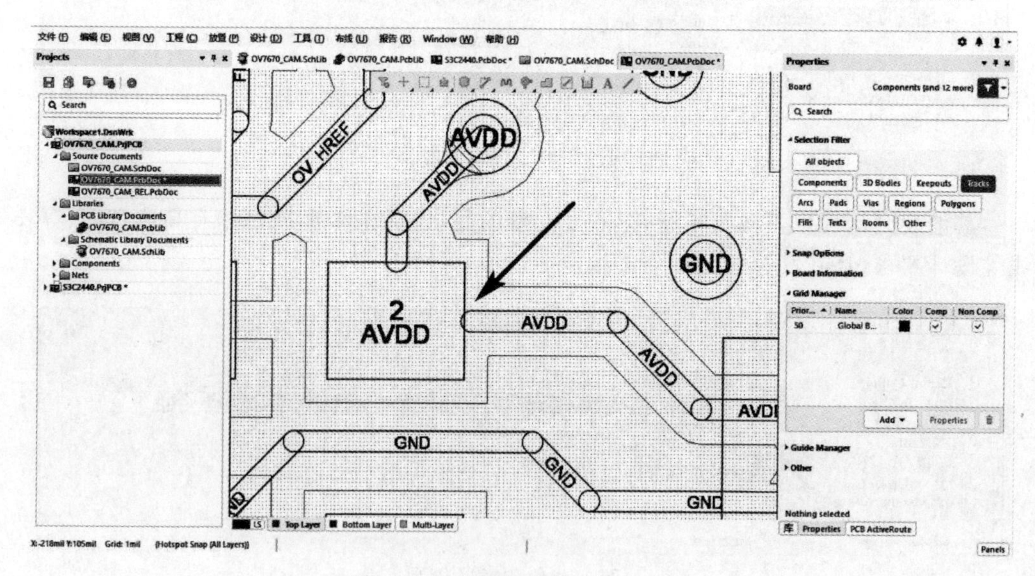

图 15-36　草图显示状态检查错误

这种现象几乎不会被 DRC 错误检查筛选出来，但是在实际加工中，极其容易导致网络虚连。一定要特别注意，利用草图的方式，可以为直接观察连接状态提供方便。

15.8 出装配加工图

15.8.1 输出机械装配图

新版本的 Altium Designer 增强了机械装配图的输出功能。虽然在 Altium Designer PCB 设计中可以在原 PCB 文件上直接进行尺寸标注，但依然不属于专业的机械装配图的输出。

① 先为工程新建一个装配文件，右键单击工程，执行“添加新的...到工程”→“Draftsman Document”命令。接着提示选择模板类型，建议选择默认类型，如图 15-37 所示。

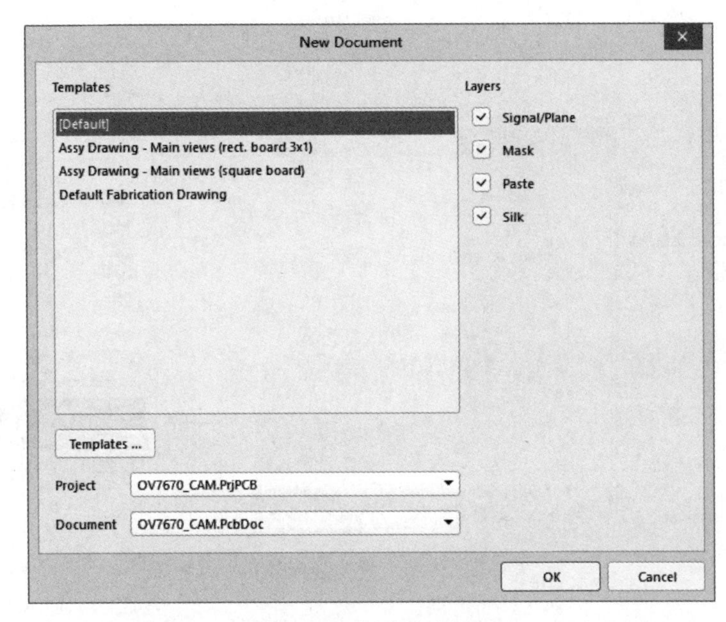

图 15-37 新建装配图纸

② 新建一个文件之后，如图 15-38 所示。此时，一个工程装配图纸被创建。装配图主要用于描述 PCB 主板各个部件的尺寸参数、板子参数，因此它不复制对 PCB 主板的绘制工作。

③ 单击“Insert board assembly view”按钮，然后软件开始解析 PCB 主板图纸，最终生成一个主视图，此主视图可以随意放在任意位置，如图 15-39 所示。

新版本的 Altium Designer 足够强大，可以自动识别 PCB 主板中的所有 3D 模型并进行 2 维转化。

④ 可以根据三视图的基本标注法，对 PCB 图纸进行标注，如图 15-40 所示。如标注板子的长度、宽度和安装孔的间距等。笔者这里给了一个参考示意图，读者可以根据实际情况而定。

⑤ 绘制好装配图之后，还可以将其导出为 PDF 格式文件，方便发给其他人阅览。执行“File”→“Export PDF”命令，即可导出。

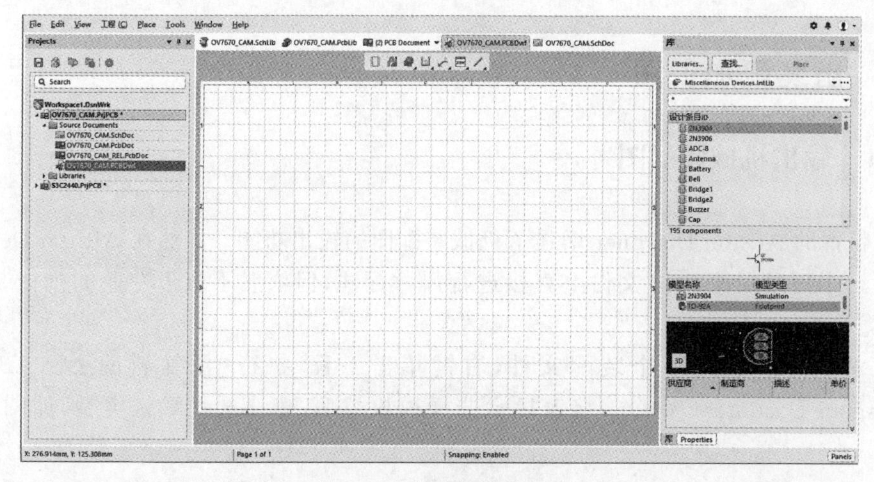

图 15-38　装配体图纸创建

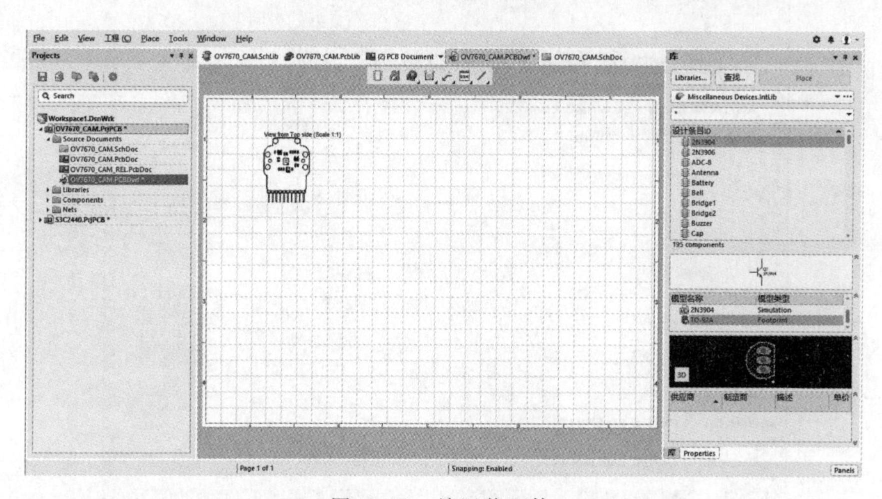

图 15-39　放置装配体

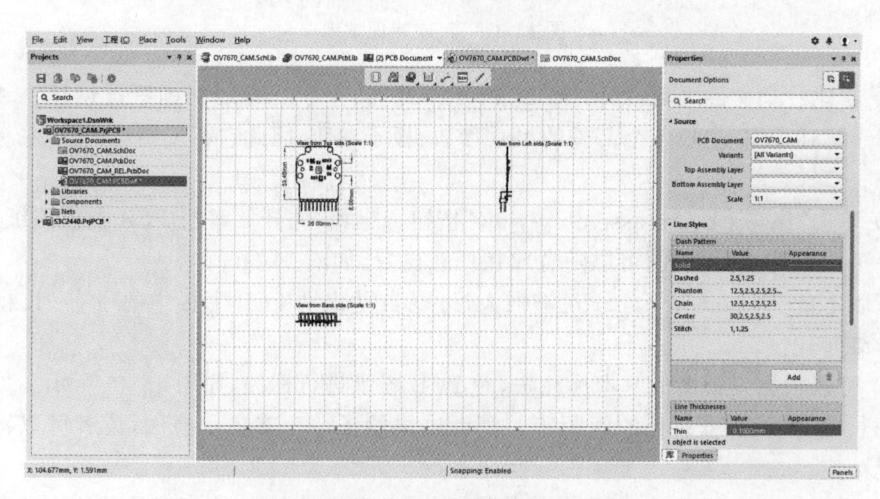

图 15-40　多维装配体

15.8.2 输出 Gerber

Gerber 文件是一款计算机标准格式文件，它是线路板行业软件描述线路板（线路层、阻焊层、字符层等）图像及钻、铣数据的文档格式集合，是线路板行业图像转换的标准格式。导出 Gerber 是一种泛指，在实际操作中除了 Gerber 文件外，还有钻孔文件等。

如果需要加工的主板是拼版的话，可以直接导出拼版的 Gerber 数据。

(1) Gerber File 输出，执行"文件"→"制造输出"→"Gerber Files"命令，启动 Gerber 设置窗口。在 Gerber 配置窗口中做如下配置：

① 在"通用"选项卡中，单位选择毫米，格式选择 4:4(其意义也就是 1:1)，如图 15-41 所示。

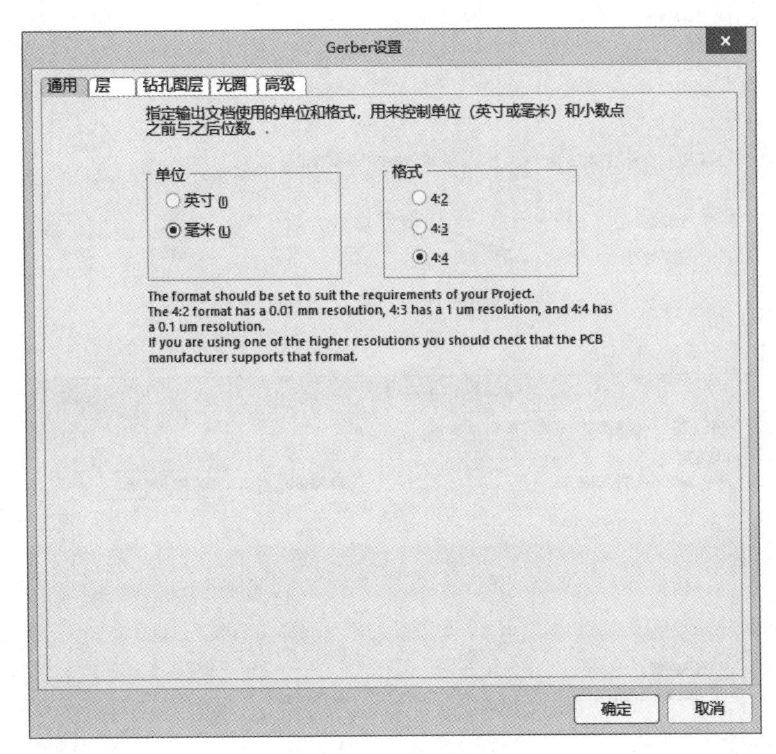

图 15-41　配置通用

② 在"层"选项卡中，执行"绘制层"→"选择使用的"命令，并勾选 Mechanical 1。勾选包括未连接的中间层焊盘，如图 15-42 所示。

③ 在"钻孔图层"选项卡中，勾选钻孔图和钻孔向导图下方的"输出所有使用的钻孔对"，如图 15-43 所示。

④ 配置钻孔符号为字符类型，如图 15-44 所示。

⑤ 在"光圈"选项卡中，使用默认方式，如图 15-45 所示。

⑥ 在"高级"选项卡中，选择默认配置，如图 15-46 所示。

⑦ 最后单击"确定"按钮，完成 Gerber 文件输出，输出后的文件数量很多，一定要全部保存。另外还会生成一个 CAM 文件，可以选择保存或不保存，如图 15-47 所示。

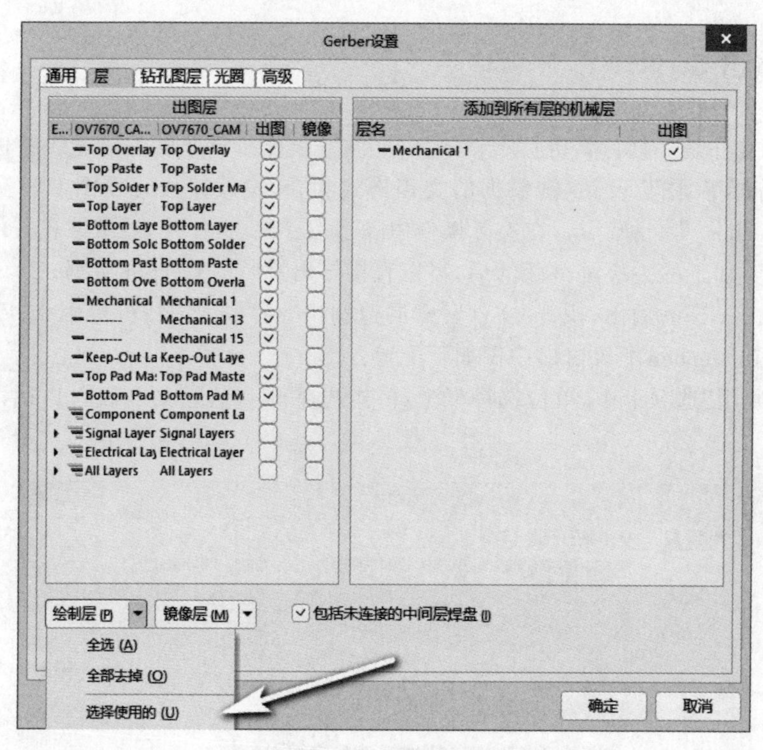

图 15-42　选择所有层

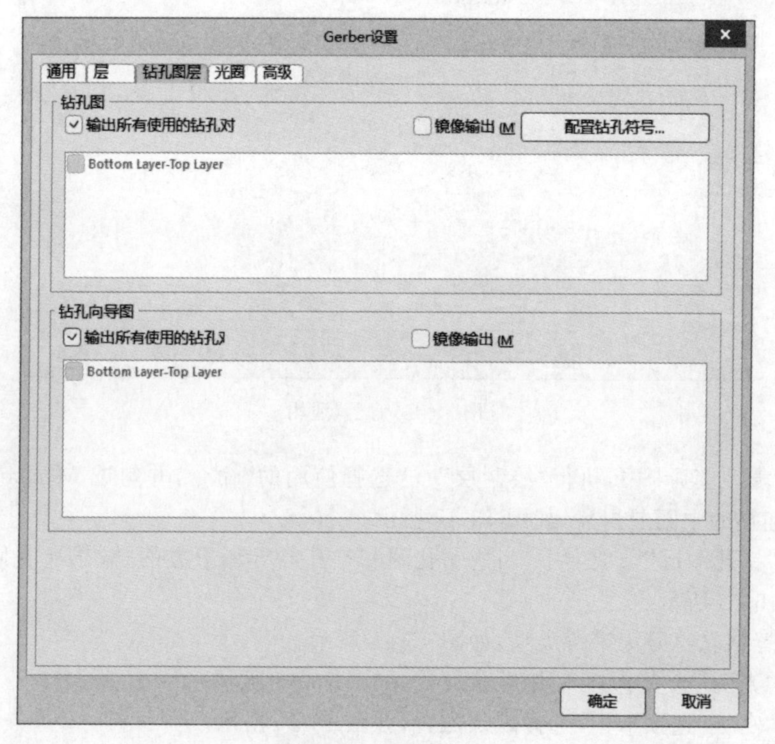

图 15-43　配置钻孔

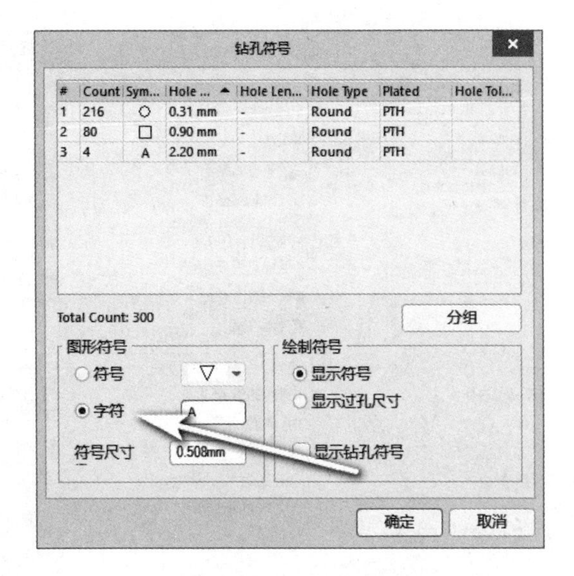

图 15-44　配置钻孔符号

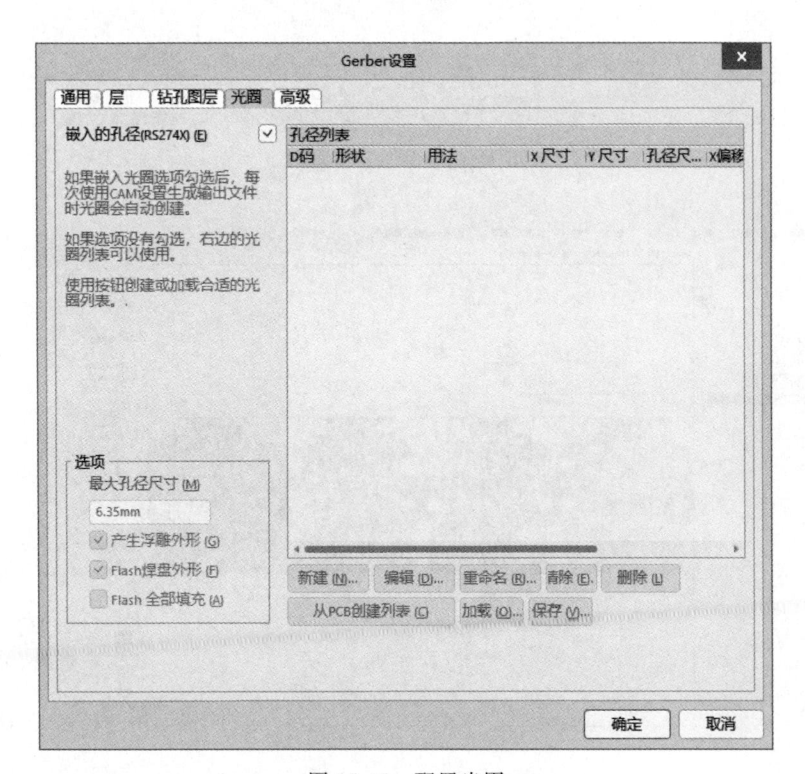

图 15-45　配置光圈

（2）NC Drill Files 输出

① 导出钻孔文件数据，执行"文件"→"制造输出"→"NC Drill Files"命令。这里的配置应当和上文中的 Gerber 文件的配置属性一致。选择单位为"毫米"，前导/尾数零区域选择"摒弃前导零"。其他区域处应勾选前 3 项。单击"确定"按钮，如图 15-48 所示。

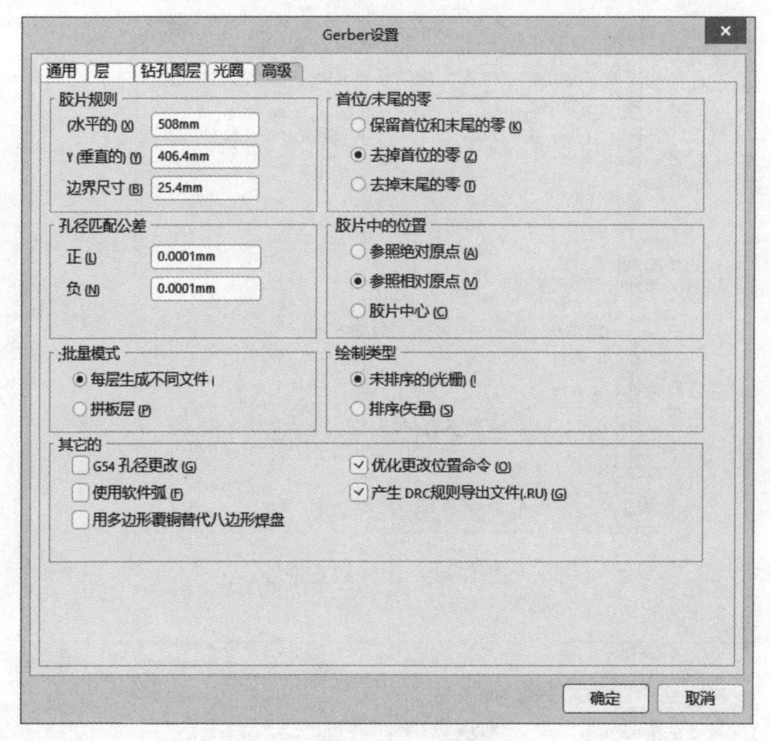

图 15-46　配置高级部分

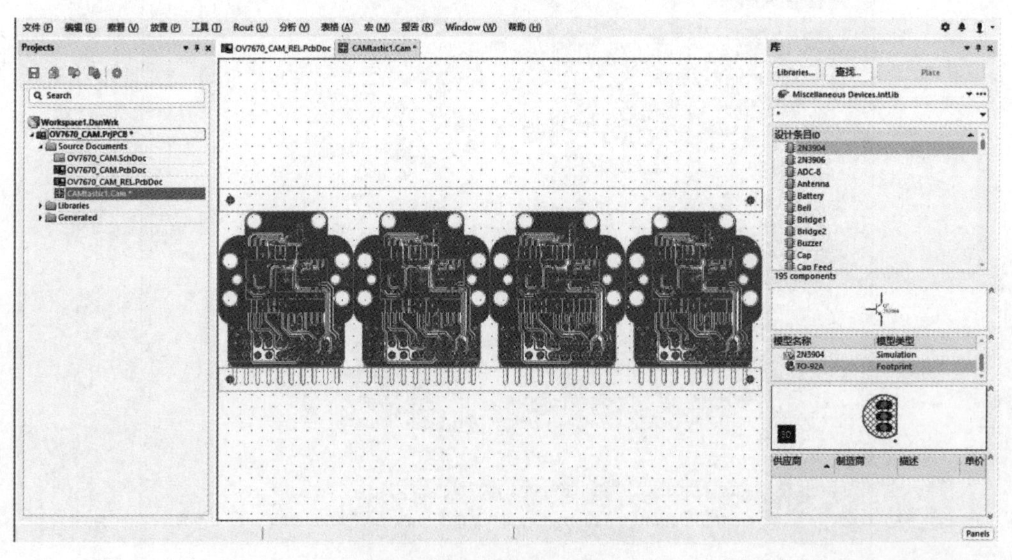

图 15-47　生成 CAM 文件

② 设置导入钻孔数据。这一步是在上一步单击“确定”按钮之后,自动弹出的,此时单击“单位”按钮,进入单位设置,如图 15-49 所示。

③ 设置的单位应和上文的 Gerber 单位相同。选择单位为“公制的”,去零处选择“首位”。最后单击“确定”按钮返回上一页设置,如图 15-50 所示。

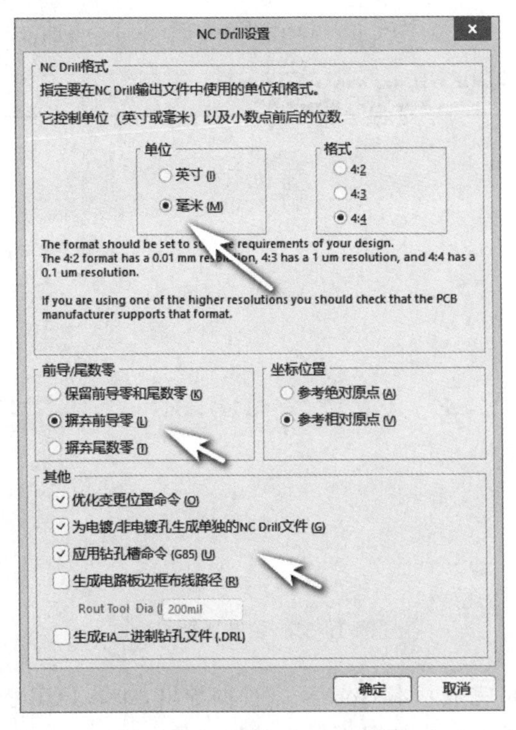

图 15-48　选择 NC Drill 配置

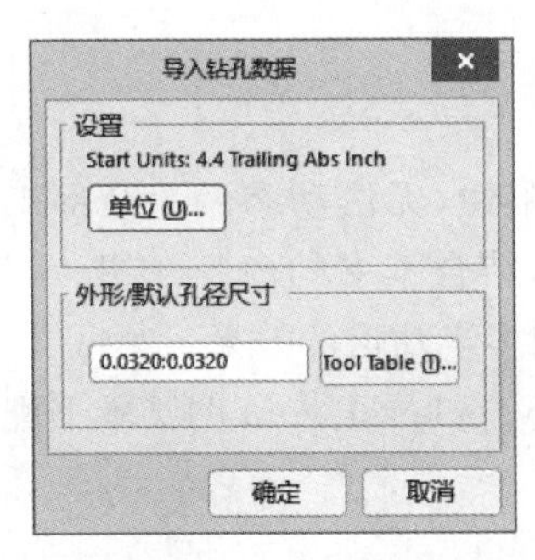

图 15-49　NC 单位配置

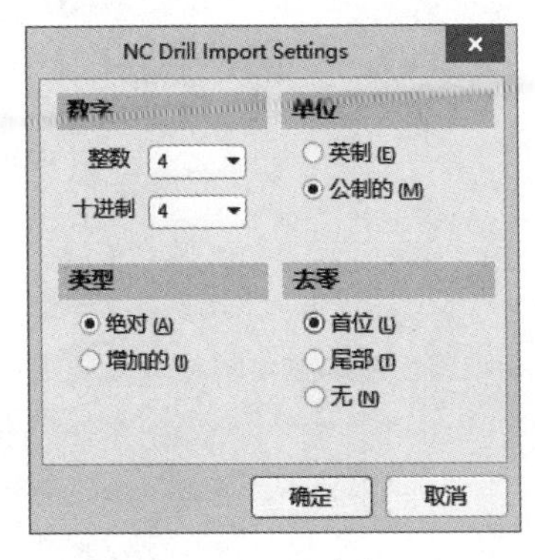

图 15-50　NC 单位配置

④ 单击"确定"按钮之后,生成 NC Drill File,如图 15-51 所示。

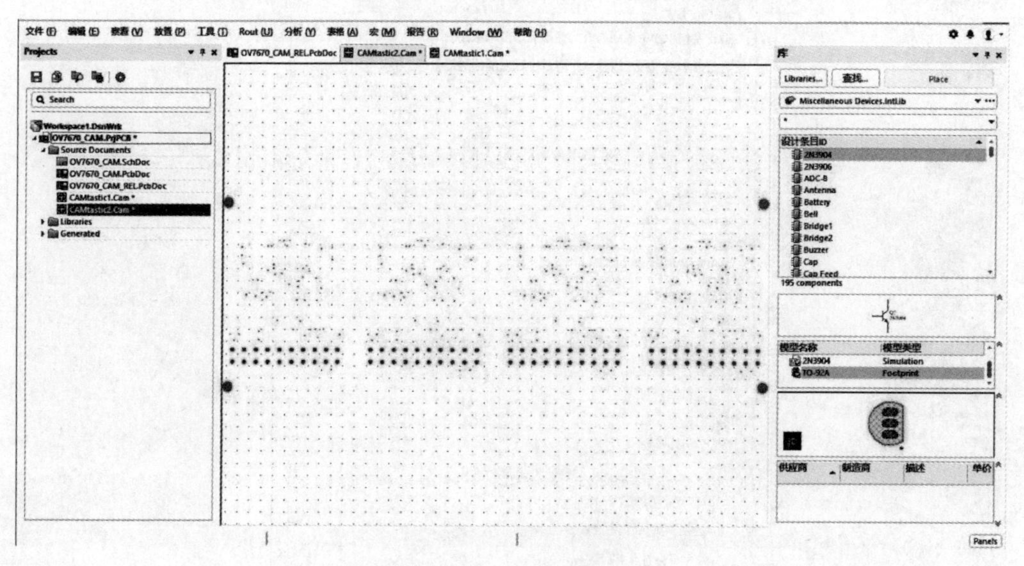

图 15-51　钻孔图效果

执行以上操作后,可完成基本 Gerber 文件的导出,如果 PCB 板厂在加工过程中还需要其他校正文件,可以根据实际情况再导出其他文件。

15.9　实战项目总结

本书因书籍印刷工艺的局限性,无法动态展示全部工程中的所有设计步骤,你可以参考本书自带的实战课程项目,结合本书的内容介绍,参考学习。学习一套完整的实战项目,将会对你的技能提升起到事半功倍的效果。

你还可以访问 http://www.pcbcast.com 购买本书配套的完整视频教程。

第16章 原理图仿真技术[①]

Altium Designer 官方对本软件的仿真功能做了如下简单说明，概述了 Altium Designer 在仿真工作中的必要条件和基本步骤。以下内容为 Altium Designer 官方提供的案例，提供给同学们用于仿真入门。

Altium Designer 的混合电路信号仿真工具，在电路原理图设计阶段实现对数模混合信号电路的功能设计仿真，配合简单易用的参数配置窗口，完成基于时序、离散度、信噪比等多种数据的分析。Altium Designer 可以在原理图中提供完善的混合信号电路仿真功能，除了对 XSPICE 标准的支持之外，还支持对 Pspice 模型和电路的仿真。

Altium Designer 中的电路仿真是真正的混合模式仿真器，可以用于对模拟和数字器件的电路分析。仿真器采用由乔治亚技术研究所(GTRI)开发的增强版事件驱动型 XSPICE 仿真模型，该模型是基于伯克里 SPICE3 代码，并且对 SPICE3f5 完全兼容。

SPICE3f5 模拟器件模型包括电阻、电容、电感、电压/电流源、传输线和开关。五类主要的通用半导体器件模型，如 diodes、BJTs、JFETs、MESFETs 和 MOSFETs。

XSPICE 模拟器件模型是针对一些可能会影响到仿真效率的冗长的无须开发局部电路，而设计的复杂的、非线性器件特性模型代码。包括特殊功能函数，诸如增益、磁滞效应、限电压及限电流、s 域传输函数精确度等。局部电路模型是指更复杂的器件，如用局部电路语法描述的操作运算放大器、时钟、晶体等。每个局部电路都写在 *.ckt 文件中，并在模型名称的前面加上大写的 X。

数字器件模型是用数字 SimCode 语言编写的，这是一种由事件驱动型 XSPICE 模型扩展而来专门用于仿真数字器件的特殊的描述语言，是一种类 C 语言，实现对数字器件的行为及特征的描述，参数可以包括传输时延、负载特征等信息；行为可以通过真值表、数学函数和条件控制参数等。它来源于标准的 XSPICE 代码模型。在 SimCode 中，仿真文件采用 ASCII 码字符并且保存成.TXT 后缀的文件，编译后生成 *.scb 模型文件。可以将多个数字器件模型写在同一个文件中。

虽然 Altium Designer 支持仿真功能，但在业内使用该功能的设

---

① 参考案例与设计教程来自 Altium Designer 官方 WIKI 数据手册。

计人员并不是很多,相应的企业或者公司也并不是以该仿真功能为首要仿真工具,建议对仿真有需求的同学,可以详细参考本章案例。

16.1 仿真模型

仿真模型是进行仿真前操作的必不可少的部分,一部分仿真模型可以使用 Altium Designer 安装路径下提供的自动封装库中自带的仿真模型。查看仿真模型可以打开库面板,展开模型列表,查看所带有的仿真模型。类型为 Simulation 的就是仿真模型,如图 16-1 所示。

模型名称	模型类型
2N3904	Signal Integrity
2N3904	Simulation
TO-92A	Footprint

图 16-1 模型

虽然 Altium Designer 默认为我们提供了大量的封装库仿真模型,但相对于整体电子行业中的元器件/IC 等而言,却是冰山一角,因此除了可以使用 Altium Designer 自带的仿真模型以外,还可以引入第三方的仿真模型。

16.2 仿真参数

Altium Designer 的仿真器可以完成各种形式的信号分析,在仿真器的分析设置对话框中,通过全局设置页面,允许用户指定仿真的范围和自动显示仿真的信号。每一项分析类型可以在独立的设置页面内完成。Altium Designer 中允许的分析类型包括:

(1) 直流工作点分析;
(2) 瞬态分析和傅里叶分析;
(3) 交流小信号分析;
(4) 直流扫描分析;
(5) 阻抗特性分析;
(6) 噪声分析;
(7) Pole-Zero(临界点)分析;
(8) 传递函数分析;
(9) 蒙特卡洛分析;
(10) 参数扫描;
(11) 温度扫描等。

16.2.1 直流工作点分析

直流工作点分析用在测定带有短路电感和开路电容电路的直流工作点。

在测定瞬态初始化条件时,除了已经在 Transient/Fourier Analysis Setup 中使能了 Use Initial Conditions 参数的情况外,直流工作点分析将优先于瞬态分析。同时,直流工作点分析优先于交流小信号、噪声和 Pole-Zero 分析,为了保证测定的线性化,电路中所有非线性的小信号模型,在直流工作点分析中将不考虑任何交流源的干扰因素。

16.2.2 瞬态分析

瞬态分析在时域中描述瞬态输出变量的值。在未使能 Use Initial Conditions 参数时，对于固定偏置点，电路节点的初始值对计算偏置点和非线性元器件的小信号参数时节点初始值也应考虑在内，因此有初始值的电容和电感也被看作电路的一部分而保留下来。

参数设置：

Transient Start Time：分析时设定的时间间隔的起始值(单位：秒)。

Transient Stop Time：分析时设定的时间间隔的结束值(单位：秒)。

Transient Step Time：分析时时间增量(步长)值。

Transient Max Step Time：时间增量值的最大变化量；缺省状态下，其值可以是 Transient Step Time 或(Transient Stop Time-Transient Start Time)/50。

Use Initial Conditions：当使能后，瞬态分析将自原理图定义的初始化条件开始，旁路直流工作点分析。该项通常用在由静态工作点开始一个瞬态分析中。

Use Transient Default：调用缺省设定。

Default Cycles Displayed：缺省显示的正弦波的周期数量。该值将由 Transient Step Time 决定。

Default Points Per Cycle：每个正弦波周期内显示数据点的数量。

如果用户未确定具体输入的参数值，建议使用缺省设置；当使用原理图定义的初始化条件时，需要确定在电路设计内的每一个适当的元器件上已经定义了初始化条件，或在电路中放置.IC 元器件。

16.2.3 傅里叶分析

一个设计的傅里叶分析是基于瞬态分析中最后一个周期的数据完成的。

参数设置：

Enable Fourier：在仿真中执行傅里叶分析(缺省则为 Disable)。

Fourier Fundamental Frequency：由正弦曲线波叠加近似而来的信号频率值。

Fourier Number of Harmonics：在分析中应注意的谐波数；每一个谐波均为基频的整数倍。

在执行傅里叶分析后，系统将自动创建一个.sim 数据文件，文件中包含了关于每一个谐波的幅度和相位的详细信息。

16.2.4 直流扫描分析

直流扫描分析就是直流转移特性分析，当输入在一定范围内变化时，输出一个曲线轨迹。通过执行一系列直流工作点分析，修改选定的源信号的电压，用户可以得到一个直流传输曲线；用户也可以同时指定两个工作源。

参数设置：

Primary Source：电路中独立电源的名称。

Primary Start：主电源的起始电压值。

Primary Stop：主电源的停止电压值。

Primary Step：在扫描范围内指定的增量值。

Enable Secondary：在主电源基础上，执行对每个从电源值的扫描分析。

Secondary Name：在电路中独立的第二个电源的名称。

Secondary Start：从电源的起始电压值。

Secondary Stop：从电源的停止电压值。

Secondary Step：在扫描范围内指定的增量值。

在直流扫描分析中必须设定一个主电源，而第二个电源为可选；通常第一个扫描变量(主独立电源)所覆盖的区间是内循环，第二个扫描变量(次独立电源)所覆盖的区间是外循环。

16.2.5 交流小信号分析

交流分析是在一定的频率范围内计算电路和响应。如果电路中包含非线性器件或元件，在计算频率响应之前就应该得到此器件的交流小信号参数。在进行交流分析之前，必须保证电路中至少有一个交流电源，即在激励源中的AC属性域中设置一个大于零的值。

参数设置：

Start Frequency：用于正弦波发生器的初始化频率(单位：Hz)。

Stop Frequency：用于正弦波发生器的截至频率(单位：Hz)。

Sweep Type：决定如何产生测试点的数量；Linear：全部测试点均匀地分布在线性化的测试范围内，是从起始频率开始到终止频率的线性扫描，Linear类型适用于带宽较窄情况；Decade：测试点以10的对数形式排列，Decade用于带宽特别宽的情况；Octave：测试点以8个2的对数形式排列，频率以倍频程进行对数扫描，Octave用于带宽较宽的情形。

Test Points：在扫描范围内，依据选择的扫描类型，定义增量值。

Total Test Point：显示全部测试点的数量。

在执行交流小信号分析前，原理图中必须包含至少一个信号源器件并且在AC Magnitude参数中应输入一个值。用这个信号源去替代在仿真期间的正弦波发生器。用于扫描的正弦波的幅度和相位需要在SIM模型中指定。输入的幅度值(电压Volt)和相位值(度Degrees)，不要求输入单位值。设定交流量级为1，将使输出变量显示相关度为0dB。

16.2.6 阻抗特性分析

阻抗特性分析将显示电路中任意两个终端源间的阻抗特征，该分析没有独立的设置页面，通常只作为交流小信号分析中的一个部分。

参数设置：

阻抗测量将通过输入电源电压值除以输出电流值得到。要获得一个电路输出阻抗的阻抗特征图，须通过下列步骤实现：

① 从输入端删除源；

② 输入电源与地短接；

③ 删除任意连入电路的负载；

④ 连接输出两端的源，即正电源连接到输出端，负端接地。

16.2.7 噪声分析

噪声分析利用噪声谱密度测量由电阻和半导体器件产生的噪声影响，通常由 V^2/Hz 表征测量噪声值。电阻和半导体器件等都能产生噪声，噪声电平取决于频率。电阻和半导体器件产生不同类型的噪声（注意：在噪声分析中，电容、电感和受控源视为无噪声元器件）。对交流分析的每一个频率，电路中每一个噪声源（电阻或晶体管）的噪声电平都被计算出来。它们以输出节点的贡献通过将各均方根值相加得到。

参数设置：

Output Noise：需要分析噪声的输出节点。

Input Noise：叠加在输入端的噪声总量，将直接关系到输出端上的噪声值。

Component Noise：电路中每个元器件（包括电阻和半导体器件）对输出端所造成的噪声乘以增益后的总和。

Noise Sources：选择一个用于计算噪声的参考电源（独立电压源或独立电流源）。

Start Frequency：指定起始频率。

Stop Frequency：指定终止频率。

Test Points：指定扫描的点数。

Points/Summary：指定计算噪声范围。在此区域中，输入 0 则只计算输入和输出噪声；输入 1 则同时计算各个器件噪声。后者适用于用户想单独查看某个器件的噪声并进行相应的处理（例如某个器件的噪声较大，则考虑使用低噪声的器件换之）。

Output Node：指定输出噪声节点。

Reference Node：指定输出噪声参考节点，此节点一般为地（也即为 0 节点），如果设置的是其他节点，通过 V(Output Node)-V(Reference Node)得到总的输出噪声。

Sweep Type 框中指定扫描类型，这些设置和交流分析差不多，在此只作简要说明。Linear 为线性扫描，是从起始频率开始到终止频率的线性扫描，Test Points 是扫描中的总点数，一个频率值由当前一个频率值加上一个常量得到。Linear 适用于带宽较窄情况。Octave 为倍频扫描，频率以倍频程进行对数扫描。Test Points 是倍频程内的扫描点数。下一个频率值由当前值乘以一个大于 1 的常数产生。Octave 用于带宽较宽的情形。Decade 为十倍频扫描，它进行对数扫描。Test Points 是十倍频程内的扫描点数。Decade 用于带宽特别宽的情况。

通常起始频率应大于零，独立的电压源中需要指定 Noise Sources 参数。

16.2.8 Pole-Zero(临界点)分析

在单输入/输出的线性系统中,利用电路的小信号交流传输函数对极点或零点的计算用 Pole-Zero 进行稳定性分析;将电路的直流工作点线性化和对所有非线性器件匹配小信号模型。传输函数可以是电压增益(输出与输入电压之比)或阻抗(输出电压与输入电流之比)中的任意一个。

参数设置:

Input Node:正的输入节点。

Input Reference Node:输入端的参考节点(缺省:0(GND))。

Output Node:正的输出节点。

Output Reference Node:输出端的参考节点(缺省:0(GND))。

Transer Function Type:设定交流小信号传输函数的类型;V(output)/V(input):电压增益传输函数;V(output)/I(input):电阻传输函数。

Analysis Type:更精确地提炼分析极点。

Pole-Zero 分析可用于对电阻、电容、电感、线性控制源、独立源、二极管、BJT 管、MOSFET 管和 JFET 管,不支持传输线。对复杂的大规模电路进行 Pole-Zero 分析,需要耗费大量时间,并且可能不能找到全部的 Pole 和 Zero 点,因此将其拆分成小的电路再进行 Pole-Zero 分析将更有效。

16.2.9 传递函数分析

传递函数分析(也称为直流小信号分析)将计算每个电压节点上的直流输入电阻、直流输出电阻和直流增益值。

参数设置:

Source Name:指定输入参考的小信号输入源。

Reference Node:作为参考指定计算每个特定电压节点的电路节点(缺省:设置为0)。

利用传递函数分析可以计算整个电路中直流输入、输出电阻和直流增益3个小信号的值。

16.2.10 蒙特卡洛分析

蒙特卡洛分析法是一种统计模拟方法,它是在给定电路元器件参数容差统计分布规律的情况下,用一组组伪随机数求得元器件参数的随机抽样序列,对这些随机抽样的电路进行直流扫描,并对直流工作点、传递函数、噪声、交流小信号和瞬态分析,通过多次分析结果估算出电路性能的统计分布规律,蒙特卡洛分析可以进行最坏情况分析,Altium Designer 的蒙特卡洛分析在进行最坏情况分析时有着强大且完备的功能。

参数设置:

Seed:该值是仿真中随机产生的。如果用随机数的不同序列执行一个仿真,需要改变该值(缺省：—1)。

Distribution：容差分布参数；Uniform(缺省)表示单调分布。在超过指定的容差范围后仍然保持单调变化；Gaussian 表示高斯曲线分布(即 Bell-Shaped 铃形)，名义中位数与指定容差有—/+3 的背离；Worst Case 表示最坏情况，与单调分布类似，不仅仅是容差范围内最差的点。

Number of Runs：在指定容差范围内执行仿真中运用不同器件值(缺省：5)。

Default Resistor Tolerance：电阻件缺省容差(缺省：10%)。

Default Capacitor Tolerance：电容件缺省容差(缺省：10%)。

Default Inductor Tolerance：电感器件缺省容差(缺省：10%)。

Default Transistor Tolerance：三极管器件缺省容差(缺省：10%)。

Default DC Source Tolerance：直流源缺省容差(缺省：10%)。

Default Digital Tp Tolerance：数字器件传播延时缺省容差(缺省：10%)，该容差将用于设定随机数发生器产生数值的区间。对于一个名义值为 ValNom 的器件，其该容差区间为：ValNom— (Tolerance * ValNom)<RANGE> ValNom+ (Toleance * ValNom)。

Specific Tolerances：用户特定的容差(缺省：0)，定义一个新的特定容差，先执行 Add 命令，在出现的新增行的 Designator 域中选择特定容差的元器件，在 Parameter 中设置参数值，在 Tolerance 中设定容差范围，Track No. 即跟踪数(Tracking Number)，用户可以为多个元器件设定特定容差。此区域用来标明在设定多个元器件特定容差的情况下，它们之间的变化情况。如果两个元器件的特定容差的 Tracking No. 一样，且分布一样，则在仿真时将产生同样的随机数并用于计算电路特性，在 Distribution 中选择 uniform、gaussian 或 worst case 其中一项。每个元器件都包含两种容差类型，分别为元器件容差和批量容差。

如果电阻、电容、电感、晶体管等同时变化，可想而知，由于变化的参数太多，反而不知道哪个参数的变化对电路的影响最大，因此建议读者不要"贪多"，一个一个地分析，例如读者想知道晶体管参数 BF 对电路频率响应的影响，那么就应该去掉其他参数对电路的影响，而只保留 BF 容差。

16.2.11 参数扫描

参数扫描可以与直流、交流或瞬态分析等分析类型配合使用，对电路所执行的分析进行参数扫描，对于研究电路参数变化对电路特性的影响提供了很大的方便。在分析功能上与蒙特卡洛分析和温度分析类似，它是按扫描变量对电路所有分析参数扫描的，分析结果产生一个数据列表或一组曲线图。同时用户还可以设置第二个参数扫描分析，但参数扫描分析所收集的数据不包括子电路中的元器件。

参数设置：

Primary Sweep Variable：希望扫描的电路参数或器件的值，利用下拉选项框设定。

Primary Start Value：扫描变量的初始值。

Primary Stop Value：扫描变量的截止值。

Primary Step Value：扫描变量的步长。

Primary Sweep Type：设定步长的绝对值或相对值。

Enable Secondary：在分析中需要确定第二个扫描变量。

Secondary Sweep Variable：希望扫描的电路参数或元器件的值，利用下拉选项框设定。

Secondary Start Value：扫描变量的初始值。

Secondary Stop Value：扫描变量的截止值。

Secondary Step Value：扫描变量的步长。

Secondary Sweep Type：设定步长的绝对值或相对值。

参数扫描至少应与标准分析类型中的一项一起执行，我们可以观察到不同的参数值所画出来不一样的曲线。曲线之间偏离的大小表明此参数对电路性能影响的程度。

16.2.12 温度扫描

温度扫描是指在一定的温度范围内进行电路参数计算，用以确定电路的温度漂移等性能指标。

参数设置：

Start Temperature：起始温度(单位：摄氏度)。

Stop Temperature：截至温度(单位：摄氏度)。

Step Temperature：在温度变化区间内，递增变化的温度大小。

在温度扫描分析时，由于会产生大量的分析数据，因此需要将 General Setup 中的 Collect Data for 设定为 Active Signals。

16.3 仿真案例

使用 Altium Designer 仿真的基本步骤如下：

① 装载与电路仿真相关的元器件库；

② 在电路中放置仿真元器件(该元器件必须带有仿真模型)；

③ 绘制仿真电路图，其方法与绘制原理图一致；

④ 在仿真电路图中添加仿真电源和激励源；

⑤ 设置仿真节点及电路的初始状态；

⑥ 对仿真电路原理图进行 ERC 检查，以此改正错误；

⑦ 设置仿真分析的参数；

⑧ 运行电路仿真得到仿真结果；

⑨ 修改仿真参数或更换元器件，重复⑤～⑧的步骤，直至获得满意结果。

具体仿真步骤：

① 创建好仿真电路之后，如图 16-2 所示。

② 装载仿真库：单击窗口右侧的“Libraries”按钮，在弹出的窗口中选择 Libraries。

③ 简单介绍如何观察及修改仿真模型，在电路图编辑环境下，双击元器件 U1，将会

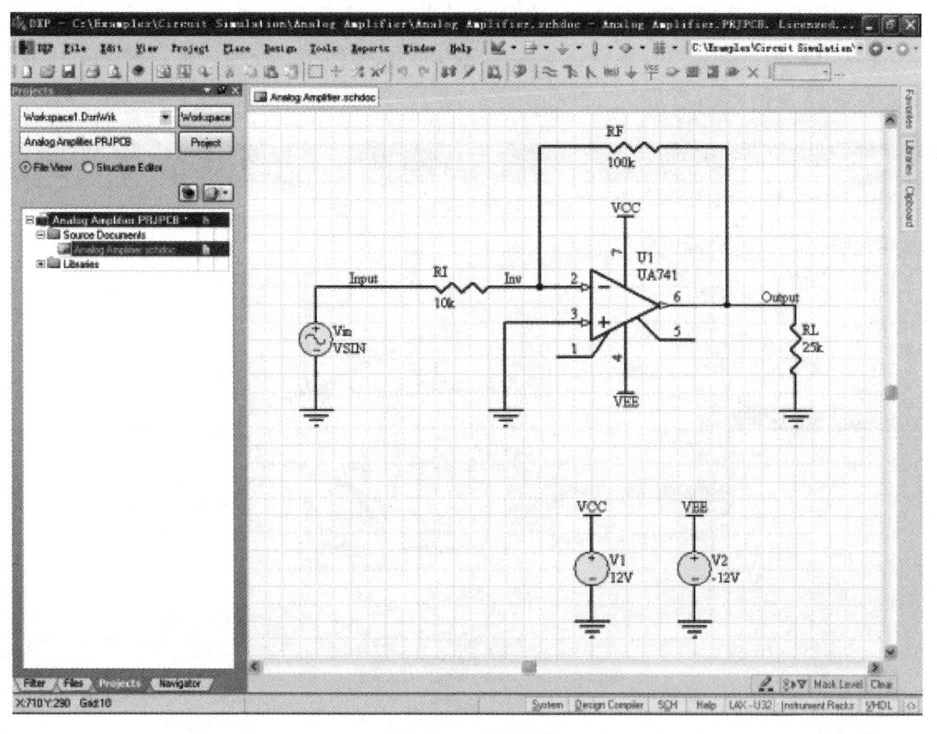

图 16-2　原理图

弹出如图 16-3 所示的元器件属性窗口，在窗口右侧能够看到其仿真模型，双击 Type 下的 Simulation 就能够调出关于该器件的详细仿真模型描述。

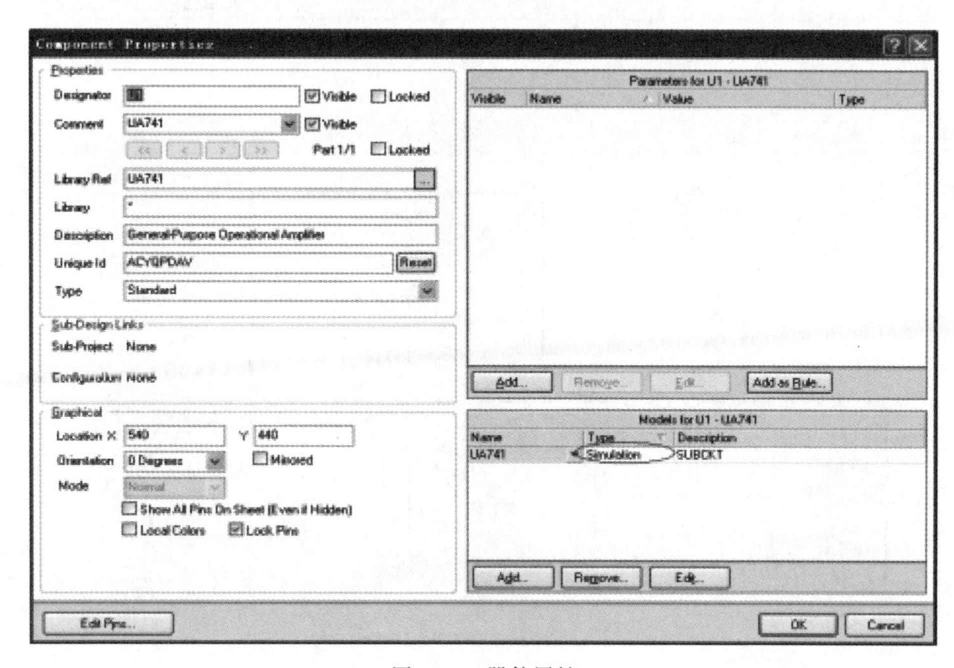

图 16-3　器件属性

④ 仿真模型设定好以后，需要设置仿真的节点，如图 16-4 所示。为需要观察的节点添加网络标识并编译该文件，确认无误后保存，然后保存工程文件，接下来就可以进行仿真了，仿真电路的仿真节点如图 16-5 所示。

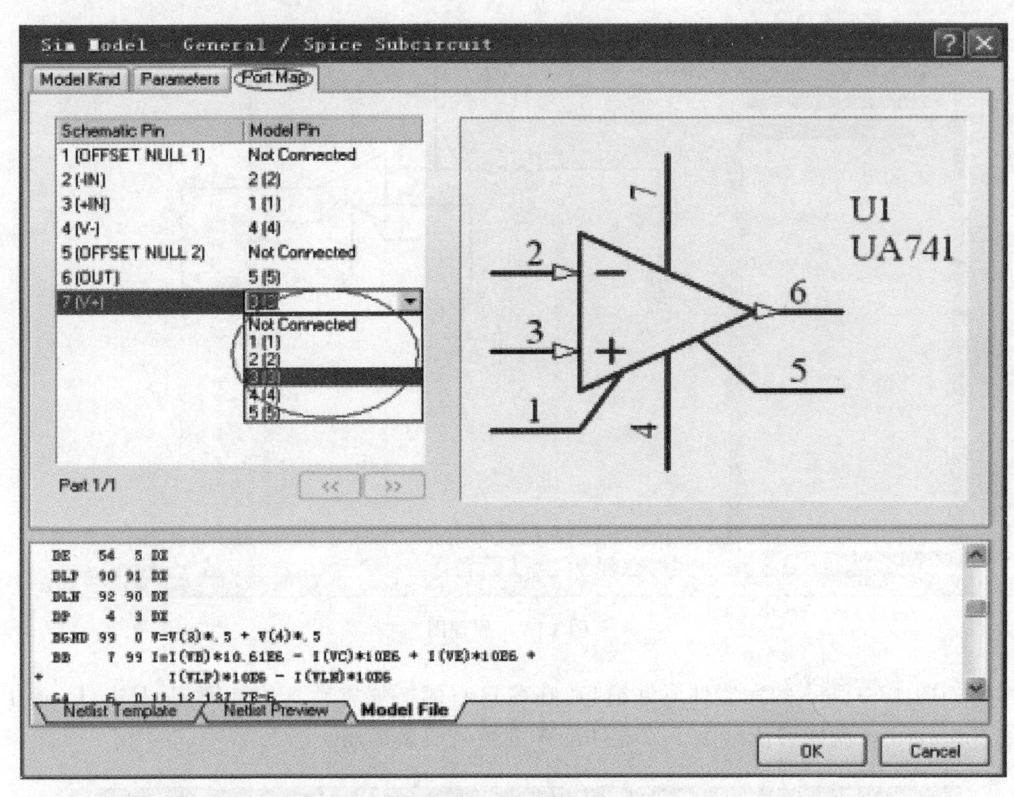

图 16-4　仿真模型

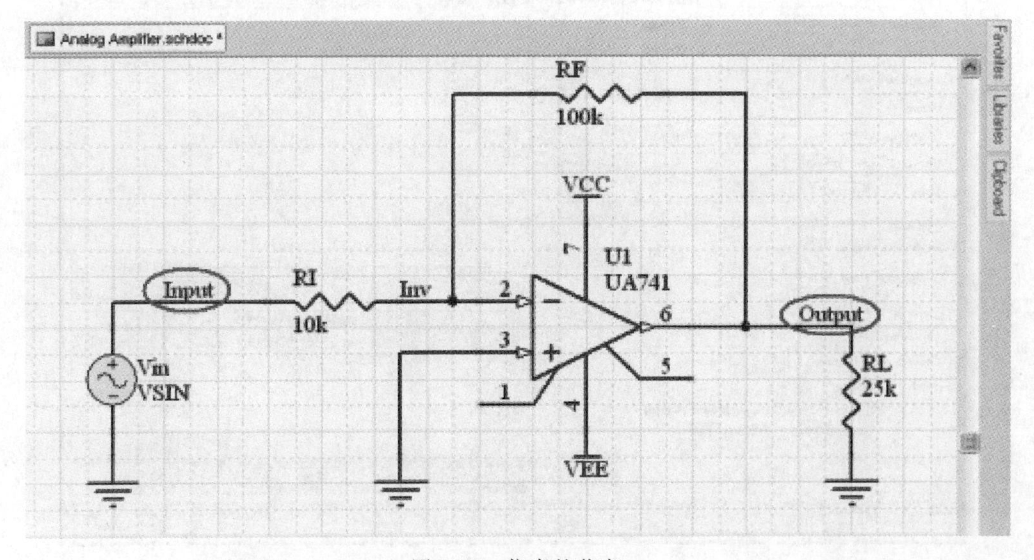

图 16-5　仿真的节点

⑤ 选择所需要的分析方法，单击每种分析方法，在窗口右侧会出现相应的仿真参数设置，如图 16-6 所示。

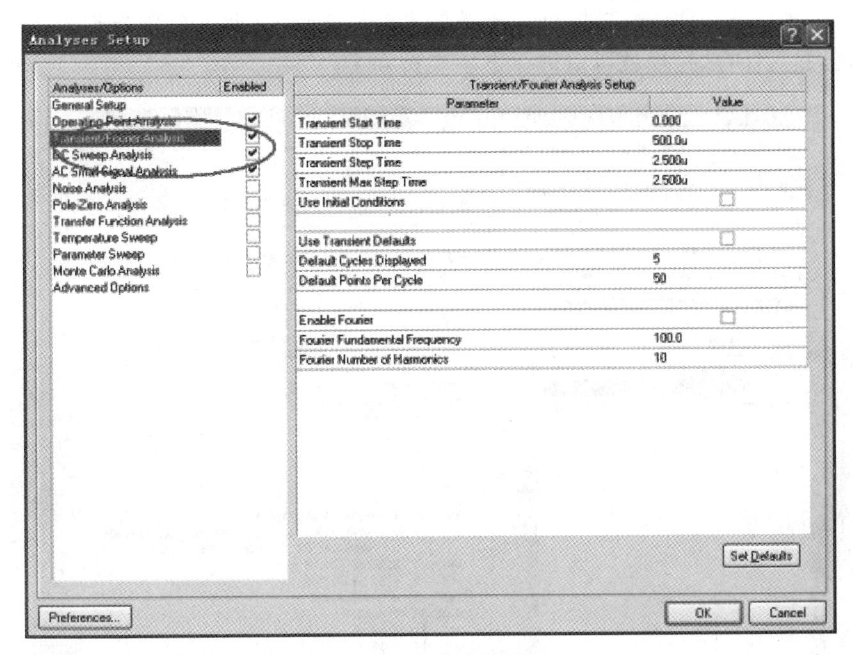

图 16-6　仿真参数设置

⑥ 参数扫描分析，参数扫描功能对于电路设计初期非常有帮助，能够节省大量的计算时间，如图 16-7 所示。

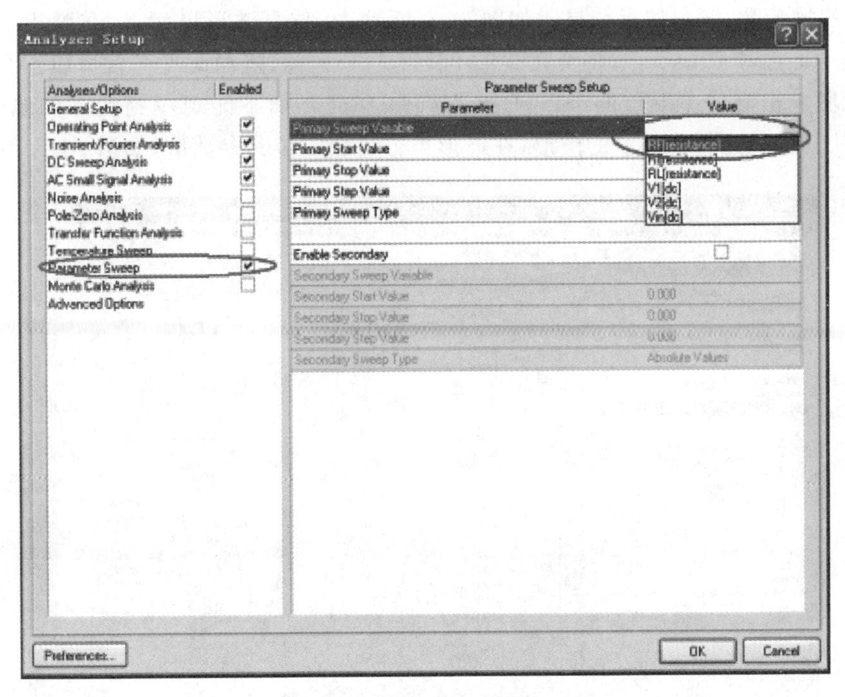

图 16-7　设置扫描参数

⑦ 修改仿真模型参数,在设计过程中,如果需要修改仿真模型参数,单击窗口左下方的“Projects”选项,如图 16-8 所示。窗口中,在 Analog Amplifier. PRJPCB 工程下双击 Libraries 下的 UA741. ckt 文件,即可进入仿真模型文件,在此文件中根据需要修改相应的参数值,然后保存,这样就可以进行下一次仿真了。

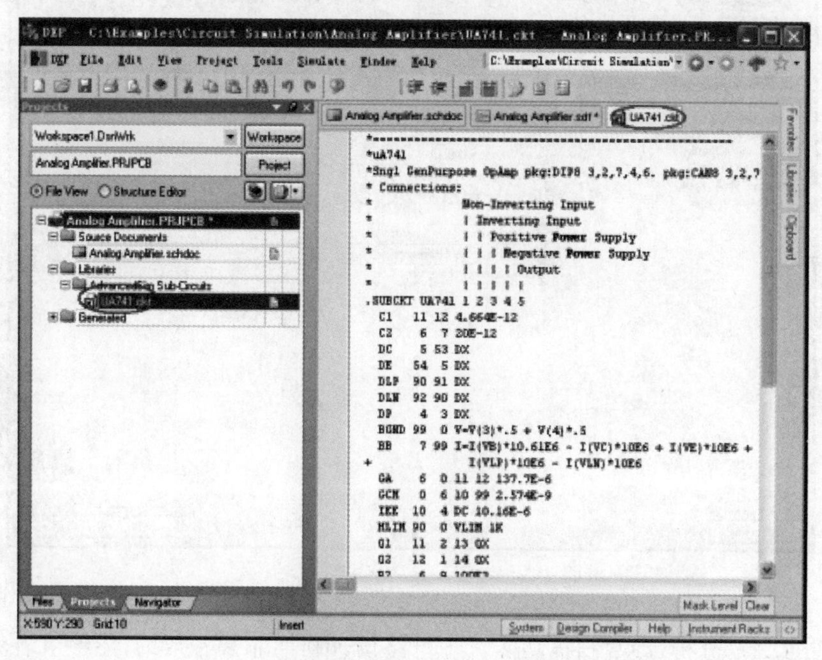

图 16-8　修改仿真模型参数

⑧ 扫描参数,输出仿真结果。如图 16-9 所示,在仿真波形界面下,在弹出的菜单中选择 Cursor A 和 Cursor B,将会在波形上产生两个光标,拖动此光标就可以测量相关的数据,如图单击窗口左下角的“Sim Data”选项,在此界面下能观察到实际的测量结果。还可以从其中挑选符合要求的图形,在波形下方将会对应其参数值,如图 16-10 所示。

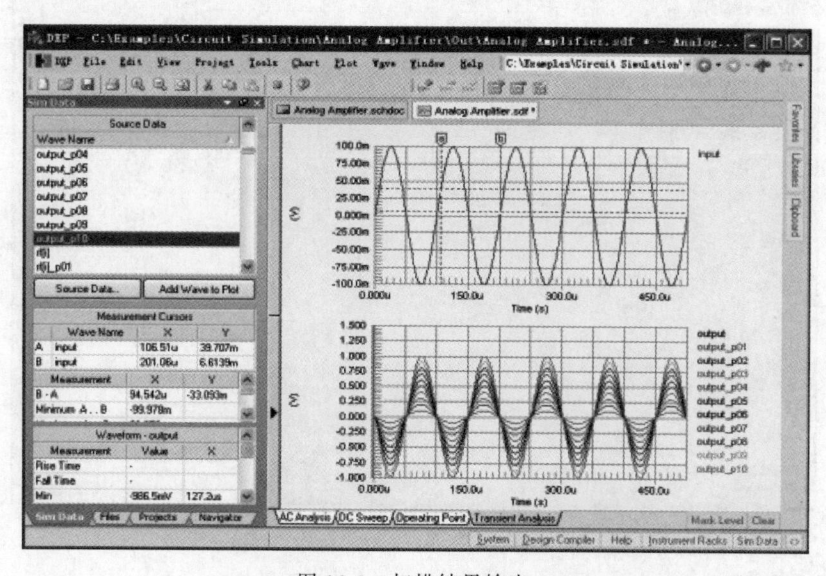

图 16-9　扫描结果输出

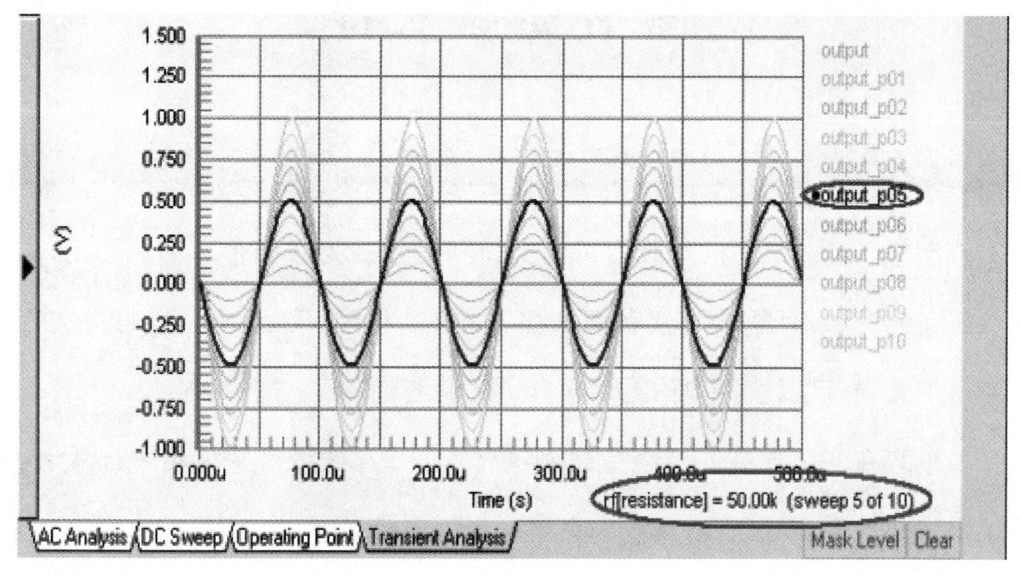

图 16-10 选择仿真参数

16.4 本章小结

本章使用 Altium Designer 自带的仿真案例讲解了 Altium Designer 如何进行原理图仿真的步骤。仿真本身是一个庞大的体系，需要经过系统且完整的学习之后才能有所成就，并且对于仿真模型的创建工作，还应该拥有良好的数学和物理知识，本章课程仅用于仿真入门和参考。

图书资源支持

感谢您一直以来对清华版图书的支持和爱护。为了配合本书的使用，本书提供配套的资源，有需求的读者请扫描下方的“书圈”微信公众号二维码，在图书专区下载，也可以拨打电话或发送电子邮件咨询。

如果您在使用本书的过程中遇到了什么问题，或者有相关图书出版计划，也请您发邮件告诉我们，以便我们更好地为您服务。

我们的联系方式：

地　　址：北京市海淀区双清路学研大厦 A 座 714

邮　　编：100084

电　　话：010-83470236　010-83470237

客服邮箱：2301891038@qq.com

QQ：2301891038（请写明您的单位和姓名）

资源下载：关注公众号“书圈”下载配套资源。

资源下载、样书申请

书圈

获取最新书目

观看课程直播